计算机前沿技术丛书

Spring开发者的 Quarkus实战

任钢 / 著

机械工业出版社
CHINA MACHINE PRESS

Quarkus 框架是一个来自 Red Hat 公司的 Kubernetes Native Java 框架平台。本书主要介绍 Spring 开发者如何在 Quarkus 框架上进行开发。全书通过比较 Quarkus 框架和 Spring 框架，介绍两者在原理、设计、开发、扩展和部署上的差异，并分别通过源码案例来讲解两者在 Web 开发、数据访问开发、消息应用开发、安全应用开发、响应式开发和集成第三方框架开发的差别，整理出 Quarkus 整合 Spring Cloud、Consul 和 Dubbo 等微服务架构的方案和实现。最后讲述 Spring 应用如何迁移至 Quarkus 框架的策略和步骤。

本书是一本开发指南，原理结合实践，基本覆盖了现有云原生开发的大部分应用场景，共有 50 多个源码案例（1 万多行代码），并以图片、源码、文字说明相结合的方式详细讲解。

本书难度为中级，但对初级和高级层次读者也有一定启发作用，尤其适合希望在云原生领域继续探索的 Spring 开发者阅读。

图书在版编目（CIP）数据

Spring 开发者的 Quarkus 实战/任钢著 . —北京：机械工业出版社，2023. 1
（计算机前沿技术丛书）
ISBN 978-7-111-71737-9

Ⅰ. ①S… Ⅱ. ①任… Ⅲ. ①云计算 Ⅳ. ①TP393. 027

中国版本图书馆 CIP 数据核字（2022）第 184501 号

机械工业出版社(北京市百万庄大街 22 号 邮政编码 100037)
策划编辑：张淑谦 责任编辑：张淑谦 张翠翠
责任校对：徐红语 责任印制：张 博
2023 年 1 月第 1 版第 1 次印刷
中教科（保定）印刷股份有限公司印刷
184mm×240mm · 22. 5 印张 · 551 千字
标准书号：ISBN 978-7-111-71737-9
定价：119. 00 元

电话服务 网络服务
客服电话：010-88361066 机 工 官 网：www.cmpbook.com
　　　　　010-88379833 机 工 官 博：weibo. com/cmp1952
　　　　　010-68326294 金 书 网：www.golden-book.com
封底无防伪标均为盗版 机工教育服务网：www.cmpedu.com

前 言

PREFACE

Spring 框架及其全家桶系列是一个庞大的生态体系。在国内，Java 开发者几乎都会使用 Spring 框架。Spring 框架似乎成了国内 Java 开发事实上的标准。离开了 Spring 框架，很多 Java 开发者甚至都不会编写程序了。事实上，Java 的世界很大，Spring 框架虽然在其领域名列前茅，但也只是众多 Java 编程框架中的一种。

现在已经进入了云原生时代，应用程序可使用微服务架构快速、高效地响应请求，以便在虚拟机或容器等不稳定的环境中运行，并支持快速开发。Java 以及流行的 Java 运行时框架有时被认为不如 Node.js 和 Go 等语言中的运行时框架，使 Java 这门开发语言受到了挑战。在这种情况下，Java 语言必须进行革新。

Quarkus 框架就是 Java 语言革新的产物，是一个天生就基于云原生 Java 的开发框架。目前，Quarkus 已经风靡 Java 社区。Quarkus 把 Node.js 开发的生产力与 Go 开发的速度和性能相结合，使 Java 开发人员能够构建针对云原生平台和体系结构的解决方案。

许多 Java 开发人员已经将 Quarkus 框架视为 Spring 框架的替代品，所以本书将展示 Quarkus 框架和 Spring 框架之间关键的区别，同时也强调相似之处。这些差异使 Quarkus 成为面向云原生平台和架构［如微服务架构、事件驱动架构、Serverless（无服务器）、FaaS（功能即服务）、边缘计算和物联网］的 Java 应用程序的理想运行时框架。

本书定位

本书是一本培训手册，简单而言，就是让 Spring 开发者快速、高效和精准地掌握 Quarkus 框架的开发。本书以理论结合实践的方式来撰写，其中实践占九成。所以，本书是一本实践和可操作性较强的书籍，可以作为 Spring 开发者学习 Quarkus 框架的教材。

本书以 Spring 框架和 Quarkus 框架编程案例的对比为基础，对案例进行讲解和说明。对于各个 Quarkus 案例，作者通过将图片、文字说明等相结合来进行解析。其中，图片能很好地体现作者的总体思路，文字能准确说明作者的意图。

为什么作者会选择 Web 开发、数据访问开发、消息应用开发、安全应用开发、整合、微服务架构等案例并进行对比？这源于作者在一线实践工作中的经验。试想一下，要开发一个云原生微服务应用，首先需要 Web 支持，然后是数据支持，最后就是不可或缺的安全框架。有这些组件，基本上就完成了一个云原生微服务系统的大部分功能。如果涉及异步处理或事件处理，就需要再加上一个消息组件或流组件。上述内容基本上都被作者精选的案例所囊括。作者还整合了几个基于 Quarkus 框架的 Spring 框架微服务架构解决方案。这些案例，对于通常意义上的云原生微服务应用，基本上可以达到 80%~90% 的覆盖。

如何使用本书

书中每个 Spring 框架和 Quarkus 框架的对比都有两个应用案例，一个是 Spring 程序案例，另一个是 Quarkus 程序案例。Spring 程序案例讲解时会简单一些，Quarkus 程序案例的讲解比较详细。介绍 Quarkus 程序案例的总体思路是这样的：首先概述目的、组成、环境（上下文）；其次重点分析要点及其如何实现；最后给出验证的实现，读者花费非常少的时间和精力就能进行具体的验证。

本书是一本关于软件编程的书籍。编程是一项实践性非常强的技能。本书的每个案例都有验证环节，目的就是让读者去实践操作。针对这些操作环节，作者还准备了一些验证代码，读者可查看实操的结果是否与当初的设想一致。作者也笃信：纸上得来终觉浅，绝知此事要躬行。这也是编程的真谛。

在开始具体的案例旅程之前，强烈建议读者首先阅读 2.7 节 "具体比较案例的说明"，这是各个具体案例的总体说明，对所有案例的应用场景、原则和规则进行了说明。读者明白了这些指导和原则，就能更轻松、方便、高效地理解各个案例讲述的核心含义，从而达到事半功倍的效果。

读者对象

本书适合对 Quarkus 感兴趣，并且想获得更多 Quarkus 知识或者实现更多想法的 IT 工作者。

Spring 初级读者，可以依据自己在 Web、Data 和 Message 方面的开发经验，迅速了解 Quarkus 如何实现这方面的开发。

Spring 中级读者，如具有丰富开发经验的 Spring 软件开发工程师等，可以在本书中获得更宽广和更全面的 Quarkus 认识，然后构建安全、集成、伸缩性强和高容错的微服务架构应用。

Spring 高级读者，如具有丰富经验的 Spring 架构师和分析师，可以基于 Quarkus 的云原生特性，构建响应式、高可靠、高可用、维护性强的云原生架构体系。

Spring 开发者几乎可以零成本地掌握一套 Java 上的云原生开发工具。Quarkus 上手容易，对于一些具有 Spring 开发工作经验的人来说，可以非常快地掌握 Quarkus 的使用。作者认为，"不重复发明轮子"这句话同样也适合 Quarkus。

勘误和支持

由于篇幅原因，本书所列的代码都进行了格式处理，要正式运行程序，应以本书附带的源码文件为准，读者可参考封底说明的方式获取。

在撰写本书的过程中参考了很多资料和文献。书中所列出的软件平台和规范，其参考资料来源都为该平台或规范的官网，本书的重点资料来源是 Quarkus 官网。

由于作者水平有限，而且书中所介绍的技术也在快速发展，因此纰漏和错误在所难免，希望读者批评和指正。作者的联系方式：rengang66@ sina.com。

作者

第 5 章 CHAPTER.5

消息事件驱动应用 / 155

第 6 章 CHAPTER.6

构建安全应用 / 196

第 7 章　CHAPTER.7　Quarkus 框架扩展 Spring 框架的功能 ／ 249

第10章　CHAPTER.10

Spring 应用迁移至 Quarkus 体系　/　336

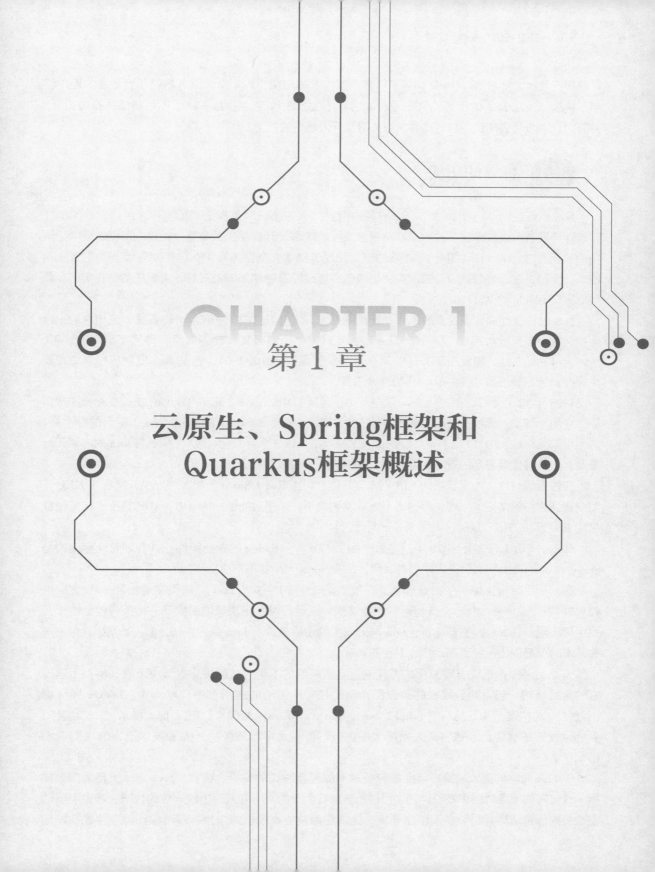

CHAPTER 1

第 1 章

云原生、Spring框架和
Quarkus框架概述

最近几年，随着 Go、Node.js 等新语言及新技术的出现，Java 作为服务器端开发语言的地位受到了挑战。虽然 Java 的市场地位在短时间内并不会发生改变，但 Java 社区还是将挑战视为机遇，并努力、不断地提高自身应对高并发服务器端开发场景的能力。

1.1 Java 的历史

Java 从诞生距今已有 20 多年了，长期占据着"天下第一"编程语言的宝座。虽然软件架构师和软件开发者可以选择许多技术来解决业务或技术问题。但 Java 仍然是当今构建应用程序最广泛使用的编程语言之一。Java 拥有 1200 万的庞大开发者群体，全世界有 450 亿部物理设备使用着 Java 技术。同时，在云端数据中心的虚拟化环境里，还运行着超过 250 亿个 Java 虚拟机的进程实例，此数据来自 Oracle 的 WebCast。

Java 最初是面向智能设备的单片式计算机系统，但由于自创了一套字节码系统，无相应的硬件支持，这个项目就被搁置了。于是 Java 转入互联网，使网页具有动态效果，得到了大众的认可。1996 年 1 月，Sun 公司发布了 Java 的第一个开发工具包（JDK 1.0），这是 Java 发展历程中的重要里程碑，标志着 Java 成为一种独立的开发工具。

1998 年 12 月 8 日，第二代 Java 平台发布，包括 J2ME（Java 2 Micro Edition，Java 2 平台的微型版，应用于移动、无线及有限资源的环境）、J2SE（Java 2 Standard Edition，Java 2 平台的标准版，应用于桌面环境）、J2EE（Java 2 Enterprise Edition，Java 2 平台的企业版），标志着 Java 的应用开始普及。这个时代最著名的就是 EJB 规范，Java 进入了 EJB 时代。

在轻量级时代，由于笨重的 EJB 不太容易推广，由 Rod Johnson 发起，为解决开发者在 J2EE 开发中遇到的许多常见的问题，提出了不重复发明轮子，采用功能强大的 IOC、AOP 等技术实现轻量级的 Java 解决方案。Java 进入了 Spring 时代。

Spring 统治 Java 差不多 20 年，之后产生了许多基于 Spring 的专业组件，具有划时代意义的是 Spring Boot 的产生，之后进入微服务时代，又有 Spring Cloud 等产生。

在云原生时代，Java 存在着危机。在过去的 15～20 年中，Java 应用程序堆栈和 Java 虚拟机（JVM）进行了许多优化，以支持运行大型堆栈和在运行时做出决策的高度动态框架。但是由于云原生的出现，Java 也面临着危机，Java 与云原生的矛盾来源于 Java 诞生之初，植入其基因之中的一些基本的前提假设已经逐渐动摇，甚至不再成立。

云原生以操作系统层虚拟化的方式通过容器实现的不可变基础设施去解决矛盾，将程序连同它的运行环境一起封装到稳定的镜像里，现已是一种主流的应用程序分发方式。Docker 同样提出过"一次构建，到处运行"（Build Once，Run Anywhere）的口号，所以 Java 技术"一次编译，到处运行"的优势已经被容器大幅度地削弱，不再是大多数服务端开发者技术选型的主要考虑因素了。

但 Java 面临的更大风险来自那些与技术潮流直接冲突的假设。譬如，Java 总体上是面向大规模、长时间的服务端应用而设计的，严谨的语法有利于约束所有人写出较一致的代码；静态类型动态链接的语言结构有利于多人协作开发，让软件触及更大规模的应用；即时编译器、性能智能优化、垃圾收集子系统等 Java 最具代表性的技术特征，都是为了便于长时间运行的程序能享受到硬件规模发展的红利。

另一方面，在微服务的背景下，提倡服务围绕业务能力而非技术来构建应用，不再追求实现上的一致，一个系统由不同语言、不同技术框架所实现的服务来组成是完全合理的；服务化拆分后，很可能单个微服务不再需要面对数十 GB、数百 GB 乃至 TB 的内存；有了高可用的服务集群，也无须追求单个服务要 7×24 小时不间断地运行，它们随时可以中断和更新。

同时，微服务又对应用的容器化亲和性方面提出了新的要求，容器化亲和性的内容包括镜像体积、内存消耗、启动速度，以及达到最高性能的时间等。Serverless 也进一步增加了对这些因素的考虑权重，而这些却正好都是 Java 的弱项：哪怕再小的 Java 程序也要带着完整的虚拟机和标准类库，使得镜像拉取和容器创建效率降低，进而使整个容器生命周期拉长。基于 Java 虚拟机的执行机制，使得任何 Java 的程序都会有固定的基础内存开销及固定的启动时间，而且 Java 生态中广泛采用的依赖注入进一步将启动时间拉长，使得容器的冷启动时间很难缩短。

Java 是在云、容器和容器编排系统（如 Kubernetes）出现之前创建的。现在的时代是云原生时代。在这个时代，Java 技术体系的许多前提假设都受到了挑战，如"一次编译，到处运行""面向长时间大规模程序而设计""从开放的代码空间中动态加载""一切皆为对象""统一线程模型"等均受到了挑战。

这些问题的出现说明需要重新打造新的 Java 生态系统。

1.2 云原生基本概念

云原生（Cloud Native）的概念由来自 Pivotal 的 Matt Stine 于 2013 年首次提出，被一直延续使用至今。Pivotal 最初的定义有几个主要特征：符合 12 因素应用、面向微服务架构、自服务敏捷架构、基于 API 的协作、抗脆弱性等。

CNCF（Cloud Native Computing Foundation，云原生计算基金会）于 2015 年由谷歌牵头成立，目前基金会成员已有 100 多个企业与机构，包括亚马逊、微软、思科等巨头。CNCF 致力于培育和维护一个厂商中立的开源生态系统来推广云原生技术。CNCF 通过将最前沿的模式民主化，让这些创新为大众所用。CNCF 对云原生做了重新定义，其定义如下：云原生技术有利于各组织在公有云、私有云和混合云等新型动态环境中构建和运行可弹性扩展的应用。云原生的代表技术包括容器、服务网格、微服务、不可变基础设施和声明式 API。这些技术能够构建容错性好、易于管理和便于观察的松耦合系统。结合可靠的自动化手段，云原生技术使工程师能够轻松地对系统做出频繁和可预测的重大变更。

这是云原生相对比较权威和规范的定义。其形成的体系架构如图 1-1 所示。

云原生的意义在于让云成为云化战略成功的基石。云原生具有可以根据商业能力对公司进行重组的能力，包含技术和管理，是一系列云技术和企业管理方法的集合，通过实践及与其他工具相结合，能更好地帮助用户实现数字化转型。

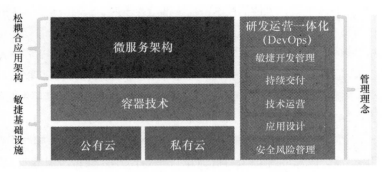

● 图 1-1　云原生体系架构

1.3　Spring 框架介绍

　　Spring 框架是一个开放源代码的 J2EE 应用程序框架，由 Rod Johnson 发起，于 2003 年被引入开源社区，是针对 Bean 的生命周期进行管理的轻量级容器（Lightweight Container）。Spring 框架解决了开发者在 J2EE 开发中遇到的许多常见问题，提供了功能强大的 IoC、AOP、Web 等功能。此后多年，Spring 不断发展壮大，提供了支持和简化数据库访问、异步消息传递、用户身份验证和授权以及 Web 服务等功能。

1.4　Quarkus 框架概述

　　关于 Quarkus 的定义很多。本文采用官方定义：Quarkus 是一个全栈的 Kubernetes 云原生 Java 开发框架，它配合 Java 虚拟机做本地应用编译，也是专门针对容器优化的 Java 框架。Quarkus 促使 Java 成为 Serverless（无服务器）、云原生和 Kubernetes 环境中的高效开发基础。

　　红帽官网定位 Quarkus 为超音速亚原子 Java，宣称这是一个用于编写 Java 应用且容器优先的云原生框架，其核心特点包括：

- 容器优先（Container First）：基于 Quarkus 的 Java 应用程序占用较小的空间，非常适合在容器中运行。
- 云原生（Cloud Native）：支持在 Kubernetes 等环境中采用 12 要素。
- 统一命令式和响应式（Unify Imperative and Reactive）：在统一的编程模型下实现非阻塞式和命令式开发模式的协同。
- 基于 Java 规范（Standards-Based）：基于标准的 Java 规范和实现这些规范的翘楚框架，如 RESTEasy 和 JAX-RS 规范、Hibernate ORM 和 JPA 规范、Netty、Eclipse Vert.x、Eclipse MicroProfile、Jakarta EE 等。
- 微服务优先（Microservice First）：实现 Java 应用快速启动时间和 Java 代码的迅速迭代。
- 开发者的乐趣（Developer Joy）：以开发体验为中心，让开发者的应用程序能迅速生成、测试和投入应用。

  Quarkus 框架就是 Java 重新改造的产物，这是一个天生就基于云原生 Java 的开发框架，它配合 Java 虚拟机（JVM）进行本地应用编译并专门针对容器进行了优化，使 Java 成为 Serverless（无服务器）、云原生和 Kubernetes 环境中的高效开发基础语言。可以说 Quarkus 推动了 Java 在云原生开发方面的运用，使 Java 这门古老的编程语言再一次焕发了青春。

1.5 Quarkus 框架给 Java 开发者带来的便捷和实惠

Quarkus 主要包括如下内容[2]：

❶ 较强的技术优势

  Quarkus 提供了显著的运行时效率（基于 Red Hat 测试），表现在：快速启动（几十毫秒）允许自动扩展和减少容器以满足 Kubernetes 上的微服务以及 FaaS 现场执行的时间需要；低内存利用率有助于优化需要多个容器的微服务架构部署中的容器密度；具有较小的应用程序和容器镜像占用空间。

  开发者在使用 Quarkus 时，最初发现的一个好处是它提高了内存利用率，因为 Java 在传统上被认为启动时使用过多内存，并且与轻量级应用不兼容。研究发现，Quarkus Native 减少了 90% 的启动内存使用容量，Quarkus JVM 减少了 20%。在 JVM 和 Native 模式下，启动时节省内存会在相同的内存占用情况下带来更高的吞吐量，这意味着在相同的内存容量下可以完成更多的工作。在 Kubernetes 上，使用 Quarkus 的 Native 开发可以多 8 倍的 Pod（Pod 是 Kubernetes 最小的管理单位），而使用 Quarkus 的 JVM 开发可以多 1.5 倍的 Pod。这意味着使用 Quarkus，客户可以用相同数量的资源做更多的事情，并且可以使用相同数量的内存部署更多的应用。提高部署密度和降低内存利用率是 Quarkus 为容器优化 Java 的几个关键方法。

  Quarkus 的启动速度非常快——Quarkus Native 比一般 Java 框架的启动速度快 12 倍，比 Quarkus JVM 快 2 倍。这使得应用对负载变化的响应更迅速，在大规模操作（如 Serverless 架构）时更可靠，从而增加了用户的创新潜能，并提供了一种优于竞争对手的优势。

❷ 全面支持云原生和 Serverless

  Quarkus 首先是容器优先，Quarkus 为应用在 HotSpot 和 GraalVM 的运行做了优化和裁剪。它支持快速启动时间和较低的 RSS 内存使用，并且符合 Serverless 架构，形成面向应用容器化的解决方案。Quarkus 还是一个完整的生态系统。Quarkus 为在 Serverless 架构、微服务、容器、Kubernetes、FaaS 和云中运行 Java 应用提供了有效的解决方案。Quarkus 不仅仅是一个运行时（Runtime），更是一个包含丰富扩展的生态系统，目前已经有 400 多个扩展，并且仍然在不断壮大。

❸ 不用重复学习

  Quarkus 依赖于技术、标准、库和 API 的巨大生态系统。开发者不必花费大量时间学习一套全新的 API 和技术来获得 Quarkus 给 JVM 或原生镜像带来的好处。相反，开发者可以利用现有的知识和技能。Quarkus 的规范和技术包括 Eclipse MicroProfile、Eclipse Vert.x、上下文和依赖注入（CDI）、

JAX-RS、Java 持久性 API（JPA）、Java 事务 API（JTA）、Apache Camel 和 Hibernate 等。每个功能都很简单，几乎没有配置，并且可以直观地使用，从而让开发者有更多的时间专注于他们的领域专业知识和业务逻辑。

④ 引入了实时编码功能

最初的 Quarkus 版本中就引入了实时编码功能。开发者只需运行命令 "./mvnw compile quarkus：dev"，Quarkus 将自动检测对 Java 文件所做的更改，包括类或方法重构、应用程序配置、静态资源，甚至类路径依赖项更改。当检测到此类更改时，Quarkus 透明地重新编译和重新部署更改，同时保留应用程序的先前状态。Quarkus 重新部署通常在不到 1s 的时间内发生。

⑤ 轻松创建原生镜像

遵循简单性和提高开发者生产力的理念，使应用程序从构建到原生镜像的过程非常简单。Quarkus 构建工具通过 Maven 或 Gradle 可以完成 GraalVM 的所有繁重工作和集成。开发者或 CI/CD 系统只需运行一个构建，就可像任何其他 Java 构建一样，生成本机可执行文件。将应用程序作为原生镜像进行测试也同样简单。

⑥ 支持远程开发模式

Quarkus 团队因实时编码功能而获得了广泛赞誉。改进的下一个逻辑步骤是将实时编码功能扩展到在远程容器环境中运行的 Quarkus 应用程序。此增强称为远程开发模式，允许开发者使用相同的本地 IDE，但应用程序将在"真实"环境中运行，可以访问本地开发计算机上不可用或不容易创建的服务。开发者可以运行 "./mvnw quarkus：remote dev" 命令来启用该功能，实现在本地开发计算机上所做的更改自动实时推送到正在运行的远程 Quarkus 应用程序中。在构建 Kubernetes 本机应用程序时，此功能大大缩短了在提交源代码管理之前开发、测试和更改所需的时间，从而显著增强了开发循环的效率。

⑦ 开发用户界面 DevUI

Quarkus 在开发模式下运行会启用 Quarkus 的 DevUI。DevUI 是一个在/q/Dev URI 中公开的登录页，用于用户浏览各种 Quarkus 扩展提供的端点。Quarkus DevUI 允许开发者快速可视化当前加载的所有扩展，查看其状态，并直接转到它们的文档。此外，每个扩展都可以在自定义页面和具有自定义操作的交互页面中添加自定义运行时信息。DevUI 提供了对所有应用程序的配置访问、对应用程序日志文件的流式访问以及对应用程序测试套件的快速访问。开发者可以打开和关闭测试执行，触发测试执行，并在 UI 中查看当前测试执行状态。

⑧ 提供开发服务

Quarkus 通过引入 Quarkus Dev 服务继续提高开发者的生产力。Quarkus Dev 服务功能为开发者提供了一个紧密的反馈循环。运行 Quarkus Dev 模式或运行测试时，Quarkus Dev 服务将自动引导中间件（如消息代理）、数据库容器镜像，并为开发配置文件设置所有必需的配置属性。

⑨ 连续测试

自 Quarkus 诞生以来，开发者的经验和生产力一直是 Quarkus 的主要关注点之一。连续测试功能将其提升到下一个级别。通过了解应用程序中的类和方法会影响哪些测试，用户可以在开发模式下进行测试驱动的开发。当对应用程序源代码进行更改时，Quarkus 可以在后台自动重新运行受影响的测试，为开发者提供有关他们正在进行的代码更改的即时反馈。

⑩ 提供 CLI 工具

Quarkus 完全可以通过其 CLI 工具构建 Quarkus 应用程序并与之交互。Quarkus CLI 工具通过轻松添加/删除扩展、构建项目和启动开发模式，使创建新项目和与现有项目交互变得非常容易。此外，开发者可以使用 CLI 工具列出和搜索可用的扩展。

⑪ 扩展了框架

Quarkus 通过利用开发者喜爱的最佳库以及在规范标准主干上使用在线库，带来了一个有凝聚力的易于使用的全栈框架，包括 Eclipse MicroProfile、JPA/Hibernate、JAX-RS／RESTEasy、Eclipse Vert.x、Netty、Apache Camel、Undertow 等。Quarkus 还支持框架扩展机制。Quarkus 扩展框架降低了使用 Quarkus 运行第三方框架并编译为 GraalVM 本机二进制文件的复杂性。

⑫ Quarkus 社区非常活跃

Quarkus 框架背后有像红帽这样的开源大厂商的支持，是值得信赖的技术。Quarkus 还是完全的开源技术，它的上游社区十分活跃，版本发布节奏非常快，能够快速释放新特性和修复问题。依靠活跃的社区，维护者会快速回复问题和提供协助，用户会得到全面的问题解答。据用户反馈，Quarkus 在可靠性方面的表现也是可圈可点的。

1.6 本章小结

本章主要从 5 个部分讲述了云原生、Spring 和 Quarkus 的基本情况。

- 首先介绍 Java 的历史，包括在云原生时代 Java 遇到了危机。
- 其次简单介绍云原生的基本概念。
- 接着简要介绍了 Spring。
- 之后概述了 Quarkus。
- 最后介绍 Quarkus 给 Java 开发者带来的便捷和实惠，包括 12 个方面，分别是较强的技术优势、全面支持云原生和 Serverless、不用重复学习、引入了实时编码功能、轻松创建原生镜像、支持远程开发模式、开发用户界面 DevUI、提供开发服务、连续测试、提供 CLI、框架扩展、Quarkus 社区非常活跃。

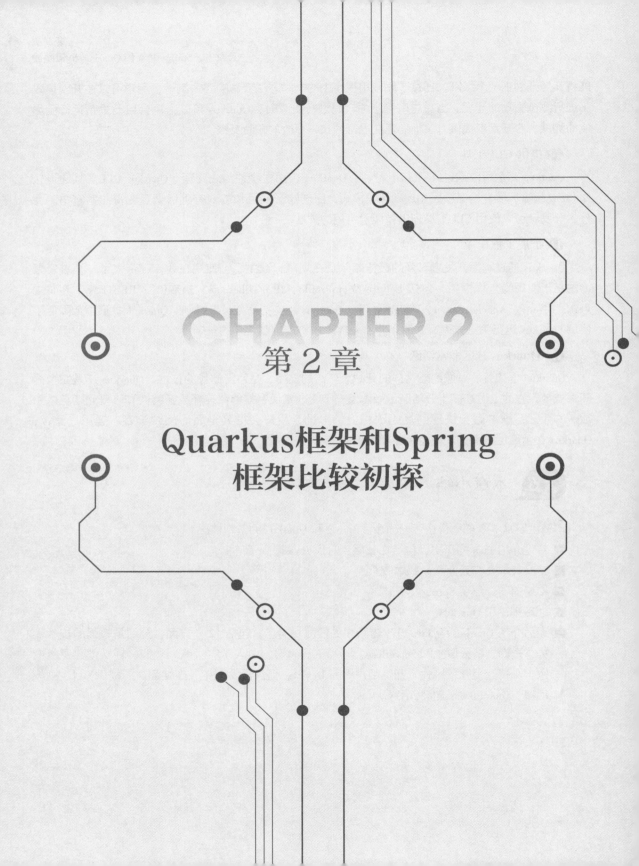

CHAPTER 2
第 2 章

Quarkus框架和Spring 框架比较初探

本章主要对 Quarkus 和 Spring 进行初步比较，比较的领域包括设计和理念、性能、应用、启动过程、开发过程模式和云原生部署等。

2.1 两种框架的设计和理念比较

设计和理念的比较主要是两种框架的架构和核心概念比较。

▶▶2.1.1 Spring 框架的架构和核心概念

Spring 开发者应该对 Spring 框架的分层结构及其内容非常熟悉，包括核心容器、数据访问/集成、Web、AOP 消息传递和测试等，架构如图 2-1 所示。

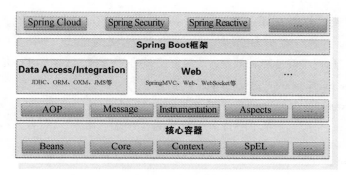

● 图 2-1　Spring 体系的分层架构

组成 Spring 框架的每个模块（或组件）都可以单独存在，或者与其他一个或多个模块联合实现。其模块包括 Spring Core 容器及扩展、Spring Data Access（负责数据访问）、Spring Boot 框架、Spring 体系的其他延伸产品（包括 Spring Cloud、Spring Security 等）。

▶▶2.1.2 Quarkus 框架的架构和核心概念

当应用 Quarkus 框架时，很多功能都已经打包并封装起来。这些封装的功能就是以 Quarkus 核心为基础的 Quarkus 扩展组成的。在 Quarkus 运行时，几乎所有的东西都已经配置好了。启动时仅应用运行时配置属性（如数据库 URL）即可。

Quarkus 框架中的所有元数据都是由这些扩展计算和管理的。Quarkus 框架的架构如图 2-2 所示。

Quarkus 框架的架构分为 3 个层次，分别是 JVM 平台层、Quarkus 核心框架层和 Quarkus Extensions 框架层。

（1）JVM 平台层

JVM 平台层主要包括 HotSpot VM 和 SubstrateVM。HotSpot VM 是 Sun JDK 和 Open JDK 中所带的虚拟机，Substrate VM 主要用于 Java 虚拟机语言的 AOT 编译。

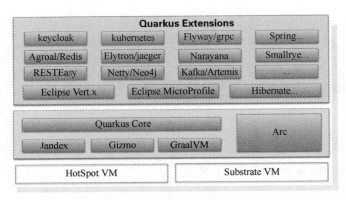

● 图 2-2　Quarkus 框架的架构

（2）Quarkus 核心框架层

Quarkus 核心框架层包括 Jandex、Gizmo、GraalVM、Arc、Quarkus Core 等。Jandex 是 JBoss 的库。Gizmo 是 Quarkus 开源的字节码生成库。GraalVM 是一个高性能的、支持多种编程语言的执行环境，可以显著提高应用程序的性能和效率，是微服务的理想选择。Arc（DI）是 Quarkus 的依赖注入管理，其内容是 io.quarkus.arc，这是 CDI 的一种实现。

（3）Quarkus Extensions 框架层

Quarkus Extensions 框架层包括 RESTEasy、Hibernate ORM、Netty、Eclipse Vert.x、Eclipse Micro-Profile 等。

2.2　两种框架的性能比较

Quarkus 围绕容器优先和 Kubernetes 的 Native 理念进行设计，优化低内存使用率和快速启动时间。Quarkus 还尽可能避免反射，而倾向于静态类绑定。这些设计原则减小了 JVM 上运行的应用程序的大小，并最终减少了内存占用，同时也使 Quarkus 成为"原生（Native）"的。Quarkus 的设计从一开始就考虑了原生编译。它被优化为使用 GraalVM 的原生镜像功能将 JVM 字节码编译为原生二进制。

在撰写本书时，Spring 中类似的原生镜像功能仍被认为是实验性的或 Beta 版的。Spring 支持原生编译的功能并没有提供所有相同的编译时优化和设计选择，使 Quarkus 在 JVM 上或原生镜像中运行时速度极快，内存效率极高。

下面做一个有趣的实验来验证一下这两个框架的性能，分别编写 Spring 和 Quarkus 的两个程序（程序源码见参考文献）。

1）准备：首先把 Quarkus 程序分别编译成原生程序和 JVM 程序，把 Spring 程序也编译成 JVM 程序。然后把 Quarkus 原生程序和 Quarkus 的 JVM 程序部署到容器镜像中，把 Spring 的 JVM 程序也部署到容器镜像中。可分别部署在不同的操作系统中，分别是 Mac OS 和 Ubuntu 操作系统。

2）测试：启动这 3 个容器，让它们运行几次，然后比较启动时间和内存占用情况。在这个过程中，每一个容器都被创建和销毁了 10 次。随后分析它们的启动时间和内存占用情况。下面显示的数字是基于所有这些测试的平均结果。

3）比较和分析：比较的指标主要是启动时间和内存占用情况。

启动时间的比较如图 2-3 所示。原生的 Quarkus 的耗时只有 0.01s，即使是在 JVM 下使用 Docker 镜像的 Quarkus 应用程序，其启动时间也比 Spring Boot 快。而 Quarkus 原生应用程序是迄今为止启动速度最快的应用程序。

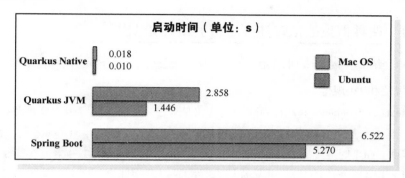

● 图 2-3 3 个程序的启动时间比较

内存占用情况比较如图 2-4 所示。检查每个容器的应用程序在启动时需要消耗多少内存，以便启动和运行，并准备好接收请求。

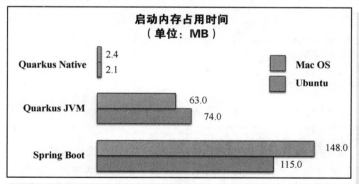

● 图 2-4 3 个程序占用内存情况比较

原生的 Quarkus 的内存耗费只有 2.1MB，即使是在 JVM 下使用 Docker 镜像的 Quarkus 应用程序，其内存占用也比 Spring Boot 低。

4）结论：图 2-5 是在 Ubuntu Linux 中得到的结果。

两者比较，似乎 Quarkus 框架赢得了战斗（启动时间和内存占用），以一些明显的优势战胜了 Spring Boot 框架。

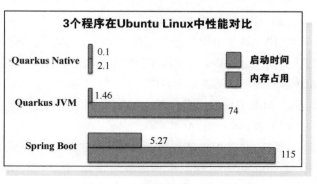

● 图 2-5 3 个程序的性能对比

2.3 两种框架的应用比较

两个框架的应用比较主要体现在依赖注入（DI）和 AOP、脚手架工程、整合第三方框架、响应式编程 4 个方面。

▶▶ 2.3.1 两种框架的依赖注入（DI）和 AOP 比较

本节先简单介绍 CDI 规范和 DI 规范、AOP 的基本概念，然后分析这两种框架的不同应用。

❶ CDI 规范和 DI 规范

CDI（Contexts and Dependency Injection，上下文依赖注入）规范即 JSR 299 规范，是从 Java EE 6 开始引入的。其本身基于 Java 依赖注入（JSR 330），引入了@Inject、@Named 等。而 JSR 330 仅用于 DI 并已实现。CDI 规范添加了各种 EE 内容，如@RequestScoped、拦截器/装饰器、生产者、事件，以及与 JSF、EJB 等集成的基础。已经将 EJB 等 Java EE 组件重新定义为基于 CDI 的规范。CDI 规范除了具有 DI 功能之外，其关键部分还在于 CDI 规范对 Bean 上下文的管理以及对 Bean 生命周期的管理以及这些上下文中的依赖关系。

DI（Dependency Injection，依赖注入）规范即 JSR 330 规范，具有在任何应用程序上进行 Bean 发现和 Bean 连接过程的功能。DI 规范不仅可以使用在应用程序中，还可以应用在单元测试和模拟中。现有有很多 DI 框架，包括 Guice、Weld、Spring、EJB 3. x 和 CDI 本身。Weld 和 Spring 还扩展了 DI 方案，并建立了自己的 DI 框架。

❷ 面向切面（AOP）概述

AOP（Aspect Oriented Programming，面向切面编程）是一种在 OOP（Oriented Object Programming，面向对象编程）基础之上的一种更高级的设计思想。AOP 侧重于切面组件，切面组件可以理解成封装了通用功能的组件，切面组件可以通过配置方式灵活地切入某一批目标对象方法上。AOP 用于处理系统中分布于各个模块的横切注入点，比如事务管理、日志、缓存等。

AOP 的实现方式有很多，主要分为构建时 AOP 实现和运行时 AOP 实现。

构建时 AOP 实现可以分为构建时静态 AOP 实现和构建时动态 AOP 实现。

（1）构建时静态 AOP 实现

构建时静态 AOP 实现是指在定义阶段定义好切面和指定的 Bean 注入点。当 Java 文件编译为类时，会在指定的 Bean 上增加切面代码。当 Bean 运行时，就可以直接调用切面代码。构建时静态 AOP 实现也可以称为编译时增强。其特征是在定义时必须指定注入点的 Bean。AspectJ 框架是构建时静态 AOP 实现的代表。

（2）构建时动态 AOP 实现

构建时动态 AOP 实现指在定义阶段定义好切面和注入点注解。当 Java 文件编译为类时，会使用动态生成字节码技术，对有注解的 Bean 增加子类并继承 Bean，在 Bean 子类创建一个基于反射的动态代理，增加指向切面的代码。当 Bean 运行时，实际上就是 Bean 的子类在运行，就可以通过动态代理调用切面代码。其特征是在定义时要求 Bean 不能是 final 类（final 类不支持继承）。cglib 动态代理是构建时动态 AOP 实现的代表。cglib 动态代理需要 asm 开源包。cglib 动态代理不但可以对 Bean 实现动态代理，还可以对接口实现动态代理。

运行时 AOP 实现分为两类，一类是 JDK 动态代理 AOP 实现，另一类是 JDK 运行时拦截 AOP 实现。

（1）JDK 动态代理 AOP 实现

JDK 动态代理 AOP 实现是在定义阶段定义好切面和注入点注解。当应用程序初始化进行 Bean 装载时，针对 Bean 上的注入点注解创建动态代理，即利用反射机制生成一个实现代理接口的匿名类。当在运行时调用 Bean 时，在调用具体方法前调用动态代理的 InvokeHandler 来处理，实现切面功能。Spring AOP 是 JDK 动态代理 AOP 实现的典型应用。Spring 采用的是 DI 规范，在 Bean 工厂初始化装载 Bean 时实现 Bean 的动态代理注入。但 Spring AOP 只能对 Bean 进行 AOP 实现，接口则不行。所以，当只有接口而无具体实现的 Bean 时，Spring 会切换到 cglib 动态代理实现模式。

（2）JDK 运行时拦截 AOP 实现

JDK 运行时拦截 AOP 实现在定义阶段定义好切面和注入点注解。当应用程序运行期间，通过拦截器（Interceptor）把上下文（Context）中带有注入点注解的实例化 Bean 装入切面组件来执行，然后返回到上下文（Context）中。Quarkus 是 JDK 运行时拦截 AOP 实现的代理。

❸ Spring Boot 的控制反转（IoC）和面向切面（AOP）

Spring Boot 是以 Spring 为核心的，Spring 的核心是控制反转（IoC）和面向切面（AOP）。Spring 以 IoC、AOP 为主要思想。在 Spring 框架中通过配置创建类对象，由 Spring 在运行阶段实例化、组装对象。AOP 的思想是在执行某些代码前执行另外的代码，使程序更灵活、扩展性更好，可以随便地添加、删除某些功能。Servlet 中的 Filter 便是一种 AOP 思想的实现。

❹ Quarkus 中的依赖注入（CDI）和 AOP 编程

Quarkus 框架的 CDI 方案基于 CDI 规范。但 Quarkus 框架只实现了 CDI 规范的一部分功能，并不是完全符合 TCK 的 CDI 规范实现。在 CDI 规范中有一个 Beans 管理容器。首先加载的是核心的 Beans，其次加载外部的 Beans，但是外部的 Beans 需要被识别，因此需要进行转换。Quarkus Extensions 程序就是把外部的 Beans 转换为 Beans 管理可以识别的 Beans。

Quarkus 支持的通用 CDI 规范如下。

1）程序模型。包括：① 由 Java 类实现的托管 Bean；② @PostConstruct 和@PreDestroy 生命周期回调；③ Producer 方法和 fields、disposers；④ Qualifiers；⑤ Alternatives；⑥ Stereotypes。

2）依赖注入和查找。包括：① 字段、构造函数和初始化器/设置器注入；② 类型安全分辨率；③ 通过编程查找 javax.enterprise.inject.Instance；④ 客户端代理；⑤ 注入点元数据。

3）范围和上下文。包括：① @Dependent、@ApplicationScoped、@Singleton、@RequestScoped 和@SessionScoped；② 自定义范围和上下文。

4）拦截器。包括：① 业务方法拦截器，如@AroundInvoke；② 生命周期事件回调的拦截器，如@PostConstruct、@PreDestroy、@AroundConstruct。

5）事件和观察者方法。包括异步事件和事务观察者方法。

Quarkus 不支持通用 CDI 规范的功能如下。

1）不支持@ConversationScoped。

2）不支持 Decorators 模式。

3）不支持便携式扩展（Portable Extensions）。

4）BeanManager 仅实现以下方法：getBeans、createCreationalContext、getReference、getInjectable-Reference、resolve、getContext、fireEvent、getEvent 和 createInstance。

5）不支持专门化（Specialization）。

6）beans.xml 描述符内容被忽略。

7）不支持钝化（Passivation）和钝化作用域（Passivating Scopes）。

8）超类上的拦截器方法尚未实现。

9）不支持@Interceptors 注解。

当然，Quarkus 还提供了大量的对 CDI 规范的增强功能，这里就不一一列出了。

▶▶ 2.3.2 两种框架的脚手架工程比较

Spring 和 Quarkus 都有自己的脚手架工程。使用脚手架工程，可以通过配置来迅速自动生成一个应用程序的基本骨架，然后在上面进行定制化的开发，实现编程的高效益。

Spring 官方提供的脚手架工程 Spring Initializr 是一个 Web 应用程序。Spring Initializr 能为开发者构建 Spring Boot 基本的项目结构和说明文件。这个说明文件要么是 Maven 文件，要么是 Gradle 文件。说明文件可用于构建代码。图 2-6 所示为 Spring Initializr 启动及其依赖包选择界面。

● 图 2-6 Spring Initializr 启动及其依赖包选择界面

Spring Initializr 构建的 Maven 项目，可以支持 IDEA 和 Eclipse，而且能自动生成启动类和单元测试代码。

同样，Quarkus 也有作用与 Spring 完全相同的脚手架工程 START CODING，这也是一个 Web 应用程序。Quarkus 脚手架工程 START CODING 能为开发者构建 Quarkus 基本的项目结构和说明文件。这个说明文件要么是 Maven 文件，要么是 Gradle 文件。脚手架工程 START CODING 还可以构建相关云原生的容器部署文件等。图 2-7 所示为 Quarkus 的 code.quarkus.io 启动及其扩展选择界面。

● 图 2-7　Quarkus 的 code.quarkus.io 启动及其扩展选择界面

▶▶ 2.3.3　两种框架整合第三方框架比较

Spring 和 Quarkus 都遵循"不重复发明轮子"的理念。对于已有的、成熟的应用框架，都通过注入方式来实现整合。所谓整合，就是把这些框架的类、接口和注解按照 Bean 装载到自己的 Bean 容器中，便于运行时进行调用。

Spring 和 Quarkus 集成第三方框架的传统方法是首先在 Maven 上手动引入第三方框架的 Jar 包，然后在程序中编写注册 Bean 的代码并进行初始化，最后就是调用第三方框架提供的注解、接口或 Bean，整合第三方框架的功能。

❶ Spring Boot 的 Spring Boot Starter 方式

利用 Spring Boot Starter 实现自动化配置只需要两个条件，Maven 依赖和配置文件。这里简单介绍 Spring Boot Starter 实现。Spring Boot 拥有很多方便使用的 Starter（Spring 提供的 Starter 命名规则为 spring-boot-starter-xxx.jar，第三方提供的 Starter 命名规则为 xxx-spring-boot-starter.jar），比如 spring-boot-starter-log4j.jar、mybatis-spring-boot-starter.jar 等，各自都代表了一个相对完整的功能模块。SpringBoot-starter 程序是一个集成接合器，完成两件事：引入模块所需的相关 Jar 包、自动配置各自模块所需的属性。

Spring Boot Starter 包括常见的启动器、面向生产环境的启动器和具有替换技术的启动器。下面分别说明其内容。

首先介绍常见 Spring Boot Starter 的启动器（如表 2-1 所示）的。

表 2-1　常见 Spring Boot Starter 的启动器

序号	Spring Starter 包	实 现 功 能
1	spring-boot-starter	这是 Spring Boot 的核心启动器，包含了自动配置、日志和 YAML
2	spring-boot-starter-actuator	帮助监控和管理应用
3	spring-boot-starter-amqp	通过 spring-rabbit 来支持 AMQP
4	spring-boot-starter-aop	支持面向切面的编程，即 AOP，包括 spring-aop 和 AspectJ

（续）

序号	Spring Starter 包	实 现 功 能
5	spring-boot-starter-artemis	通过 Apache Artemis 支持 JMS 的 API（Java Message Service API）
6	spring-boot-starter-batch	支持 Spring Batch，包括 HSQLDB
7	spring-boot-starter-cache	支持 Spring 的 Cache 抽象
8	spring-boot-starter-cloud-connectors	支持 Spring Cloud Connectors，简化了 Cloud Foundry 或 Heroku 云平台上的连接服务
9	spring-boot-starter-data-elasticsearch	支持 ElasticSearch 搜索和分析引擎，包括 spring-data-elasticsearch
10	spring-boot-starter-data-gemfire	支持 GemFire 分布式数据存储，包括 spring-data-gemfire
11	spring-boot-starter-data-jpa	支持 JPA、包括 spring-data-jpa、spring-orm、Hibernate
12	spring-boot-starter-data-mongodb	支持 MongoDB 数据，包括 spring-data-mongodb
13	spring-boot-starter-data-rest	支持通过 REST 暴露 Spring Data 数据
14	spring-boot-starter-data-solr	支持 Apache Solr 搜索平台，包括 spring-data-solr
15	spring-boot-starter-freemarker	支持 FreeMarker 模板引擎
16	spring-boot-starter-groovy-templates	支持 Groovy 模板引擎
17	spring-boot-starter-hateoas	通过 spring-hateoas 支持基于 HATEOAS 的 RESTful Web 服务
18	spring-boot-starter-hornetq	通过 HornetQ 支持 JMS
19	spring-boot-starter-integration	支持通用的 spring-integration 模块
20	spring-boot-starter-jdbc	支持 JDBC 数据库
21	spring-boot-starter-jersey	支持 Jersey RESTful Web 服务框架
22	spring-boot-starter-jta-atomikos	通过 Atomikos 支持 JTA 分布式事务处理
23	spring-boot-starter-jta-bitronix	通过 Bitronix 支持 JTA 分布式事务处理
24	spring-boot-starter-mail	支持 javax.mail 模块
25	spring-boot-starter-mobile	支持 spring-mobile
26	spring-boot-starter-mustache	支持 Mustache 模板引擎
27	spring-boot-starter-redis	支持 Redis 键值存储数据库，包括 spring-redis
28	spring-boot-starter-security	支持 spring-security
29	spring-boot-starter-social-facebook	支持 spring-social-facebook
30	spring-boot-starter-social-linkedin	支持 spring-social-linkedin
31	spring-boot-starter-social-twitter	支持 spring-social-twitter
32	spring-boot-starter-test	支持常规测试依赖，包括 JUnit、Hamcrest、Mockito、spring-test 模块
33	spring-boot-starter-thymeleaf	支持 Thymeleaf 模板引擎，包括与 Spring 的集成
34	spring-boot-starter-velocity	支持 Velocity 模板引擎
35	spring-boot-starter-web	支持全栈式 Web 开发，包括 Tomcat 和 spring-webmvc
36	spring-boot-starter-websocket	支持 WebSocket 开发
37	spring-boot-starter-ws	支持 Spring Web Services

其次面向生产环境的 Spring Boot Starter 启动器还有 2 种，具体如表 2-2 所示。

表 2-2　面向生产环境的 Spring Boot Starter 的启动器

序　号	Spring Starter 包	实 现 功 能
1	spring-boot-starter-actuator	增加了面向产品上线相关的功能，比如测量和监控
2	spring-boot-starter-remote-shell	增加了远程 SSH Shell 的支持

最后，还有一些具有替换技术的 Spring Boot Starter 启动器，具体如表 2-3 所示。

表 2-3　具有替换技术的 Spring Boot Starter 的启动器

序　号	Spring Starter 包	实 现 功 能
1	spring-boot-starter-jetty	引入了 Jetty HTTP 引擎（用于替换 Tomcat）
2	spring-boot-starter-log4j	支持 Log4J 日志框架
3	spring-boot-starter-logging	引入 Spring Boot 默认的日志框架 Logback
4	spring-boot-starter-tomcat	引入了 Spring Boot 默认的 HTTP 引擎 Tomcat
5	spring-boot-starter-undertow	引入了 Undertow HTTP 引擎（用于替换 Tomcat）

❷ Quarkus Extension 方式

Quarkus Extension 可以像项目依赖项那样增强应用程序。Quarkus Extension 的作用是利用 Quarkus 核心将外部大量的开发库无缝地集成到 Quarkus 体系结构中。

Quarkus Extension 由两部分组成：

第一部分是运行时模块，表示扩展开发者向应用程序开发者公开的功能（如身份验证过滤器、增强的数据层 API 等）。运行时依赖项是用户将添加的应用程序依赖项（在 Maven POMs 或 Gradle 构建脚本中）。

第二部分是部署模块，是在构建的扩充阶段使用的，部署模块描述如何按照 Quarkus 的哲学来"部署"一个库。换句话说，在构建期间将所有 Quarkus 优化并应用于应用程序。部署模块为 GraalVM 的本地编译做好了准备。

用户不应将扩展的部署模块作为应用程序依赖项添加。部署依赖项由 Quarkus 在扩展阶段从应用程序的运行时依赖项解析。Quarkus Extension 的内容如表 2-4 所示。在撰写本书时，Quarkus 有 400 多个扩展。

表 2-4　Quarkus Extension 的内容

序号	Quarkus Extension	集成的第三方框架和平台
1	quarkus-agroal	扩展 Agroal，实现数据库连接池
2	quarkus-amazon-dynamodb	扩展访问 Amazon DynamoDB 的功能
3	quarkus-kafka-client	扩展 Apache Kafka 客户端功能
4	quarkus-kafka-streams	扩展 Apache Kafka Streams 功能
5	quarkus-tika	扩展 Apache Tika 功能
6	quarkus-arc	扩展 Arc 的 Bean 管理容器功能
7	quarkus-amazon-lambda	扩展 AWS Lambda 功能

（续）

序号	Quarkus Extension	集成的第三方框架和平台
8	quarkus-flyway	扩展 Flyway 功能
9	quarkus-hibernate-orm	扩展 Hibernate ORM 功能
10	quarkus-hibernate-orm-panache	扩展基于 Hibernate ORM 的 Panache 功能
11	quarkus-hibernate-search-elasticsearch	扩展 Hibernate Search Elasticsearch 功能
12	quarkus-hibernate-validator	扩展 Hibernate Validator 功能
13	quarkus-infinispan-client	扩展 Infinispan Client 功能
14	quarkus-jdbc-h2	扩展 JDBC Driver - H2 功能
15	quarkus-jdbc-mariadb	扩展 JDBC Driver - MariaDB 功能
16	quarkus-jdbc-postgresql	扩展 JDBC Driver - PostgreSQL 功能
17	quarkus-jackson	扩展 Jackson 功能
18	quarkus-jsonb	扩展 JSON-B 功能
19	quarkus-jsonp	扩展 JSON-P 功能
20	quarkus-keycloak	扩展 Keycloak 客户端功能
21	quarkus-kogito	扩展 Kogito 功能
22	quarkus-kotlin	扩展 Kotlin 功能
23	quarkus-kubernetes	扩展 Kubernetes 功能
24	quarkus-kubernetes-client	扩展 Kubernetes 客户端功能
25	quarkus-mailer	扩展 Mailer 功能
26	quarkus-mongodb-client	扩展 MongoDB 客户端功能
27	quarkus-narayana-jta	扩展 Narayana JTA - Transaction Manager 功能
28	quarkus-neo4j	扩展 Neo4j 客户端功能
29	quarkus-reactive-pg-client	扩展 Reactive PostgreSQL 客户端功能
30	quarkus-resteasy	扩展 RESTEasy 功能
31	quarkus-resteasy-jsonb	扩展 RESTEasy 的 JSON-B 功能
32	quarkus-resteasy-jackson	扩展 RESTEasy 的 Jackson 功能
33	quarkus-scheduler	扩展 Scheduler 功能
34	quarkus-elytron-security	扩展 Security 功能
35	quarkus-elytron-security-oauth2	扩展 Security OAuth 2.0 功能
36	quarkus-smallrye-context-propagation	扩展 SmallRye Context Propagation 功能
37	quarkus-smallrye-fault-tolerance	扩展 SmallRye Fault Tolerance 功能
38	quarkus-smallrye-health	扩展 SmallRye Health 功能
39	quarkus-smallrye-jwt	扩展 SmallRye JWT 功能
40	quarkus-smallrye-metrics	扩展 SmallRye Metrics 功能
41	quarkus-smallrye-openapi	扩展 SmallRye OpenAPI 功能

（续）

序号	Quarkus Extension	集成的第三方框架和平台
42	quarkus-smallrye-opentracing	扩展 SmallRye OpenTracing 功能
43	quarkus-smallrye-reactive-streams-operators	扩展 SmallRye Reactive Streams Operators 功能
44	quarkus-smallrye-reactive-type-converters	扩展 SmallRye Reactive Type Converters 功能
45	quarkus-smallrye-reactive-messaging	扩展 SmallRye Reactive Messaging 功能
46	quarkus-smallrye-reactive-messaging-kafka	扩展 SmallRye Reactive Messaging - Kafka Connector 功能
47	quarkus-smallrye-reactive-messaging-amqp	扩展 SmallRye Reactive Messaging - AMQP Connector 功能
48	quarkus-rest-client	扩展 REST 客户端功能
49	quarkus-spring-di	扩展 Spring DI 兼容层，整合 Spring DI 功能
50	quarkus-spring-web	扩展 Spring Web 兼容层，整合 Spring Web 功能
51	quarkus-spring-data	扩展 Spring Data 兼容层，整合 Spring Data 功能
52	quarkus-spring-Security	扩展 Spring Security 兼容层，整合 Spring Security 功能
53	quarkus-swagger-ui	扩展 Swagger UI 功能
54	quarkus-undertow	扩展 Undertow 功能
55	quarkus-undertow-websockets	扩展 Undertow WebSockets 功能
56	quarkus-vertx	扩展 Eclipse Vert.x 功能

❸ **Spring Boot** 启动器和 **Quarkus Extension** 之间的区别

Spring Boot 启动器和 Quarkus Extension 之间有一个根本区别。Quarkus Extension 由两个不同的部分组成：构建时扩展（称为部署模块）和运行时容器（称为运行时模块）。构建应用程序时，Quarkus Extension 的大部分工作在部署模块中完成。而 Spring Boot 启动器只有运行时模块。

Quarkus 与 Spring Boot 一样，拥有一个庞大的扩展生态系统，该生态系统使用了许多当前常用的技术。表 2-5 所示为常见的 Quarkus Extension 和提供类似功能的 Spring Boot 启动器对比。

表 2-5　常见的 Quarkus Extension 和 Spring Boot 启动器对比

序号	Quarkus Extension	Spring Boot Starter
1	quarkus-resteasy-jackson	spring-boot-starter-web spring-boot-starter-webflux
2	quarkus-resteasy-reactive-jackson	spring-boot-starter-web spring-boot-starter-webflux
3	quarkus-hibernate-orm-panache	spring-boot-starter-data-jpa
4	quarkus-hibernate-orm-rest-data-panache	spring-boot-starter-data-rest
5	quarkus-hibernate-reactive-panache	spring-boot-starter-data-r2dbc
6	quarkus-mongodb-panache	spring-boot-starter-data-mongodb spring-boot-starter-data-mongodb-reactive
7	quarkus-hibernate-validator	spring-boot-starter-validation

（续）

序号	Quarkus Extension	Spring Boot Starter
8	quarkus-qpid-jms	spring-boot-starter-activemq
9	quarkus-artemis-jms	spring-boot-starter-artemis
10	quarkus-cache	spring-boot-starter-cache
11	quarkus-redis-client	spring-boot-starter-data-redis spring-boot-starter-data-redis-reactive
12	quarkus-mailer	spring-boot-starter-mail
13	quarkus-quartz	spring-boot-starter-quartz
14	quarkus-oidc	spring-boot-starter-oauth2-resource-server
15	quarkus-oidc-client	spring-boot-starter-oauth2-client
16	quarkus-smallrye-jwt	spring-boot-starter-security

Quarkus 还向第三方提供其扩展框架，以通过 Quarkiverse 构建和交付自己的扩展。通过提供 Quarkus Extension，第三方技术可以针对 Quarkus 使用提前（AOT）处理进行优化。

▶▶ 2.3.4 两种框架的响应式编程比较

❶ 响应式的基础框架

响应式编程可处理数据流，并通过数据流自动传播更改。这种范式是由响应式扩展实现的。Java 有一些流行的响应式扩展，如 ReactiveX（包括 RxJava、RxKotlin、Rx.NET 等）和 BaconJS。由于有多种库可供选择，而且它们之间缺乏互操作性，因此很难选择要使用的库。正是为了解决这一问题，才发起了"响应式流"倡议。

Reactive Streams（响应式流）规范是 2013 年底由 Netflix、TypeSafe、Pivotal 等公司为实现 Reactive Programming 思想而发起并制定的一个倡议规范，其本质就是使用流来快速处理和响应多任务（元素），实现异步并行处理多任务，充分利用多核 CPU 性能的特点，同时提供背压机制，实现对资源提供过载保护的功能。基于此规范定义了一套标准的 Java 版响应式编程标准 API，如 Publisher、Subscriber、Subscription 和 Processo 等。为了让 Java 开发者在 JDK 中规范地调用响应式流 API，JDK9 在 java.util.concurrent.Flow 下提供了响应式流接口，RxJava、Reactor 和 Akka Streams 都在 Flow 下实现了这些接口。

目前很多工具库均实现了响应式流规范，包括 Akka（TypeSafe 公司开发）、Reactor（Pivatol 公司开发）、RxJava（Netflix 公司开发）等，同时 JDK9 中也开始支持响应式编程，核心类为 java.util.concurrent.Flow，其中定义了 Publisher、Subscriber、Subscription、Proccessor 等核心响应式编程接口。

现在一些开源响应式框架或工具包已经被应用，包括 Eclipse Vert.x、Akka 、SmallRye Mutiny 和 Reactor 等。这些框架或工具包提供的 API 实现可以在其他响应式工具和模式（包括响应式流规范、RxJava 等）中带来更多价值。

 **Spring 响应式架构**

Spring 是基于 Reactor 框架来实现响应式流的，其中，Spring WebFlux 完全依赖 reactor-core 来实现。Reactor 框架实现了 Reactive Programming 思想，是符合响应式流规范的一项技术。Reactor 与 RxJava2 共用了 Reactor Streams Commons 标准 API 接口，实现了 API 的通用。

Reactor 组件包括如下内容。

1）reactor-core：Reactor 的核心实现库。

2）reactor-ipc：针对 encode、decode、send（unicast、multicast 或 request/response）及服务连接而设计的支持背压的组件，支持 Kafka、Netty。

3）reactor-addons：包括 reactor-adapter（各种适配）、reactor-logback（日志异步处理支持）、reactor-extra（数字类型的 Flux 源头提供数字运算支持）。

4）reactor-streams-commons：Reactor 与 RxJava2 共用的一套标准 API 接口。

对于 Spring 开发者来说，当编写响应式代码时，通常只会接触到 Publisher 这个接口，对应到 Reactor 便是 Mono 和 Flux。对于 Subscriber 和 Subcription 这两个接口，Reactor 也有相应的实现。这些都应用到 Spring WebFlux 和 Spring Data Reactive 框架中。

作为 Java 中的首个响应式 Web 框架，Spring 5.0 框架提供了端到端响应式编程的支持。

图 2-8 所示为 Spring 框架体系中的非响应式和响应式堆栈的对比。一种是基于带有 Spring MVC 和 Spring 数据结构的 Servlet API；另一种是完全响应式堆栈，它利用了 Spring WebFlux 和 Spring Data 的响应式存储库。

Netty,Servlet 3.1+Containers	Servlet Containers
Reactive Streams Adapters	Servlet API
Spring Security Reactive	Spring Security
Spring WebFlux	Spring MVC
Spring Data Reactive Repositories Mongo,Cassandra,Redls,Couchbase,R2DBC	Spring Data Repositories JDBC,JPA,NoSQL

● 图 2-8　Spring 框架体系中的非响应式和响应式椎栈的对比

图 2-8 中，右侧是传统的基于 Spring Web 的 Servlet 框架（包含 Spring REST（图 2-8 中未显示）、Spring MVC 框架，在左侧，除了 Spring Security Reactive 这个旧组件外，Spring 5.0 引入了基于 Reactive Streams 的 Spring Reactive 架构体系，从上往下依次是 Netty、Reactive Streams Adapters、Spring WebFlux、Spring Data Reactive Repositories。Spring WebFlux 是核心组件，协调上下游各个组件，提供响应式编程支持，对标@Controller、@RequestMapping 等标准的 Spring MVC 注解，提供一套函数式风格的 API，用于创建 Router、Handler 和 Filter。Spring WebFlux 默认集成的是 Reactor。在非响应式和响应式两种情况下，Spring Security 提供了对这两种堆栈的本机支持，在响应式框架中称为 Spring Security Reactive。

❸ Quarkus 响应式架构

Quarkus 有一个响应式引擎。该引擎由 Eclipse Vert.x 和 Netty 提供实现引擎，处理非阻塞 I/O 交互。Quarkus 扩展和应用程序代码可以使用此引擎来协调 I/O 交互、与数据库交互、发送和接收消息等。

Quarkus 响应式规划模型是基于非阻塞 I/O 和消息传递的 Quarkus 体系结构，允许支持多个响应式开发模型，这些模型在表达连续性方面都是不同的。使用 Quarkus 编写响应式代码的两种主要方法如下。

（1）带有 Mutiny 框架的响应式编程和 Kotlin 协程

首先，Mutiny 框架是一个直观的、事件驱动的响应式编程库。使用 Mutiny 框架可以编写事件驱动的代码。代码实现的功能是接收事件并处理其管道。管道中的每个阶段都可以看作一个延续，因为当管道的上游部分发出事件时，Mutiny 会调用这些事件。定制化的 Mutiny API 可以提高代码库的可读性和维护性。Mutiny 提供了协调异步操作所需的一切，包括并发执行。Mutiny 还提供了大量的操作符来操作单个事件和事件流。

协程（Co-routines）是一种按顺序编写异步代码的方法。它在 I/O 期间暂停代码的执行，并将代码的其余部分注册为延续（Continuation）。在 Kotlin 中开发时，Kotlin 协程易于使用，只需要将一系列相互依赖的异步任务表示为顺序组合即可。

（2）命令式与响应式的统一

Quarkus 因其响应式引擎而具有天生的响应式特性。但是 Quarkus 应用开发者不必编写响应式代码。Quarkus 统一了命令式和响应式。Quarkus 实现了一个 Proactor 模式（如图 2-9 所示），在开发中可以实现传统的阻塞应用程序和非阻塞程序混合使用。

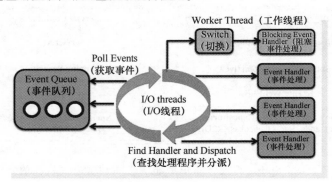

● 图 2-9　Quarkus 的 Proactor 模式

由于代码中的提示（如@Blocking 和@NonBlocking 注解），Quarkus 扩展可以决定应用程序逻辑是阻塞的还是非阻塞的。如果提交 HTTP 端点请求，那么 HTTP 请求总是在 I/O 线程上被接收。然后，I/O 线程决定是在 I/O 线程上调用该请求，还是在工作线程（阻塞线程）上调用该请求。这一决定取决于延期。例如，RESTEasy 响应式扩展使用@Blocking 注解确定是否需要使用工作线程（阻塞线程）调用该方法，或者是否可以使用 I/O 线程调用该方法。

在 Quarkus 中可以使用命令式方式、响应式方式或者将两者混合使用，在高并发的应用程序部分使用响应式方式。

响应式 HTTP 包括如下内容。

■ RESTEasy Responsive：为 Quarkus 体系结构定制的 JAX-RS 实现。RESTEasy Responsive 遵循响应优先的方法，但允许使用 @Blocking 注解的命令式代码。

■ Reactive Routes：直接在 Eclipse Vert.x 路由器上注册 HTTP 路由的声明性方式，Quarkus 使用该路由器将 HTTP 请求路由到配置的方法。

■ Reactive Rest Client：允许使用 HTTP 端点，可使用 Quarkus 的非阻塞 I/O 功能。

■ Qute：Qute 模板引擎公开一个响应式 API，以非阻塞方式呈现模板。

响应式数据包括如下内容。

■ Hibernate Reactive：Hibernate ORM 的一个版本，使用异步和非阻塞客户端与数据库交互。

■ Hibernate Reactive with Panache：在 Hibernate Reactive 的基础上提供活动记录和存储库支持。

■ Reactive PostgreSQL Client：与 PostgreSQL 数据库交互的高并发异步非阻塞客户端。

■ Reactive MySQL Client：与 MySQL 数据库交互的异步非阻塞客户端。

■ MongoDB Extension：公开与 MongoDB 交互的命令式和响应式（Mutiny）API。

■ Mongo 和 Panache：为命令式和响应式 API 提供了活动记录的支持。

■ Cassandra Extension：开放与 Cassandra 交互的命令式和响应式（Mutiny）API。

■ Redis Extension：开放命令式和响应式（Mutiny）API 来存储和检索 Redis 键值存储中的数据。

响应式事件驱动体系结构包括如下内容。

■ Reactive Messaging（响应式消息传递）：允许使用响应式和命令式代码实现事件驱动的应用程序。

■ Kafka Connector for Reactive Messaging（用于响应式消息传递的 Kafka 连接器）：允许实现使用和写入 Kafka 记录的应用程序。

■ AMQP 1.0（响应式消息连接器）：允许实现应用程序发送和接收 AMQP 消息。

响应式网络协议和实用程序如下。

■ gRPC：实施和使用 gRPC 服务。提供响应式和命令式编程接口。

■ GraphQL：使用 GraphQL 实现和查询（客户端）数据存储。提供多种 API 和支持订阅作为事件流。

■ Fault Tolerance（容错）：为应用程序提供重试、回退和熔断器等功能，可以与 Mutiny 框架类型的数据一起使用。

响应式引擎包括如下内容。

■ Eclipse Vert.x：Quarkus 的响应引擎底层。该扩展允许访问托管 Eclipse Vert.x 实例及其 Mutiny 变量（使用 Mutiny 类型公开 Vert.x API）。

■ Context Propagation：在响应式管道中捕获和传播上下文对象（事务、主体等）。

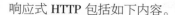 2.4　两种框架的程序启动过程比较

程序启动过程比较主要是指明两个框架的构建时与运行时的异同。

▶▶ 2.4.1 Spring 框架的程序启动模式

Spring 框架的启动模式分为构建时与运行时。

■ 构建时是对应用 Java 源文件进行的所有操作,以将这些源文件转换为可运行的产物(如类文件、jar 或 .war 文件、原生镜像)。通常这个阶段由编译、注解处理、字节码生成等过程组成,此时,一切都在开发者的范围和控制之下。

■ 运行时是执行应用程序时发生的所有操作。该过程显然侧重于启动面向业务的操作,但此过程依赖于许多技术操作,如加载库和配置文件、扫描应用程序的类路径、配置依赖注入、设置对象关系映射、实例化 REST 控制器等。

通常,Java 框架在实际启动应用程序之前在运行时进行引导。在引导过程中,框架通过扫描类路径来动态收集元数据,以进行配置查找、实体定义、依赖注入绑定等,以便通过反射实例化适当的对象。主要后果如下。

■ 延迟应用程序的准备:在实际提供业务请求之前,需要等待几秒钟。

■ 在引导时有一个资源消耗高峰:在一个受限的环境中,将需要根据技术引导需求而不是实际业务需求来调整所需资源的大小。

▶▶ 2.4.2 Quarkus 框架的程序启动模式

Quarkus 框架的启动模式分为构建时与运行时。下面列出 Quarkus 扩展在构建过程中执行的操作。

1)收集构建时元数据并生成代码。这一部分与 GraalVM 无关,表示 Quarkus 扩展框架在"在构建时(Building)"启动,Quarkus 扩展框架需要读取元数据、扫描类以及根据需要生成类。扩展的一小部分工作是在运行时生成执行类,而大部分工作是在构建时(Building,或称为部署时)完成这些类的生成。

2)基于应用程序的内部视图,强制执行默认值(例如,没有 @Entity 的应用程序不需要启动 Hibernate ORM)。

3)其中的一个 Quarkus 扩展托管了底层 VM 代码,以便库可以在 GraalVM 上运行。大多数更改都被推到上游,以帮助底层库在 GraalVM 上运行。并不是所有的改变都可以被推到上游,扩展托管基于虚拟机替换以便库可以运行。

4)替换主机和底层虚拟机代码,以帮助消除基于应用需求的不执行的代码,并禁止这些代码在真实库中共享。例如,Quarkus 需要优化 Hibernate 代码,因为 Quarkus 知道 Hibernate 代码只需要一个特定的连接池和缓存来提供程序。

5)向 GraalVM 发送需要反射的示例类的元数据。这些元数据不是在每个库中都是静态的,但是框架有语义知识,知道哪些类需要反射(如 @Entity classes)。

总结一下,为了构建扩展,Quarkus 框架实现了如下的步骤。

1)从 application.properties 归档并映射到对象。

2)从类中读取元数据而不必加载它们,这包括类路径和注解扫描。

3）根据需要生成字节码（如代理的实例化）。

4）将合理的默认值传递给应用程序。

5）使应用程序与 GraalVM（资源、反射、替换）兼容。

6）实施重新热加载。

使用 Quarkus 扩展方法，Quarkus 可以使 Java 应用程序符合内存占用受限的环境，如 Kubernetes 或云平台环境。即使在 GraalVM 不使用的情况下（如在 HotSpot 中），Quarkus 扩展框架也能显著提高资源利用率。

2.5 两种框架的开发过程模式比较

软件开发过程中提供的每个功能都应该简单，尽量减少配置，并且尽可能使用直观，让开发者有更多的时间专注于他们的领域专业知识和业务逻辑。

▶▶ 2.5.1 Spring 框架开发过程模式

当今，大多数 Java 开发者面临的一个问题是传统的 Java 开发工作流程。对于大多数开发者来说，Spring 应用程序开发流程如图 2-10 所示。

Spring 应用程序的开发工作流程是：首先编写代码，然后对源码进行编译，接着部署并运行，测试后进行修改完善，接着继续按照第一个过程再继续循环下去。

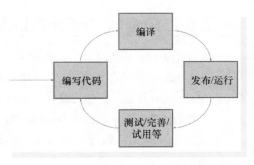

● 图 2-10 Spring 应用程序开发工作流程

▶▶ 2.5.2 Quarkus 框架的实时编码功能

传统开发工作流程的问题是编译和部署/运行周期有时需要一分钟或更长的时间。这种延迟是浪费时间，因为开发者可以做一些有成效的事情。Quarkus 的实时编码功能在最初的 Quarkus 版本中引入，解决了时间浪费的问题。Quarkus 开发工作流程与 Node.js 生态系统提供了类似的实时编码功能。Quarkus 应用程序开发工作流程如图 2-11 所示。

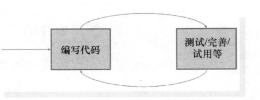

● 图 2-11 Quarkus 应用程序开发工作流程

只需运行命令 "./mvnw compile quarkus：dev"，Quarkus 将自动检测对 Java 文件所做的更改，包括类或方法重构、应用程序配置、静态资源更改，甚至类路径依赖项更改。当检测到此类更改时，Quarkus 透明地重新编译和重新部署更改，同时保留应用程序的先前状态。Quarkus 重新部署通常在不到 1s 的时间内发生。

2.6 两种框架的云原生部署步骤

微服务需要部署到云原生架构，主要就是发布到 Kubernetes 环境或相关云原生环境中。

2.6.1 Spring 框架云原生部署步骤

由 Spring Boot 部署到云原生架构的步骤如下。

1）在 Spring Boot 项目的 Maven 文件中引入对 Docker 的依赖项。

2）本地打包 Spring Boot 项目为 Spring Boot 微服务 Jar 包。

3）向本地或镜像库发布 Spring Boot 程序镜像。

4）编写 Kubernetes 部署文档。

5）通过 kubectl 命令执行 Kubernetes 部署文档，把 Spring Boot 程序发布到 Kubernetes 中。

2.6.2 Quarkus 框架云原生部署步骤

Quarkus 部署到云原生架构的步骤如下。

1）在 Quarkus 项目的 Maven 文件中引入对 Docker、Kubernetes 的依赖项。

2）在 Quarkus 项目的属性配置中定义 Docker 镜像属性和 Kubernetes 属性。

3）本地打包 Quarkus 项目为 Quarkus 微服务 Jar 包，自动生成 Kubernetes 部署文档。

4）通过 kubectl 命令执行 Kubernetes 部署文档，把 Quarkus 微服务发布到 Kubernetes 中。

2.7 具体比较案例的说明

本节主要通过程序案例源码的方式介绍 Spring 和 Quarkus 的对比应用。

2.7.1 应用案例简要介绍

Spring 和 Quarkus 应用案例及说明如表 2-6 所示。

表 2-6 应用案例及说明

序号	案例名称	类别	简介	关键词
1	310-sample-spring-rest	Spring	基于类似 JAX-RS 规范构建的 Spring 应用	REST、JSON、OpenAPI、Swagger
2	312-sample-quarkus-rest	Quarkus	基于 JAX-RS 规范构建的 Quarkus 应用，提供 OpenAPI 和整合 Swagger 的文档界面	REST、JSON、OpenAPI、Swagger
3	313-sample-quarkus-rest-client	Quarkus	基于 rest-client 规范构建的 Quarkus 应用	rest-client
4	314-sample-spring-reactive-rest	Spring	Spring 支持响应式 JAX-RS 实现案例	Reactive、Spring WebFlux
5	316-sample-quarkus-reactive-rest	Quarkus	Quarkus 扩展支持响应式 JAX-RS 实现案例	Reactive、SmallRye Mutiny、RESTEasy Responsive

（续）

序号	案例名称	类别	简 介	关 键 词
6	317-sample-quarkus-servlet	Quarkus	Quarkus 扩展支持 Servlet	Servlet
7	320-sample-spring-jpa-hibernate	Spring	Spring 的 JPA 规范的实现，ORM 采用 Hibernate，数据库采用 H2	ORM、Hibernat、JPA
8	321-sample-quarkus-jpa-hibernate	Quarkus	Quarkus 的 JPA 规范的实现，ORM 采用 Hibernate，数据库采用 H2	ORM、Hibernat、JPA
9	322-sample-quarkus-jpa-panache-repository	Quarkus	Quarkus 的 JPA 规范的实现，对数据库的 CRUD 操作，ORM 采用 Panache	Panache、Hibernate、repository
10	323-sample-quarkus-jpa-panache-activerecord	Quarkus	Quarkus 的 JPA 规范的实现，对数据库的 CRUD 操作，ORM 采用 Panache	JPA、Panache、activerecord
11	324-sample-spring-reactive-data	Spring	Spring 实现响应式的数据访问	Spring Data R2DBC
12	325-sample-quarkus-reactive-panache-activerecord	Quarkus	Quarkus 扩展 Panache 实现响应式的 Activerecord 模式的实现	Reactive、Panache、Activerecord
13	326-sample-quarkus-reactive-hibernate	Quarkus	Quarkus 扩展支持响应式的 Hibernate 实现案例	Reactive、Hibernate Reactive
14	327-sample-quarkus-reactive-sqlclient	Quarkus	Quarkus 扩展支持响应式的 Vert.x 的 SQL Client 实现案例	Reactive、Vert.x、SQL Client
15	328-sample-spring-orm-mybatis	Spring	Spring 的 MyBatis 的实现，对数据库的 CRUD 操作，ORM 采用 MyBatis	MyBatis
16	329-sample-quarkus-orm-mybatis	Quarkus	Quarkus 的 MyBatis 的实现，对数据库的 CRUD 操作，ORM 采用 MyBatis	MyBatis
17	330-sample-spring-redis	Spring	Spring 对 Redis 的存入和读取实现	Redis
18	331-sample-quarkus-redis	Quarkus	Quarkus 对 Redis 的存入和读取实现	Redis
19	332-sample-spring-reactive-redis	Spring	Spring 支持响应式的 Redis 实现案例	Reactive、Redis
20	333-sample-quarkus-reactive-redis	Quarkus	Quarkus 扩展支持响应式的 Redis 实现案例	Reactive、Redis
21	334-sample-spring-mongodb	Spring	Spring 支持 NoSQL 数据库 MongoDB 的 CRUD 操作的实现案例	NoSQL、MongoDB
22	335-sample-quarkus-mongodb	Quarkus	Quarkus 对 NoSQL 数据库 MongoDB 的 CRUD 操作	NoSQL、MongoDB
23	336-sample-spring-reactive-mongodb	Spring	Spring 支持响应式 NoSQL 数据库 MongoDB 实现案例	Reactive、NoSQL、Mongodb
24	337-sample-quarkus-reactive-mongodb	Quarkus	Quarkus 支持响应式 NoSQL 数据库 MongoDB 实现案例	Reactive、NoSQL、Mongodb
25	338-sample-quarkus-jpa-transaction	Quarkus	Quarkus 支持的数据库自定义事务处理	JTA、UserTransaction
26	339-sample-quarkus-jta	Quarkus	Quarkus 支持的数据库 JTA 事务处理	JTA、TransactionManager
27	340-sample-spring-jms	Spring	Spring 对 JMS 规范的实现，JMS 客户端和服务端用 Artemis 平台	JMS、Artemis
28	341-sample-quarkus-jms	Quarkus	Quarkus 扩展 JMS 规范的实现，JMS 客户端和服务端用 Artemis 平台，采用 JMS 队列模式	JMS、Artemis

(续)

序号	案例名称	类别	简介	关键词
29	342-sample-spring-event	Spring	Spring 支持 Event 处理	Event
30	343-sample-quarkus-event	Quarkus	Quarkus 扩展支持 Event 处理	Event
31	344-sample-spring-reactive-streams	Spring	Spring 支持响应式流的处理	Reactive、Kafka
32	345-sample-quarkus-reactive-streams	Quarkus	Quarkus 扩展支持响应式的 Kafka 实现案例	Reactive、Kafka Stream
33	346-sample-spring-kafka-streams	Spring	Spring 支持 Kafka Stream 处理	Kafka、Kafka Stream
34	347-sample-quarkus-kafka-streams	Quarkus	Quarkus 扩展 Kafka Stream 的实现	Kafka、Kafka Stream
35	350-sample-spring-security-shiro	Spring	Spring 的 Shiro 安全解决方案实现	Shiro
36	352-sample-spring-security	Spring	Spring 的 Spring Security 安全解决方案实现	Spring Security
37	353-sample-quarkus-security-ssl	Quarkus	Quarkus 实现 SSL 方案	SSL
38	354-sample-quarkus-security-basic	Quarkus	Quarkus 基础的安全认证应用	Security、Basic
39	356-sample-quarkus-security-jwt	Quarkus	Quarkus 扩展支持 JWT 方式的案例	Security、JWT
40	357-sample-quarkus-security-oauth2	Quarkus	Quarkus 扩展支持 OAuth 2.0 的案例	Security、Keycloak、OAuth 2.0
41	358-sample-quarkus-security-oidc	Quarkus	Quarkus 扩展支持 Keycloak 开源认证授权框架平台，支持 openid-connect 方式的后台服务案例	Security、Keycloak、openid-connect
42	360-sample-quarkus-spring-di	Quarkus、Spring	Quarkus 扩展实现整合 Spring 的 DI 功能案例	Spring、DI
43	362-sample-quarkus-spring-web	Quarkus、Spring	Quarkus 扩展实现整合 Spring Web 功能案例	Spring Web
44	364-sample-quarkus-spring-data	Quarkus、Spring	Quarkus 扩展实现整合 Spring Data 功能案例	Spring Data
45	366-sample-quarkus-spring-security	Quarkus、Spring	Quarkus 扩展实现整合 Spring Security 功能案例	Spring Security
46	367-sample-quarkus-springboot-properties	Quarkus、Spring	Quarkus 扩展实现整合 Spring Boot 的配置信息功能案例	Spring Boot
47	370-sample-quarkus-spring-springboot-api	Quarkus、Spring	Quarkus 扩展实现整个 Spring 的 Data 和 REST	Spring Data、Spring REST
48	372-sample-quarkus-springcloud	Quarkus、Spring	Quarkus 扩展实现整合 Spring Cloud 的 Spring Cloud Eureka Server、Spring Cloud Config Server、Spring Cloud Gateway 功能微服务架构案例	Spring Cloud Eureka、Spring Cloud Config、Spring Cloud Gateway
49	373-sample-quarkus-consul	Quarkus、Spring	Quarkus 扩展实现整合 Consul 平台功能的微服务架构案例	Consul、Spring Cloud Gateway

（续）

序号	案例名称	类别	简介	关键词
50	374-sample-quarkus-dubbo	Quarkus，Spring	Quarkus 扩展实现整合 Dubbo 功能微服务架构案例	Dubbo
51	380-sample-spring-boot-starter-project	Spring	一个非常简单的 Spring Starter 程序	Spring Starter
52	380-sample-spring-boot-starter-rest-demo	Spring	测试上述 Spring Starter 程序的验证程序	—
53	384-sample-quarkus-extension-project	Quarkus	一个非常简单的 Quarkus 扩展程序	Quarkus Extension
54	385-sample-quarkus-project-test	Quarkus	测试上述 Quarkus 扩展的验证程序	—

有以下 3 种途径可以获取案例源码。

第一种途径是直接从网站获取源码打包文件，然后解压导入。

第二种途径是从 GitHub 上复制预先准备好的示例代码。cmd 命令如下：

```
git clone https://github.com/rengang66/iiit.quarkus.spring.sample.git
```

第三种途径是从 gitee 上获取，可以从 gitee 上复制预先准备好的示例代码。cmd 命令如下：

```
git clone https://gitee.com/rengang66/iiit.quarkus.sample.git
```

每个案例都是独立的应用，可以完全单独运行和验证，与其他案例没有依赖关系。

案例源码遵循 "Apache License，Version 2.0" 开源协议。

▶▶2.7.2　应用案例相关的软件安装和需遵循的标准规范

❶ 必备软件

应用案例程序需要安装表 2-7 中的软件，以便能进行正确的测试和验证。

表 2-7　必备软件表

序 号	软件名称	功能描述	类 型
1	JDK	Java 开发工具包（JDK）	开发包
2	GraalVM	原生可执行程序的编译平台	编译包
3	Eclipse IDE	跨平台的开源集成开发环境（IDE）	开发工具
4	Maven	构建解决方案、共享库和插件平台。Maven 版本一定是 3.6.x 以上，Quarkus 版本在 2.0 以上时，Maven 版本要达到 3.8.x	打包工具
5	cURL	一个免费的、开源的可以使用各种协议（包括 HTTP）的命令行工具和库	测试工具

❷ 可选软件

可选软件（如表 2-8 所示）是指在一些场景下需要验证应用程序所需要的软件。

表 2-8　可选软件表

序　号	软件名称	功　能　描　述	类　型
1	Docker	对应用组件的封装、分发、部署、运行等管理	部署工具
2	IntelliJ IDEA	Java 的开源集成开发环境（IDE）	开发工具
3	Postman	网页调试与发送网页 HTTP 请求的 Chrome 插件	验证工具
4	PostgreSQL	免费的对象—关系数据库服务器（ORDBMS）	关系数据库
5	Redis	高性能的 Key-Value 开源数据库	缓存库
6	MongoDB	基于分布式文件存储的数据库	NoSQL 数据库
7	Apache Kafka	开源的分布式数据流处理平台	消息流平台
8	Activemq-Artemis	一个多协议、可嵌入、高性能的集群及异步消息传递系统	消息中间件
9	Keycloak	进行身份认证和访问控制的开源软件	认证授权平台

❸ 案例遵循的规范

（1）Jakarta EE 规范简介

多年来，Java EE 规范一直是企业应用程序的主要平台。为了加速面向云原生世界的业务应用程序开发，Oracle 公司将 Java EE 技术转移到 Eclipse 基金会，Java EE 将以 Jakarta EE 品牌发展。

Jakarta EE 规范是一组使全球范围内的 Java 开发者能够在云原生 Java 企业应用程序上工作的 Java 规范。这些规范是由著名的行业领导者制定的，他们向技术开发者和消费者灌输了信心。

Jakarta EE 规范内容包括 Jakarta EE Platform、Jakarta EE Web Profile、Jakarta Activation、Jakarta Annotations、Jakarta Authentication、Jakarta Authorization 等 40 余个。

（2）Eclipse MicroProfile 规范简介

Eclipse MicroProfile 是一个 Java 微服务开发的基础编程模型。该模型致力于定义企业 Java 微服务规范，MicroProfile 提供运行状况检查、容错、分布式跟踪等功能。遵循该编程模型创建的云原生微服务可以自由地部署在任何地方。Eclipse MicroProfile 模型是由群供应商和社区成员来提供维护的。该模型形成的规范是微服务体系结构中开发及使用 Java EE 的新规范。

▶▶2.7.3　应用案例演示和调用

编程采用不同的 IDE 工具。不同的 IDE 工具有一些不同的处理方式。这里主要是采用 Eclipse 为 IDE 工具，但不排除采用其他 IDE 工具。下面分别讲述不同 IDE 工具打开项目的方式。

❶ 为 Eclipse 使用 IDE 工具

在 Eclipse 中导入 Maven 工程，然后进入开发编程界面，Eclipse 工具下应用案例程序图如图 2-12 所示。由于项目较多，在 Maven 导入的过程中可能会有一定的等待时间。当然也可以进行单个项目的导入。

在此 Eclipse 环境下，读者可以阅读、查看、运行、调试和验证各个案例项目。案例项目可以在 Eclipse 中调用菜单命令来启动，也可以直接在案例程序目录中调用 Quarkus 开发模式的命令启动。

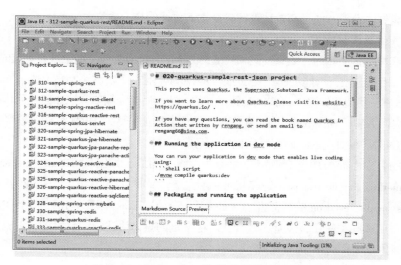

● 图 2-12　Eclipse 工具下应用案例程序图

❷ 为 IDEA 使用 IDE 工具

在 IDEA 中导入 Maven 工程，然后进入开发编程界面，IDEA 工具下应用案例程序图如图 2-13 所示。

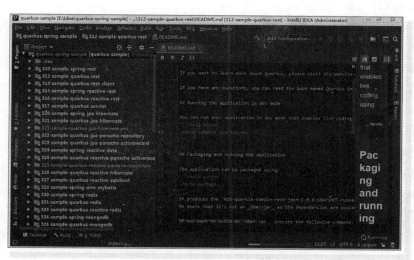

● 图 2-13　IDEA 工具下应用案例程序图

在此 IntelliJ IDEA 环境下，读者可以阅读、查看、运行、调试和验证各个案例项目。案例项目需要在案例程序目录中调用 Quarkus 开发命令启动。需要注意的是，IntelliJ IDEA 可能不支持整个案例程序在工具内调用菜单命令来启动。

▶▶ 2.7.4　应用案例解析说明

为了便于读者更好地理解，这里介绍有关应用案例的指导说明和原则。读者明白了这些指导说明和原则，就能更轻松、方便、高效地理解各个案例讲述的核心含义。

（1）每个案例的讲解构成

每个案例基本由案例介绍、编写案例和验证案例 3 部分组成。但个别案例有一定的特殊性，比如涉及这些案例的相关应用，可能会有一些扩展性的说明和阐述。如讲解案例 031-quarkus-sample-orm-hibernate 时，该案例代码只针对 PostgreSQL 数据库的配置，后续会简单介绍如何配置其他关系数据库。该案例代码只实现了基于 Hibernate 的 ORM 框架，后续会增加一些对 ORM 框架的解释。

（2）每个案例都有对应的源码程序案例的编号

程序案例的名称由编号加上案例特征两个属性组合而成，如案例 020-quarkus-sample-rest-json，020 是编号，quarkus-sample-rest-json 是其特征属性。案例的特征属性表明该案例要实现的程序内容，如 quarkus-sample-rest-json 的特征说明这是一个基于 Quarkus 实现了 Rest 和 JSON 结合的程序。编号仅仅作为排序和归类使用，没有其他含义。在案例的具体讲述中，有可能会忽略编号。

（3）每个案例源码程序的构成元素

构成元素包括配置文件、Java 应用程序源码文件、资源文件等。

■ 所有案例都有配置文件。案例一般只有 application.properties 文件，不排除有些程序可能会有附加的配置文件。例如，与数据库操作相关的数据初始化文件 import.sql，与安全相关的用户认证文件等。

■ Java 源码文件，主要是应用程序的源码。

■ 资源文件包括页面文件（如 index.htm）、.js 文件和一些其他资源文件。由于案例的验证都采用 cURL 工具进行输入，故很少使用页面来处理。

■ 在讲解案例的程序代码时，不会对每个源码文件进行一一述说。每个案例项目都会有一个"程序配置文件和核心类"说明，只针对其中核心的、重要的源码文件进行解析说明。对于要讲解的源码文件，为了不影响篇幅，略去不重要或非讲解的部分。

本书中所列的源码文件内容以实现案例程序的源码文件为准。

（4）验证程序中的输入数据格式不同

在验证程序的过程中，案例都采用 Windows 的 cmd 窗口作为输入终端，所以输入的数据格式都是按照 Windows 的 cmd 终端规范来编写的。但对于 Bash Shell 和 Power Shell 终端，可能会有格式上的调整，这需要读者注意，尤其是 Maven 和 cURL 工具的输入。

为了方便读者验证程序，每个程序都有"quarkus sample test cmd"或"spring sample test cmd"文本文件来列出其需要的测试和验证 cmd 命令。同时，在某些案例程序上作者也提供了针对该案例程序的批处理验证 cmd 文件，该 cmd 文件是 ANSI 编码（非 UTF-8 编码）的，可支持中文输入。这样可以一次性地验证所有内容。

（5）绘制图形说明

为了让读者尽快、准确、容易地理解案例，每个案例都会有图示。图示分为静态图和动态图。一般都会有一张核心静态图，即应用架构图。对于案例的动态图，可能会根据案例讲解的需要和读者理解的便捷采用序列图、通信图、程序执行过程图或服务调用过程图等。

案例应用架构图是作者为了描述清楚案例总体结构而自创的一种图示。现以一个实际案例介绍应用架构案例图示说明，例如有某个应用架构，示意图如图 2-14 所示。

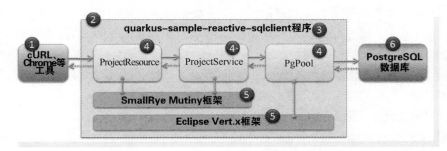

● 图 2-14　应用架构案例讲解示意图

先解释一下图 2-14 中各个编号的含义：

编号①是外部工具，作者一般用 cURL 工具。

编号②是该案例程序的边界，该框内的内容都是案例程序的内容。

编号③是该案例程序的名称，例如图 2-14 中案例的名称就是 quarkus-sample-reactive-sqlclient，实际上，这也就是案例的应用程序名（去掉了编号）。

编号④是该案例程序的程序文件，也就是程序源码。例如图 2-14 中的案例有 ProjectResource 和 ProjectServce 类文件，虽然有 PgPool，但这是一个外部输入对象，其表现为源码程序文件中的一个外部注入对象，故没有类文件。

编号⑤是该案例程序依赖的核心框架或 Quarkus 扩展。由于任何一个案例项目依赖的框架和 Quarkus 扩展都非常多，因此在讲解时只针对当前案例所讲述的内容而列出相关内容。这部分内容一般不可见。本书一般会在基础知识或科普常识中简单介绍这些框架的内容及功能。例如，图 2-14 中的案例所依赖的框架只列出了 SmallRye Mutiny 框架和 Eclipse Vert.x 框架，主要原因是本案例讲解的是响应式编程的内容。

编号⑥是该案例程序验证或演示需要的外部组件。本书在讲解案例时会简单讲述相关外部组件的安装和一些初始化配置，以达到读者能够演示或验证案例程序的目的。例如，图 2-14 中的案例就是 PostgreSQL 数据库。

应用架构图对象之间的关系有包含关系、依赖关系、访问关系、返回关系。① 如果是大框包含小框，那么这是包含关系，例如图 2-14 中的 quarkus-sample-reactive-sqlclient 程序和 ProjectResource 文件的关系。② 如果一条线两端都是圆球，则表明两者是依赖关系，例如图 2-14 中的 PgPool 和 Eclipse Vert.x 框架的关系。③ 如果是单箭头实线，则表明是访问关系，例如图 2-14 中的 ProjectResource 对于 ProjectServce 就是访问关系。④ 如果是单箭头虚线，则表明是返回关系，例如图 2-14 中的 ProjectServce 对于 ProjectResource 就是返回关系。

2.8　本章小结

本章主要介绍的是 Spring 和 Quarkus 比较，从 7 个部分来进行讲解。

■ 首先是两个框架设计和理念比较。

■ 然后是两个框架的性能比较，通过一个实验来比较 Spring 和 Quarkus 的性能。

■ 其次两个框架的应用比较，分别是依赖注入（DI）和 AOP 的比较、脚手架工程比较，整合第三方框架比较和响应式编程比较。

■ 之后是两个框架的程序启动过程比较。

■ 接着对两个框架的开发过程模式比较。

■ 再次对两个框架的云原生部署。

本章最后是对应用案例的整体说明，也可以说是整个本书实战案例的导读。本部分会描述应用案例的场景、简要介绍，需要支持的环境软件和规范，以及如何调用演示及如何讲解这些案例等内容。

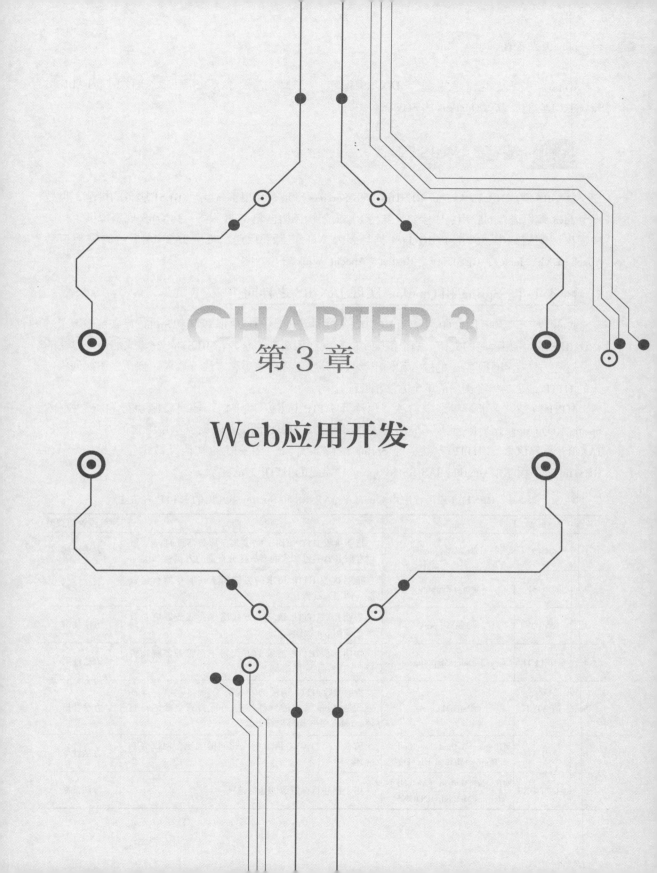

CHAPTER 3

第 3 章

Web应用开发

Web 应用开发主要是指编写 JAX-RS 程序、创建响应式 JAX-RS 程序、增加 OpenAPI 和 SwaggerUI 功能、编写 Quarkus 的 Servlet 应用等。

3.1 编写 JAX-RS 程序

JAX-RS 规范（Java API for RESTful Web Services）是一套用 Java 实现 REST 服务的规范，也是一个 Java 编程语言的应用程序接口，支持 REST 架构风格创建 Web 服务。JAX-RS 规范提供了一些注解来说明资源类，并把 POJO Java 类封装为 Web 资源。目前，实现 JAX-RS 规范的框架包括 Apache CXF、Jersey、RESTEasy、Restlet、Apache Wink 等。

▶▶ 3.1.1 Spring 和 Quarkus 实现 JAX-RS 之异同

Web 应用程序通过 HTTP 并使用 RESTful API 进行设计。Quarkus 框架和 Spring 框架都内置了对构建 RESTful 应用程序的支持。两个框架中的开发者构造都包含表示 RESTful 资源或端点的方法的类。这些方法还声明了特定的输入和输出参数。开发者在这些类和方法上放置注解，描述如何将传入的 HTTP 请求与单个类中的单个方法相匹配。

HTTP 规范定义了一组请求方法，也称为 HTTP 谓词，用于指示要对资源执行的所需操作。Spring 和 Quarkus JAX-RS 使用不同的方法注解来定义 HTTP 谓词并映射到类中给定的方法。此外，JAX-RS 注解仅表示 HTTP 方法，而 Spring 注解具有与之相关联的其他元数据。表 3-1 所示为 RESTful 应用程序中 Quarkus JAS-RS 和 Spring 中常见的 HTTP 方法注解。

表 3-1　RESTful 应用程序中 Quarkus JAX-RS 和 Spring 中常见的 HTTP 方法注解

序号	Quarkus	Spring	说　明	注解位置和类型
1	@GET	@GetMapping	指明接收 HTTP 请求的方式属于服务器查询 get，可以在服务器通过请求的参数区分查询的方式	方法注解
2	@POST	@PostMapping	指明接收 HTTP 请求的方式属于在服务器新建资源，调用 post 操作	方法注解
3	@PUT	@PutMapping	指明接收 HTTP 请求的方式属于在服务器更新资源，调用 put 操作	方法注解
4	@DELETE	@DeleteMapping	指明接收 HTTP 请求的方式属于在服务器删除资源，调用 delete 操作	方法注解
5	@PATCH	@PatchMapping	指明接收 HTTP 请求的方式属于 patch 类型。patch 方式是对 put 方式的一种补充。put 方式更新的是整体，patch 是对局部进行更新	方法注解
6	@HEAD	@RequestMethod（method = RequestMethod.HEAD）	请求一个与 GET 请求响应相同的响应，但没有响应体	方法注解
7	@OPTIONS	@RequestMethod（method = RequestMethod.OPTIONS）	用于描述目标资源的通信选项	方法注解

对于 HEAD 和 OPTIONS 的 HTTP 方法，Spring 框架没有自己的注解，但可以使用通用的 @RequestMethod注解处理这些情况。

如前所述，Quarkus JAX-RS 和 Spring 都提供注解，将传入的 HTTP 请求映射到单个类中的单个方法。表 3-2 所示为 Quarkus JAX-RS 和 Spring 中的 HTTP 常见约定，并定义了注解的放置位置。

表 3-2　Quarkus JAX-RS 和 Spring 中的 HTTP 常见约定

序号	Quarkus	Spring	注解位置	描述
1	@Path	@RequestMapping	Class	类中所有处理方法的 URI 基本路径，即类中方法的路径前缀
2	@Path	表 3-1 中 Spring HTTP 方法注解的路径属性支持：Spring@Request Mapping 注解的路径属性	Method	特定终结点的 URI 路径，将附加到类级别
3	@Produces	@RequestMapping 的生产属性	Class	由所有资源方法生成的输出类型（包括请求的 Accept 标头和响应的 Content Type 标头）
4	@Produces	表 3-1 中使用的 HTTP 方法注解的生产属性	Method	由资源方法生成的输出类型（包括请求的 Accept 标头和响应的 Content Type 标头）。可重写在类级别指定的任何内容
5	@Consumes	@RequestMapping 的消费属性	Class	所有资源方法使用的媒体类型（包括请求的内容类型 Header）
6	@Consumes	表 3-1 中使用的 HTTP 方法注解的消费属性	Method	资源消费的媒体类型方法（包括请求的内容类型 Header）。可重写在类级别指定的任何内容
7	@PathParam	@PathVariable	Method parameter	URI 路径中的变量（即/path/｛Variable｝）
8	@QueryParam	@RequestParam	Method parameter	查询参数
9	@FormParam	@RequestParam	Method parameter	Form 参数
10	@HeaderParam	@RequestHeader	Method parameter	Header 值
11	@CookieParam	@CookieValue	Method parameter	Cookie 值
12	@MatrixParam	@MatrixVariable	Method parameter	Matrix 参数
13	—	@RequestBody	Method parameter	请求对象体
14	@Context	不适用；只需将对象包含在方法签名中	Method parameter	用于注入上下文、请求特定信息

Quarkus 和 Spring 方法都有可以指定的潜在返回值。表 3-3 所示为 Quarkus JAX-RS 和 Spring 中常见的潜在返回值。

表 3-3　Quarkus JAX-RS 和 Spring 中常见的潜在返回值

序号	Quarkus	Spring	描述
1	Response	HttpEntity<>，ResponseEntity<>	返回一个值，该值指定完整的 HTTP 响应，包括头、响应状态和正文（如果有）
2	void	void	没有返回值

（续）

序号	Quarkus	Spring	描 述
3	Publisher<>, CompletionStage<>, CompletableFuture<>	Publisher<>, Callable<>, ListenableFuture<>, DeferredResult<>, CompletionStage<>, CompletableFuture<>	异步生成的结果
4	Publisher<>, Multi<>	SseEmitter, Flux<ServerSentEvent>	发出服务器发送的事件
5	Uni<>	Mono<>	响应式类型；提供空或单值结果
6	Multi<>	Flux<>	响应式类型；提供带背压支持的多数据项流
7	Any other object	Any other object	返回一个转换并写入响应格式的值（即封送为 JSON）

▶▶ 3.1.2 Spring 实现 JAX-RS 应用

本案例将说明如何实现在 Spring 框架中通过 REST 服务使用和返回 JSON 数据。本案例基于 Spring 框架实现 REST 的基本功能，添加了 spring-boot-starter-web 依赖，会自动添加 Spring Web、Tomcat 和 Spring MVC 的依赖。Spring MVC 构建于 Spring Web 之上，使用的是同步阻塞式 I/O 模型。

❶ 编写案例代码

用户可以直接从 Github 上获取预先准备好的示例代码。

```
git clone https://github.com/rengang66/iiit.quarkus.spring.sample.git
```

本程序位于"310-sample-spring-rest"目录中。sample-spring-rest 程序的应用架构（如图 3-1 所示）表明，外部访问 ProjectController 接口，ProjectController 调用 ProjectService 服务，ProjectController 依赖 spring-boot-starter-web 框架。

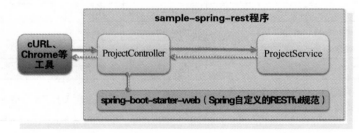

● 图 3-1　310-sample-spring-rest 程序应用架构图

本程序的核心类如表 3-4 所示。

表 3-4　310-sample-spring-rest 程序核心类

类　名	类　型	简　介
ProjectController	控制类	提供 REST 外部 API 接口
ProjectService	服务类	主要提供数据服务，简单介绍
Project	实体类	POJO 对象，简单介绍

对于 Spring 开发者，关于 ProjectController 控制类、ProjectService 服务类和 Project 实体类的功能及作用，这里就不详细介绍了。

❷ 验证程序

通过下列几个步骤来验证案例程序。

（1）启动程序

启动程序有两种方式：第一种是在开发工具（如 Eclipse）调用 SpringRestApplication 类的 run 命令；第二种调用方式就是在程序目录下直接运行 cmd 命令 "mvnw clean spring-boot：run"（或 "mvn clean spring-boot：run"）。

（2）通过 CMD 窗口调用程序 API 来验证

在 CMD 窗口分别输入以下命令：

```
curl http://localhost:8080/projects
curl http://localhost:8080/projects/1
curl -X POST -H "Content-type: application/json" -d { \"id\":3, \"name\": \"项目 C \", \"
description \": \"关于项目 C 的描述 \"} http://localhost:8080/projects/add
curl -X POST -H "Content-type: application/json" -d { \"id\":3, \"name\": \"项目 C \", \"
description \": \"项目 C 描述修改内容 \"} http://localhost:8080/projects/update
curl -X DELETE  -H "Content-type: application/json" -d { \"id\":3, \"name\": \"项目 C \", \"
description \": \"关于项目 C 的描述 \"} http://localhost:8080/projects/delete
```

根据反馈结果，查看是否达到了验证效果。

▶▶ 3.1.3　Quarkus 实现 JAX-RS 应用

❶ Quarkus 的 Web 实现原理讲解

Quarkus 框架使用 Eclipse Vert.x 框架作为基本 HTTP 层来实现 Web 功能。这不同于 Spring Boot 框架是内嵌和集成 Tomcat。Quarkus 框架也支持 Servlet 功能，Quarkus 框架的 Servlet 功能是使用运行在 Eclipse Vert.x 框架之上的 Undertow 软件实现的。RESTEasy 只提供 JAX-RS 支持。如果存在 Undertow，那么 RESTEasy 将作为 Servlet 过滤器运行。其 Quarkus 框架的 Web 架构如图 3-2 所示。

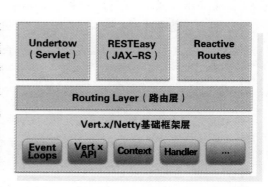

● 图 3-2　Quarkus 框架的 Web 架构图

下面进行 Quarkus 框架的 Web 原理说明。假设有一个传入的 HTTP 请求，Eclipse Vert.x 的 HTTP 服务器接收请求，然后将其路由到应用程序。如果请求的目标是 JAX-RS 资源，那么路由层将调用工作线程中的 resource 方法，并在数据可用时返回响应。图 3-3 所示为 Quarkus 的 Web 调用过程。

同时，Quarkus 框架也支持响应式 Web 的调用。Quarkus 框架也是一个响应式框架。Quarkus 框架最底层是响应式引擎 Eclipse Vert.x。IO 交互必须通过无阻塞和响应式 Vert.x 引擎。

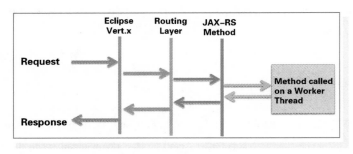

● 图 3-3　Quarkus 的 Web 调用过程

② JAX-RS 规范和 RESTEasy 框架

本案例使用的 RESTEasy 是 JBoss/RedHat 的一个开源项目，其提供各种框架来帮助构建 RESTful Web Services 和 RESTful Java 应用程序。RESTEasy 遵循 JAX-RS 规范并且是 Jakarta RESTful Web 服务的一个完整实现且通过 JCP 认证。

③ 案例介绍和编写案例

本案例基于 Quarkus 框架实现 REST 的基本功能。Quarkus 框架的 REST 实现遵循 JAX-RS 规范。浏览器和服务器之间的数据传输格式采用 JSON。该模块引入了 RESTEasy/JAX-RS 和 JSON-B 扩展。通过阅读和分析在 Web 上实现的数据查询、新增、删除、修改操作等案例代码，读者可以理解和掌握 Quarkus 框架的 REST 使用。

编写案例代码有 3 种方式。

第一种方式是在 Quarkus 官网的脚手架工程中按照指定步骤生成脚手架代码，然后下载文件，引入项目到 IDE 工具中，最后修改程序源码内容。

第二种方式是通过 mvn 来构建程序。这里通过下面的代码创建 Maven 项目来实现。

```
mvn io.quarkus:quarkus-maven-plugin:1.11.1.Final:create ^
  -DprojectGroupId=com.iiit.quarkus.sample  -DprojectArtifactId=312-sample-quarkus-rest ^
  -DclassName=com.iiit.quarkus.sample.rest.json.ProjectResource  -Dpath=/projects ^
  -Dextensions=resteasy-jsonb
```

在 IDE 工具中导入 Maven 工程，然后增加和修改程序源码内容。

第三种方式是直接从 GitHub 上获取预先准备好的示例代码。

```
git clone https://github.com/rengang66/iiit.quarkus.spring.sample.git
```

该程序位于 "312-sample-quarkus-rest" 目录中。这是一个 Maven 项目。

然后在 IDE 工具中导入 Maven 工程。本程序引入 Quarkus 的两项扩展依赖性，在 pom.xml 的 <dependencies> 内有如下内容。

```
<dependency>
    <groupId>io.quarkus</groupId>
    <artifactId>quarkus-resteasy</artifactId>
</dependency>
<dependency>
```

```
            <groupId>io.quarkus</groupId>
            <artifactId>quarkus-resteasy-jsonb</artifactId>
        </dependency>
```

quarkus-resteasy 是 Quarkus 整合了 RESTEasy 的 REST 服务实现。而 quarkus-resteasy-jsonb 是 Quarkus 整合了 RESTEasy 的 JSON 解析实现。

本程序的应用架构（如图 3-4 所示）表明，外部访问 ProjectResource 资源接口，ProjectResource 调用 ProjectService 服务，ProjectResource 资源依赖 RESTEasy 框架。

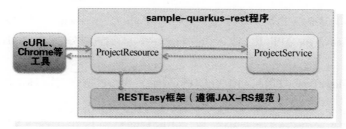

● 图 3-4　312-sample-quarkus-rest 程序应用架构图

本程序的核心类如表 3-5 所示。

表 3-5　312-sample-quarkus-rest 程序核心类

类　　名	类　　型	简　　介
ProjectResource	资源类	提供 REST 外部 API 接口，是本应用的核心类，重点介绍
ProjectService	服务类	主要提供数据服务，简单介绍
Project	实体类	POJO 对象，简单介绍

下面分别说明 ProjectResource 资源类、ProjectService 服务类和 Project 实体类的功能和作用。

（1）ProjectResource 资源类

用 IDE 工具打开 com.iiit.quarkus.sample.rest.resource.ProjectResource 类文件，该类主要实现与外部的 JSON 接口，其代码如下：

```
@ Path("/projects")
@ ApplicationScoped
@ Produces(MediaType.APPLICATION_JSON)
@ Consumes(MediaType.APPLICATION_JSON)
public class ProjectResource {
    @ Inject ProjectService service;

    @ GET
    public Set<Project> list() {return service.list();}

    @ GET
    @ Path("/{key}")
    public Set<Project> get(@ PathParam("key") String key) {return service.list();}

    @ POST
```

```
    public Set<Project> add(Project project) {return service.add(project);}

    @PUT
    public Set<Project> update(Project project) {return service.update(project);}

    @DELETE
    public Set<Project> delete(Project project) {return service.delete(project);}
}
```

📖 程序说明：

① ProjectResource 类的作用是与外部进行交互，@Path（"/projects"）表示路径。

② @Produces（MediaType.APPLICATION_JSON）表示生成的数据格式是 MediaType. APPLICATION_JSON 格式。

③ @Consumes（MediaType.APPLICATION_JSON）表示消费的数据格式是 MediaType. APPLICATION_JSON 格式。

④ ProjectResource 类的方法主要还是基于 REST 的基本操作，包括 GET、POST、PUT 和 DELETE。

（2）ProjectService 服务类

用 IDE 工具打开 com.iiit.quarkus.sample.rest.service.ProjectService 类文件，ProjectService 类主要为 ProjectResource 提供业务逻辑服务，其代码如下：

```
@ApplicationScoped
public class ProjectService {
    private Set<Project> projects = Collections.newSetFromMap(Collections
            .synchronizedMap(new LinkedHashMap<>()));
    public ProjectService() {
        projects.add(new Project("项目A", "关于项目A的情况描述"));
        projects.add(new Project("项目B", "关于项目B的情况描述"));
    }
    public Set<Project> list() {return projects;}
    public Set<Project> add(Project project) {projects.add(project);return projects;}
    public Set<Project> update(Project project) {
        projects.removeIf (existingProject -> existingProject. name. contentEquals (project.
name));
        projects.add(project);
        return projects;
    }
    public Set<Project> delete(Project project) {
        projects.removeIf (existingProject-> existingProject. name. contentEquals (project.
name));
        return projects;
    }
}
```

📖 程序说明：

① ProjectService 服务类内部有一个变量 Set<Project>，用来存储所有的 Project 对象实例。

② ProjectService 服务实现了对 Set<Project>的全列进行查询、新增、修改和删除操作。

（3）Project 实体类

用 IDE 工具打开 com.iiit.quarkus.sample.rest.domain.Project 类文件，实体类主要是基本的 POJO 对象。

```
public class Project {
    public Integer id;
    public String name;
    public String description;

    public Project() {}

    //省略部分代码
    ...
}
```

📖 程序说明：

Project 类是一个实体类，但这不是一个标准的 JavaBean。

④ 验证程序

通过下列几个步骤（如图 3-5 所示）来验证案例程序。

1）启动程序。启动程序有两种方式，第一种是在开发工具（如 Eclipse）中调用 ProjectMain 类的 run 命令；第二种调用方式就是在程序目录下直接运行 cmd 命令 "mvnw compile quarkus：dev"（或 "mvn compile quarkus：dev"）。

2）通过 API 接口显示全部 Project 的 JSON 列表内容。为获取所有 Project 信息，在 CMD 窗口的命令为 curl http：//localhost：8080/projects。程序会反馈所有 Project 的 JSON 列表。

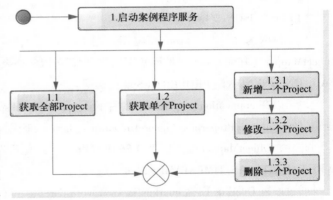

● 图 3-5　312-sample-quarkus-rest 程序验证流程图

3）通过 API 接口获取一条 Project 数据。为获取一条 Project 信息，在 CMD 窗口的命令为 curl http：//localhost：8080/projects/1。其反馈项目 id 为 1 的 JSON 列表。

4）通过 API 接口增加一条 Project 数据。按照 JSON 格式增加一条 Project 数据，CMD 窗口的命令如下：

```
curl -X POST -H "Content-type: application/json" -d { \"id \":3, \"name \": \"项目 C \", \"
description\": \"关于项目 C 的描述 \"} http://localhost:8080/projects
```

或

```
curl -X POST -H "Content-type: application/json" ^
  -d { \"id\":3, \"name \": \"项目 C \", \"description \": \"关于项目 C 的描述 \"} ^
  http://localhost:8080/projects
```

注意，这里采用的是 Windows 格式。curl 命令在 Windows 和 Linux 中的 JSON 格式有些不同，主要是带有引号的部分。如果是 Linux 格式，则这项命令格式如下：

```
curl -X POST -H " Content-type: application/json" -d { " id": 3," name":" 项目 C"," description":"关于项目 C 的描述"}
```

5）通过 API 接口修改一条 Project 数据。按照 JSON 格式修改一条 Project 数据，CMD 窗口的命令如下：

```
curl -X PUT -H "Content-type: application/json" -d { \"id \":3, \"name \": \"项目 C \", \" description \": \"项目 C 描述修改内容 \"} http://localhost:8080/projects
```

根据反馈结果，可以看到已经对项目 C 的描述进行了修改。

6）通过 API 接口删除一条 Project 数据。按照 JSON 格式修改一条 Project 数据，CMD 窗口的命令如下：

```
curl -X DELETE  -H "Content-type: application/json" -d { \"id \":3, \"name \": \"项目 C \", \" description \": \"关于项目 C 的描述 \"} http://localhost:8080/projects
```

根据反馈结果，可以看到已经删除了项目 C 的内容。

❺ Quarkus 的 Web 用法

（1）定义 JSON 支持

1）JSON 解析器 Jackson 的应用。在 Quarkus 中，通过 CDI 可以获得默认配置的 Jackson ObjectMapper（并由 Quarkus 扩展使用），该配置可以忽略未知属性（通过禁用 DeserializationFeature. FAIL_ON_UNKNOWN_PROPERTIES 属性实现）。

也可以在 application.properties 文件中设置 quarkus.jackson.fail-on-unknown-properties＝true 或在类上定义@JsonIgnoreProperties（ignoreUnknown ＝ false）来恢复 Jackson 的默认行为。

此外，ObjectMapper 配置以 ISO 8601 标准来格式化日期和时间（通过禁用 SerializationFeature. WRITE_DATES_AS_TIMESTAMPS 功能实现）。

通过设置 Quarkus 属性 quarkus.jackson.write-dates-as-timestamps＝true 可以恢复 Jackson 的默认行为。如果要更改单个字段的格式，则可以使用@JsonFormat 注解。

此外，Quarkus 可以通过 CDI Bean 非常容易地配置各种 Jackson 设置。最简单的（也是建议的）方法是定义 CDI Bean 类型的 io.quarkus.jackson.ObjectMapperCustomizer，其中可以定义并应用 Jackson 的任何配置。

需要注册自定义模块的示例代码如下：

```java
import com.fasterxml.jackson.databind.ObjectMapper;
import io.quarkus.jackson.ObjectMapperCustomizer;
import javax.inject.Singleton;

@Singleton
public class RegisterCustomModuleCustomizer implements ObjectMapperCustomizer {
    public void customize(ObjectMapper mapper) {
```

```
    mapper.registerModule(new CustomModule());
    }
}
```

开发者甚至可以提供自己的 ObjectMapperbean。如果这样做了，手动注入并在 CDI 生产者中定义 io.quarkus.jackson.ObjectMapperCustomizer 是非常重要的，否则将阻止应用各种扩展提供的特定的 Jackson。

```
import com.fasterxml.jackson.databind.ObjectMapper;
import io.quarkus.jackson.ObjectMapperCustomizer;
import javax.enterprise.inject.Instance;
import javax.inject.Singleton;

public class CustomObjectMapper {
    @Singleton
    ObjectMapper objectMapper(Instance<ObjectMapperCustomizer> customizers) {
        ObjectMapper mapper = myObjectMapper(); //Custom `ObjectMapper`
        for (ObjectMapperCustomizer customizer : customizers) {
            customizer.customize(mapper);
        }
        return mapper;
    }
}
```

2）JSON 解析器 JSON-B 的应用。Quarkus 通过 Quarkus RESTEasy Jsonb 扩展使用 JSON-B 而不是 Jackson 的选项。可以使用 io.quarkus.jsonb.JsonbConfigCustomizer 配置 JSON-B。例如，如果为 com.example.Foo 类型指定名为 FooSerializer 的自定义序列化程序，则需要使用 JSON-B 注册并添加如下 Bean 即可。

```
import io.quarkus.jsonb.JsonbConfigCustomizer;
import javax.inject.Singleton;
import javax.json.bind.JsonbConfig;
import javax.json.bind.serializer.JsonbSerializer;

@Singleton
public class FooSerializerRegistrationCustomizer implements JsonbConfigCustomizer {
    public void customize(JsonbConfig config) {
        config.withSerializers(new FooSerializer());
    }
}
```

更高级的选择是直接提供一个具有依赖范围的 javax.json.bind.JsonbConfig，或者是在极端情况下提供具有单例作用域的 javax.json.bind.Jsonb 类型。如果使用后一种方法，则手动注入并应用所有 io.quarkus.jsonb.JsonbConfigCustomizer 非常重要，产生 javax 的 javax.json.bind.Jsonb，否则将阻止应用各种扩展提供的特定的 JSON-B。

```
import io.quarkus.jsonb.JsonbConfigCustomizer;
import javax.enterprise.context.Dependent;
import javax.enterprise.inject.Instance;
```

```java
import javax.json.bind.JsonbConfig;

public class CustomJsonbConfig {
    @Dependent
    JsonbConfig jsonConfig(Instance<JsonbConfigCustomizer> customizers) {
        JsonbConfig config = myJsonbConfig(); //Custom `JsonbConfig`
        for (JsonbConfigCustomizer customizer : customizers) {
            customizer.customize(config);
        }
        return config;
    }
}
```

（2）关于序列化

JSON 序列化库使用 Java 反射机制来获取对象的属性并对其进行序列化。

在将本机可执行文件与 GraalVM 一起使用时，需要注册将与反射一块使用的所有类。Quarkus 在大多数情况下都是有效的。当 Quarkus 能够从 REST 方法推断序列化类型时，它执行一些变换。使用以下 REST 方法时，Quarkus 将序列化 Project 对象：

```java
@GET
public List<Project> list() {
    // ...
}
```

Quarkus 通过在构建时分析 REST 方法来实现。

根据方法中发生的情况，可以返回不同的实体类型（如 Project 对象或错误），可以设置 Response 的属性（出现错误时会想到状态）。REST 方法如下：

```java
@GET
public Response list() {
    // ...
}
```

因为信息不可用，因此 Quarkus 无法在构建时确定响应中包含的类型。在这种情况下，Quarkus 将无法为反射自动注册所需的类。

（3）在 Response 上处理反射对象

可以通过在 Project 类上添加@RegisterForReflection 注解来手动注册 Project 进行反射：

```java
import io.quarkus.runtime.annotations.RegisterForReflection;

@RegisterForReflection
public class Project {
    // ...
}
```

@RegisterForReflection 注解指示 Quarkus 在本机编译期间保留类及其成员。

（4）HTTP 过滤和拦截器

通过提供 ContainerRequestFilter 或 ContainerResponseFilter，可以拦截 HTTP 请求和响应。这些过

滤器适用于处理与消息关联的元数据：HTTP 头、查询参数、媒体类型和其他元数据。它们还可以中止请求处理，如当用户没有访问端点的权限时。

可以使用 ContainerRequestFilter 为 REST 服务添加日志功能，可以通过实现 ContainerRequestFilter 并使用@Provider 注解对其进行注解来实现这一点：

```
package org.acme.rest.json;
import io.vertx.core.http.HttpServerRequest;
import org.jboss.logging.Logger;
import javax.ws.rs.container.ContainerRequestContext;
import javax.ws.rs.container.ContainerRequestFilter;
import javax.ws.rs.core.Context;
import javax.ws.rs.core.UriInfo;
import javax.ws.rs.ext.Provider;

@Provider
public class LoggingFilter implements ContainerRequestFilter {
    @Context UriInfo info;
    @Context HttpServerRequest request;

    @Override
    public void filter(ContainerRequestContext context) {
        final String method = context.getMethod();
        final String path = info.getPath();
        final String address = request.remoteAddress().toString();
        LOG.infof("Request %s %s from IP %s", method, path, address);
    }
}
```

现在，无论何时调用 REST 方法，请求都将记录到控制台中。

（5）CORS 过滤器

跨源资源共享（CORS）是一种机制，允许从提供第一个资源的域之外的另一个域请求网页上的受限资源。

Quarkus 附带了一个 CORS 过滤器，该过滤器实现 javax.servlet.Filter 接口并拦截所有传入的 HTTP 请求，可以在 Quarkus 配置文件 src/main/resources/application 中启用。特性配置如下：

```
quarkus.http.cors=true
```

如果启用了筛选器，并且 HTTP 请求被标识为跨源，则在将请求传递到其实际目标（Servlet、JAX-RS 资源等）之前，将运行使用 HTTP 请求的属性来定义 CORS 策略和 Headers。

以下是完整 CORS 筛选器配置的外观，包括定义允许原点的正则表达式：

```
quarkus.http.cors=true
quarkus.http.cors.origins=http://foo.com,http://www.bar.io,/https://([a-z0-9\\-_]
+)\\.app\\.mydomain\\.com/
quarkus.http.cors.methods=GET,PUT,POST
quarkus.http.cors.headers=X-Custom
quarkus.http.cors.exposed-headers=Content-Disposition
quarkus.http.cors.access-control-max-age=24H
quarkus.http.cors.access-control-allow-credentials=true
```

（6）支持 GZip

Quarkus 附带 GZip 支持（即使默认情况下未启用）。以下为配置 GZip 支持的代码。

```
quarkus.resteasy.gzip.enabled=true
quarkus.resteasy.gzip.max-input=10M
```

① 启用 GZip 支持。

② 配置限制请求正文的上限。这有助于通过限制潜在攻击的范围来缓解这些攻击。默认值为 10M。此配置选项将识别此格式的字符串（显示为正则表达式）：［0-9］+［KkMmGgTtPpEeZzYy］?。如果没有给出后缀，则假定为字节。

启用 GZip 支持后，可以通过在端点方法的 GZip 注解上添加@org.jboss.resteasy. annotations.GZIP 注解来实现。

如果要压缩所有内容，则可使用 quarkus.http.enable-compression＝true 设置改为全局启用压缩支持。

（7）支持 Multipart

RESTEasy 通过 RESTEasy Multipart 来支持 Multipart。Quarkus 提供了一个名为 quarkus-resteasy-multipart 的扩展来实现 Multipart。

此 Quarkus 扩展与 RESTEasy 默认行为略有不同，因为默认字符集（如果请求中未指定任何字符集）是 UTF-8，而不是 US-ASCII。

（8）兼容 Servlet

在 Quarkus 中，RESTEasy 可以直接在 Eclipse Vert.x HTTP 服务器上运行，或者如果有任何 Servlet 依赖项，则位于 Undertow 之上。

因此，某些类（如 HttpServletRequest）不支持注入。JAX-RS 的 Request 类涵盖了这个特定类的大多数用例，但获取远程客户端的 IP 除外。RESTEasy 附带了一个可以注入 HttpRequest 的替换 API，通过使用 getRemoteAddress 方法和 getRemoteHost 方法来解决这个问题。

（9）RESTEasy 和 REST 客户端交互

在 Quarkus 中，RESTEasy 扩展和 REST 客户端扩展具有相同的基础架构。

例如，如果声明 WriterInterceptor，则默认情况下将拦截服务器调用和客户端调用，这可能不是所需的行为。

但是，可以更改此默认行为并将提供程序约束为：

■ 只需向服务器提供@ConstrainedTo（RuntimeType.SERVER）注解来实现服务器调用。

■ 只需向提供者添加@ConstrainedTo（RuntimeType.CLIENT）注解来实现客户端调用。

（10）Quarkus 与 RESTEasy EE 开发的不同之处

不同包括如下几点：

1）不需要应用程序类。支持通过应用程序提供的应用程序子类进行配置，但不是必需的。

2）只有一个 JAX-RS 应用程序。与在标准 Servlet 容器中运行的 JAX-RS（和 RESTeasy）不同，Quarkus 只支持单个 JAX-RS 应用程序的部署。如果定义了多个 JAX-RS 应用程序类，那么构建将失败，并显示消息 "multiple Class have have annotated with@ApplicationPath"，该消息表明当前配置不受支持。

如果定义了多个 JAX-RS 应用程序，则属性 quarkus.resteasy.ignore-application-classes＝true 可忽略所有显式应用程序类。这使得所有资源类通过 Quarkus 定义的应用程序路径可用 quarkus.resteasy.

path（默认值：/）。

3）JAX-RS 应用程序的支持限制。RESTEasy 扩展不支持 javax. ws. rs. core. Application 类的
getProperties 方法。此外，RESTEasy 扩展只依赖于 getClasses 和 getSingleton 方法来过滤带注解的
资源、提供程序和要素类。它不会过滤掉内置的资源、提供程序和要素类，也不会过滤掉其他
扩展注册的资源、提供程序和要素类。最后，方法 getSingleton 返回的对象被忽略，只考虑相应
类过滤掉资源、提供程序和要素类，换句话说，方法 getSingleton 实际上与 getClasses 方法有相同
的方式管理。

4）资源生命周期。在 Quarkus 中，所有 JAX-RS 资源都被视为 CDI Bean。可以通过@inject 注入
其他 Bean，例如，使用@Transactional、定义@PostConstruct 回调等来绑定拦截器。

如果资源类上没有声明任何范围注解，则使用默认范围。默认范围可以通过 quarkus. resteasy.
singleton-resources 属性来控制。如果设置为 true（默认），那么将创建资源类的单个实例来服务所有
请求（由@javax.inject.Singleton 定义）。如果设置为 false，则会为每个请求创建资源类的新实例。显
式 CDI 范围注解（如@RequestScoped、@ApplicationScoped 等）始终覆盖默认行为并指定资源实例的
生命周期。

（11）包含/排除具有构建时条件的 JAX-RS 类

Quarkus 支持包含或排除 JAX-RS 资源、提供程序和功能，这直接归功于构建时条件，与它
对 CDI Beans 所进行的操作的相同。因此可以使用配置文件条件（@ io. quarkus. arc. profile.
IfBuildProfile、@ io. quarkus. arc. profile. UnlessBuildProfile 或属性条件 io. quarkus. arc. properties.
IfBuildProperty）对各种 JAX-RS 类进行注解，以在构建期间向 Quarkus 指明哪些条件下应该包含
JAX-RS 类。

在以下示例中，Quarkus 包含端点 sayHello（当且仅当已启用构建配置文件 app1 时）。

```
@IfBuildProfile("app1")
public class ResourceForApp1Only {
    @GET
    @Path("sayHello")
    public String sayHello() {
        return "hello";
    }
}
```

请注意，如果检测到一个 JAX-RS 应用程序，并且方法 getClasses 或 getSingletons 方法已被重写，
则 Quarkus 将忽略构建时条件，只考虑 JAX-RS 应用程序中定义的内容。

▶▶ 3.1.4 Quarkus 实现 REST 客户端应用

本案例基于 Quarkus 框架实现 RESTEasy REST Client 的基本功能。通过阅读和分析在 Web 上实
现的数据查询、新增、删除、修改操作等案例代码，读者可以理解和掌握 Quarkus 框架的 RESTEasy
REST Client 使用。

❶ 编写案例代码

编写案例代码有 3 种方式。

第一种方式是通过代码 UI 来实现，在 Quarkus 官网的脚手架工程中按照指定步骤生成脚手架代

码，然后下载文件，引入项目到 IDE 工具中，最后修改程序源码内容。

第二种方式是通过 mvn 来构建程序。这里通过下面的代码创建 Maven 项目来实现。

```
mvn io.quarkus:quarkus-maven-plugin:1.11.1.Final:create ^
  -DprojectGroupId = com. iiit. quarkus. sample  -DprojectArtifactId = 313-sample-quarkus-
rest-client ^
  -DclassName=com.iiit.quarkus.sample.rest.json.ProjectResource  -Dpath =/projects ^
  -Dextensions=resteasy-jsonb
```

在 IDE 工具中导入 Maven 工程，然后增加和修改程序源码内容。

第三种方式是可以直接从 Github 上获取预先准备好的示例代码。

```
git clone https://github.com/rengang66/iiit.quarkus.spring.sample.git
```

该程序位于 "313-sample-quarkus-rest-client" 目录中。这是一个 Maven 项目。然后在 IDE 工具中导入 Maven 工程。

本程序引入 Quarkus 的两项扩展依赖性，在 pom.xml 的<dependencies>内有如下内容。

```
<dependency>
    <groupId>io.quarkus</groupId>
    <artifactId>quarkus-resteasy</artifactId>
</dependency>
<dependency>
    <groupId>io.quarkus</groupId>
    <artifactId>quarkus-rest-client</artifactId>
</dependency>
<dependency>
    <groupId>io.quarkus</groupId>
    <artifactId>quarkus-rest-client-jackson</artifactId>
</dependency>
```

quarkus-resteasy 是 Quarkus 整合了 RESTEasy 的 REST 服务实现。quarkus-rest-client 是 Quarkus 整合了 RESTEasy 的 REST Client 实现。而 quarkus-rest-client-jackson 则是 Quarkus 整合了 RESTEasy 的 JSON 解析实现。

本程序的应用架构（如图 3-6 所示）表明，外部访问 ProjectResource 资源接口，ProjectResource 调用 ProjectService 服务，ProjectService 调用外部的 RegisterRestClient 接口。

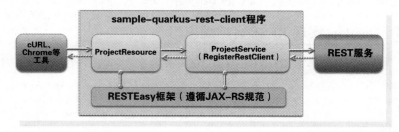

● 图 3-6 313-sample-quarkus-rest-client 程序应用架构图

本程序的核心类如表 3-6 所示。

表 3-6　313-sample-quarkus-rest-client 程序核心类

类　名	类　型	简　介
ProjectResource	资源类	提供 REST 外部 API 接口，简单介绍
ProjectService	接口	主要提供 Rest Client 的调用接口，是本应用的核心类，重点介绍
Project	实体类	POJO 对象，简单介绍

在本程序中，首先查看配置信息 application.properties 文件。

```
quarkus.application.name=sample-quarkus-rest-client
quarkus.http.port=8090
com.iiit. quarkus. sample. restclient. service. ProjectService/mp-rest/url = http://
localhost:8080/projects
quarkus.tls.trust-all=true
```

在 application.properties 文件中，配置了与数据库连接的相关参数。

① quarkus.application.name 表示本程序的应用名称。

② quarkus.http.port 表示本程序的访问端口。

③ com.iiit.quarkus.sample.restclient.service.ProjectService/mp-rest/url 定义访问外部的 REST 服务。

④ quarkus.tls.trust-all=true 表示启用所有的信任证书。

下面分别说明 ProjectResource 资源类、ProjectService 接口的功能及作用。

（1）ProjectResource 资源类

用 IDE 工具打开 com.iiit.quarkus.sample.restclient.resource.ProjectResource 类文件，该类主要实现与外部的 JSON 接口，其代码如下：

```
@Path("/projects")
@ApplicationScoped
@Produces(MediaType.APPLICATION_JSON)
@Consumes(MediaType.APPLICATION_JSON)
public class ProjectResource {
    @Inject
    @RestClient
    ProjectService pojectService;

    @GET
    @Produces(MediaType.APPLICATION_JSON)
    public Set<Project> list() {return pojectService.list();}

    @GET
    @Path("/{id}")
    @Produces(MediaType.APPLICATION_JSON)
    public Project getById( @PathParam("id") Integer id) {return pojectService.getById(id);}

    @POST
    public Set<Project> add( @NotNull @Valid Project project) {return pojectService. add
(project);}
```

```
    @PUT
    public Set<Project> update(@NotNull @Valid Project project) {return pojectService.
update(project);}

    @DELETE
    public Set<Project> delete(@NotNull @Valid Project project) {return pojectService.
delete(project);}
}
```

📖 程序说明:

① ProjectResource 类的作用是与外部进行交互, @Path ("/projects") 表示路径。

② 注入了 ProjectService 对象, 注解表明该对象是一个@RestClient 接口。

③ ProjectResource 类的方法主要还是基于 REST 的基本操作, 包括 GET、POST、PUT 和 DELETE。

(2) ProjectService 接口

用 IDE 工具打开 com.iiit.quarkus.sample.restclient.service.ProjectService 类文件, ProjectService 接口主要为访问外部的 REST 服务, 其代码如下:

```
@RegisterRestClient
@ApplicationScoped
public interface ProjectService {
    @GET
    @Produces("application/json")
    public Set<Project> list();

    @GET
    @Path("/{id}")
    @Produces("application/json")
    public Project getById(@PathParam Integer id);

    @Produces("application/json")
    @Consumes("application/json")
    public Set<Project> add(@NotNull @Valid Project project);

    @Produces("application/json")
    @Consumes("application/json")
    public Set<Project> update(@NotNull @Valid Project project);

    @Produces("application/json")
    @Consumes("application/json")
    public Set<Project> delete(@NotNull @Valid Project project);

}
```

📖 程序说明:

ProjectService 接口可对全列进行查询、新增、修改和删除操作。

本程序动态运行的序列图（如图 3-7 所示，遵循 UML 2.0 规范绘制）描述外部调用者 Actor、ProjectResource 和 ProjectService 等对象之间的时间顺序交互关系。

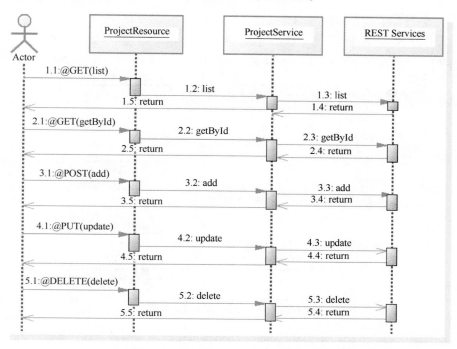

● 图 3-7　313-sample-quarkus-rest-client 程序的序列图

本程序总共有 5 个序列，分别如下。

序列 1 活动：① 外部调用 ProjectResource 资源类的 GET（list）方法；② GET（list）方法调用 ProjectService 接口的 list 方法；③ ProjectService 接口的 list 方法调用外部 REST 服务（REST Services）的 list 方法；④ 外部 REST 服务的 list 方返回整个 Project 列表。

序列 2 活动：① 外部传入参数 ID 并调用 ProjectResource 资源类的 GET（getById）方法；② GET（getById）方法调用 ProjectService 接口的 getById 方法；③ ProjectService 接口的 getById 方法调用外部 REST 服务的 getById 方法；④ 外部 REST 服务的 getById 方法返回 Project 列表中对应 ID 的 Project 对象。

序列 3 活动：① 外部传入参数 Project 对象并调用 ProjectResource 资源类的 POST（add）方法；② POST（add）方法调用 ProjectService 接口的 add 方法；③ ProjectService 接口调用外部 REST 服务的 add 方法；④ 外部 REST 服务实现增加一个 Project 对象操作并返回整个 Project 列表。

序列 4 活动：① 外部传入参数 Project 对象并调用 ProjectResource 资源类的 PUT（update）方法；② PUT（update）方法调用 ProjectService 接口的 update 方法；③ ProjectService 接口调用外部 REST 服务的 update 方法；④ 外部 REST 服务实现根据是否与项目名称相同来修改一个 Project 对象操作并返回整个 Project 列表。

序列 5 活动：① 外部传入参数 Project 对象并调用 ProjectResource 资源类的 DELETE（delete）

方法；② DELETE（delete）方法调用 ProjectService 接口的 delete 方法；③ ProjectService 接口调用外部 REST 服务的 delete 方法；④ 外部 REST 服务实现根据是否与项目名称相等来删除一个 Project 对象操作并返回整个 Project 列表。

❷ 验证程序

通过下列几个步骤（如图 3-8 所示）来验证案例程序。

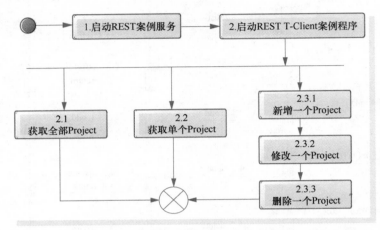

● 图 3-8　313-sample-quarkus-rest-client 程序验证流程图

1）启动程序。启动 REST 服务 312-sample-quarkus-rest 程序有两种方式：第一种方式是在开发工具（如 Eclipse）中调用 ProjectMain 类的 run 命令；第二种方式是在程序目录下直接运行 cmd 命令"mvnw compile quarkus：dev"（或"mvn compile quarkus：dev"）。

启动 REST 客户端 313-sample-quarkus-rest-client 程序有两种方式：第一种方式是在开发工具（如 Eclipse）中调用 ProjectMain 类的 run 命令；第二种方式是在程序目录下直接运行 cmd 命令"mvnw compile quarkus：dev"（或"mvn compile quarkus：dev"）。

2）通过 API 接口显示全部 Project 的 JSON 列表内容。为获取所有 Project 信息，CMD 窗口的命令如下：

```
curl http://localhost:8090/projects
```

程序会反馈所有 Project 的 JSON 列表。

3）通过 API 接口获取一条 Project 数据。为获取一条 Project 信息，CMD 窗口的命令如下：

```
curl http://localhost:8090/projects/1
```

其反馈项目 id 为 1 的 JSON 列表。

4）通过 API 接口增加一条 Project 数据。按照 JSON 格式增加一条 Project 数据，CMD 窗口的命令如下：

```
curl -X POST -H "Content-type: application/json" ^
  -d { \"id\":3, \"name\": \"项目 C\", \"description \": \"关于项目 C 的描述 \"} ^
  http://localhost:8080/projects
```

5）通过 API 接口修改一条 Project 数据。按照 JSON 格式修改一条 Project 数据，CMD 窗口的命令如下：

```
curl -X PUT -H "Content-type: application/json" -d {\"id\":3, \"name\": \"项目 C\", \"description\":\"项目 C描述修改内容\"} http://localhost:8090/projects
```

根据反馈结果，可以看到已经对项目 C 的描述进行了修改。

6）通过 API 接口删除一条 Project 数据。按照 JSON 格式修改一条 Project 数据，CMD 窗口的命令如下：

```
curl -X DELETE  -H "Content-type: application/json" -d {\"id\":3,\"name\": \"项目 C\", \"description\":\"关于项目 C 的描述\"} http://localhost:8090/projects
```

根据反馈结果，可以看到已经删除了项目 C 的内容。

3.2 创建响应式 JAX-RS 程序

多年来，Java Servlet 规范及其许多同步和阻塞 API 一直是 Web 应用程序的标准底层运行时。Quarkus 和 Spring 在构建响应式 RESTful 端点的根本区别是选择的底层运行时及其开发库不同。

3.2.1 Spring 和 Quarkus 实现响应式 JAX-RS 之异同

Spring 采用 Spring Web 来实现这种运行时。要实现响应式功能，Spring 构建一个新的 Web 框架，称为 Spring WebFlux。尽管 WebFlux 在框架内跨模块重用了各个部分，但是 Spring Web 和 Spring WebFlux 的开发库集、样式甚至文档都是不同的且相互独立的。开发者需要在项目创建时决定使用哪个框架，并且不能在同一个应用程序中混合和匹配。

基于 RESTEasy 扩展的 Quarkus JAX-RS 应用程序使用 Eclipse Vert.x 响应式事件循环引擎作为默认运行时。Quarkus 管理几个 I/O 线程（有时称为事件循环线程）来处理传入的 HTTP 请求。此外，Quarkus 能自动将任何 JAX-RS 资源类方法的执行移动到单独的工作线程上。

3.2.2 Spring 创建响应式 JAX-RS 程序

❶ Spring WebFlux 响应式框架简介

Spring WebFlux 框架是从 Spring Framework 5.0 中引入的新的响应式 Web 框架。与 Spring MVC 不同，Spring WebFlux 不需要 Servlet API，完全异步和非阻塞，可通过 Reactor 项目实现 Reactive Streams 规范，并且可以在诸如 Netty、Undertow 和 Servlet 3.1+容器的服务器上运行。

❷ 案例介绍和编写案例

本案例基于 Spring 框架实现响应式的 REST 基本功能。Spring 整合的响应式框架为 Spring WebFlux 框架。本案例内容包括在 Web 上实现数据响应式的查询、新增、删除、修改操作等案例代码。

读者可以从 Github 上复制预先准备好的示例代码。

```
git clone https://github.com/rengang66/iiit.quarkus.spring.sample.git
```

该程序位于"314-sample-spring-reactive-rest"目录中。这是一个 Maven 项目。
然后导入 Maven 工程，在 pom.xml 的<dependencies>内有如下内容。

```
<dependency>
    <groupId>org.springframework.boot</groupId>
    <artifactId>spring-boot-starter-validation</artifactId>
</dependency>
<dependency>
    <groupId>org.springframework.boot</groupId>
    <artifactId>spring-boot-starter-webflux</artifactId>
</dependency>
<dependency>
    <groupId>org.springdoc</groupId>
    <artifactId>springdoc-openapi-webflux-ui</artifactId>
    <version>${springdoc.version}</version>
</dependency>
```

本程序的应用架构（如图 3-9 所示）表明，外部访问 ProjectController 接口，ProjectController 调用
ProjectService 服务，ProjectService 服务和 ProjectController 都返回响应式数据或信息流。ProjectController
依赖 spring-boot-starter-webflux 框架。

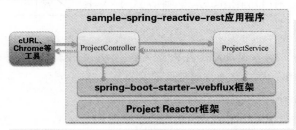

● 图 3-9　314-sample-spring-reactive-rest 程序应用架构图

本程序的核心类如表 3-7 所示。

表 3-7　314-sample-spring-reactive-rest 程序核心类

类　　名	类　　型	简　　介
ProjectController	资源类	提供 REST 外部响应式 API 接口，简单介绍
ProjectService	服务类	主要提供数据服务，实现响应式服务，核心类
Project	实体类	POJO 对象，无特殊处理，本节就不做介绍

对于 Spring 开发者，关于 ProjectController 资源类、ProjectService 服务类和 Project 实体类的功能
和作用就不详细介绍了。

❸ 验证程序

通过下列几个步骤来验证案例程序。

1) 启动程序。启动程序有两种方式：第一种方式是在开发工具（如 Eclipse）中调用 SpringRestApplication 类的 run 命令；第二种方式是在程序目录下直接运行 cmd 命令 "mvnw clean spring-boot：run"（或 "mvn clean spring-boot：run"）。

2) 通过 CMD 窗口调用程序 API 来验证。在 CMD 窗口中输入以下命令：

```
curl http://localhost:8080/projects
curl http://localhost:8080/projects/1
curl -X POST -H "Content-type: application/json" -d { \"id\":3, \"name\": \"项目 C\", \"
description \": \"关于项目 C 的描述 \"} http://localhost:8080/projects/add
curl -X POST -H "Content-type: application/json" -d { \"id\":3, \"name\": \"项目 C\", \"
description \": \"项目 C 描述修改内容 \"} http://localhost:8080/projects/update
curl -X DELETE  -H "Content-type: application/json" -d { \"id\":3, \"name\": \"项目 C\", \"
description \": \"关于项目 C 的描述 \"} http://localhost:8080/projects/delete
```

根据反馈结果，查看是否达到了验证效果。

▶▶ 3.2.3 Quarkus 创建响应式 JAX-RS 程序

❶ SmallRye Mutiny 响应式框架和 RESTEasy Reactive 实现

SmallRye Mutiny 是一个响应式编程库，允许表达和组合异步操作。其提供以下两种类型。

■ io.smallrye.mutiny.Uni：用于提供 0 或 1 数据项的异步操作。

■ io.smallrye.mutiny.Multi：用于多数据项（具有背压机制）流。

这两种类型都是懒加载模式的，并且遵循订阅模式。只有在实际需要时才开始启动。

Uni 和 Multi 都暴露事件驱动 API：可以表达对给定事件（成功、失败等）的操作。这些 API 被分成组（操作类型），以使其更具表现力，并避免将 100 个方法附加到单个类。主要的操作包括对失败做出响应、提取或收集数据项等。Mutiny 框架内置了与 MicroProfile Context Propagation 的集成，因此可以在响应管道中传播事务、跟踪数据等。

RESTEasy Responsive 框架是一个新的 JAX-RS 实现，基于 Quarkus 框架集成的公共 Eclipse Vert.x 层。RESTEasy Responsive 框架是完全响应式的，同时也与 Quarkus 框架紧密结合。RESTEasy Responsive 框架可以代替任何 JAX-RS 实现，对于阻塞和非阻塞端点都有很好的性能，并且在 JAX-RS 基础上提供许多新特性。

下面介绍 Quarkus 框架的 Web 响应式实现原理。假设有一个传入的 HTTP 请求，Eclipse Vert.x 框架的 HTTP 服务器接收请求，然后将其路由到应用程序。如果 HTTP 请求是一个阻塞请求，那么就将其路由到阻塞应用程序。如果 HTTP 请求的目标是一个响应式（非阻塞）路由，那么路由层将调用 IO 线程上的路由。响应式编程提供许多好处，例如更高的并发性和性能。Quarkus 框架的响应式路由过程如图 3-10 所示。

因此，许多 Quarkus 组件的设计都考虑了响应式功能，如数据库访问（如 PostgreSQL、MySQL、Mongo 等）、JPA 调用（如 Hibernate 等）、缓存处理（如 Redis 等）、消息传递（如 Kafka、AMQP 等）、应用程序服务（如邮件、模板引擎等）等。

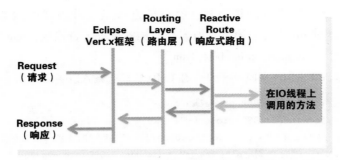

● 图 3-10　Quarkus 框架的响应式路由过程

❷ 案例介绍和编写案例

本案例基于 Quarkus 框架实现基于响应式的 REST 基本功能。Quarkus 整合的响应式框架为 SmallRye Mutiny 框架。通过阅读和分析在 Web 上实现数据响应式的查询、新增、删除、修改操作等案例代码，读者可以理解和掌握 Quarkus 框架的响应式 JAX-RS 使用。

编写案例代码有 3 种方式。

第一种方式是通过代码 UI 来实现，在 Quarkus 官网的脚手架工程中按照指定步骤生成脚手架代码，然后下载文件，引入项目到 IDE 工具中，最后修改程序源码内容。

第二种方式是通过 mvn 来构建程序。这里通过下面的代码创建 Maven 项目来实现。

```
mvn io.quarkus:quarkus-maven-plugin:1.11.1.Final:create ^
  -DprojectGroupId = com. iiit. quarkus. sample  -DprojectArtifactId = 316-sample-quarkus-
reactive-rest^
  -DclassName=com.iiit.quarkus.sample.reactive.mutiny.ProjectResource  -Dpath =/projects^
  -Dextensions=resteasy-jsonb,quarkus-resteasy-mutiny
```

第三种方式是可以直接从 Github 上获取代码。

```
git clone https://github.com/rengang66/iiit.quarkus.spring.sample.git
```

该程序位于 "316-sample-quarkus-reactive-rest" 目录中。这是一个 Maven 项目。

然后导入 Maven 工程，在 pom.xml 的<dependencies>内有如下内容。

```
<dependency>
     <groupId>io.quarkus</groupId>
     <artifactId>quarkus-resteasy</artifactId>
</dependency>
<dependency>
     <groupId>io.quarkus</groupId>
     <artifactId>quarkus-resteasy-mutiny</artifactId>
</dependency>
<dependency>
     <groupId>io.quarkus</groupId>
     <artifactId>quarkus-resteasy-jsonb</artifactId>
</dependency>
```

本程序的应用架构（如图 3-11 所示）表明，外部访问 ProjectResource 资源接口，ProjectResource 调用 ProjectService 服务，ProjectService 服务和 ProjectResource 资源都返回响应式数据或信息流。ProjectResource 资源依赖 SmallRye Mutiny 框架。

本程序的核心类如表 3-8 所示。

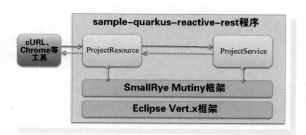

● 图 3-11　sample-quarkus-reactive-rest 程序应用架构图

表 3-8　sample-quarkus-reactive-rest 程序核心类

类　名	类　型	简　介
ProjectResource	资源类	提供 REST 外部响应式 API 接口，简单介绍
ProjectService	服务类	主要提供数据服务，实现响应式服务，核心类
Project	实体类	POJO 对象，无特殊处理，本节就不做介绍

下面分别说明 ProjectResource 资源类和 ProjectService 服务类的功能及作用。

（1）ProjectResource 资源类

用 IDE 工具打开 com.iiit.quarkus.sample.reactive.rest.resource.ProjectResource 类文件，代码如下：

```
@Path("/projects")
@ApplicationScoped
@Produces(MediaType.APPLICATION_JSON)
@Consumes(MediaType.APPLICATION_JSON)
public class ProjectResource {
    @Inject ProjectService reativeService;

    @GET
    public Multi<List<Project>> listReative() {return reativeService.getProjectList();}

    @GET
    @Path("/{id}")
    public Uni<Project>getReativeProject(@PathParam("id")  int id) {
        return reativeService.getProjectById(id);
    }

    @GET
    @Path("/name/{id}")
    public Uni<String>getReative(@PathParam("id")  int id) {
        return reativeService.getProjectNameById(id);
    }

    @GET
    @Produces(MediaType.APPLICATION_JSON)
    @Path("/{count}/{id}")
    public Multi<String>getProjectName(@PathParam("count") int count,
    @PathParam("id")  int id) {
```

```
        return reativeService.getProjectNameCountById(count, id);
    }

    @GET
    @Produces(MediaType.SERVER_SENT_EVENTS)
    @SseElementType(MediaType.TEXT_PLAIN)
    @Path("/stream/{count}/{id}")
    public Multi<String> getProjectNameAsStream(@PathParam("count") int count,
            @PathParam("id") int id) {
        return reativeService.getProjectNameCountById(count, id);
    }

    @POST
     public Multi < List < Project > > add ( Project project) {return reativeService. add
(project);}

    @PUT
    public Multi<List<Project>> update(Project project) {return reativeService.update
(project);}

    @DELETE
    public Multi<List<Project>> delete(Project project) {return reativeService.delete
(project);}
}
```

📖 程序说明：

① ProjectResource 类的方法主要还是基于 REST 的基本操作，包括 GET、POST、PUT 和
DELETE。

② ProjectResource 类服务的处理采用响应式模式，对外返回的是 Multi 对象或 Uni 对象。

（2）ProjectService 服务类

用 IDE 工具打开 com.iiit.quarkus.sample.reactive.rest.service.ProjectService 类文件，代码如下：

```
@ApplicationScoped
public class ProjectService {
    private Map<Integer, Project>projectMap = new HashMap<>();

    public ProjectService() {
        projectMap.put(1, new Project(1, "项目 A", "关于项目 A 的情况描述"));
        projectMap.put(2, new Project(2, "项目 B", "关于项目 B 的情况描述"));
    }

    //Multi 形成 List 列表
    public Multi<List<Project>>getProjectList() {
        return Multi.createFrom().items(new ArrayList<>(projectMap.values()));
    }

    // Uni 形成 Project 对象
    public Uni<Project>getProjectById(Integer id) {
```

```java
        Project project = projectMap.get(id);
        return Uni.createFrom().item(project);
    }

    // Uni 形成 Project 的格式化字符
    public Uni<String>getProjectNameById(Integer id) {
        Project project = projectMap.get(id);
        return Uni.createFrom().item(project)
            .onItem().transform(n -> String.format
            ("项目名称: %s",project.name+",项目描述:"+ project.description));
    }

    // Uni 获得 Project 的 name 字符
    public Uni<String> getNameById(Integer id) {
        Project project = projectMap.get(id);
        return Uni.createFrom().item(project)
            .onItem().transform(n -> {
                String name = project.name;
                return name;
                });
    }

    // Multi 形成 Project 对象的响应次数
    public Multi<String> getProjectNameCountById(int count, Integer id) {
        Project project = projectMap.get(id);
        return Multi.createFrom().ticks().every(Duration.ofSeconds(1))
            .onItem().transform(n -> String.format("项目名称: %s - %d",project.name, n))
            .transform().byTakingFirstItems(count);
    }

    public Multi<List<Project>> add( Project project) {
        projectMap.put(projectMap.size()+1,project);
        return Multi.createFrom().items(new ArrayList<>(projectMap.values()));
    }

    public Multi<List<Project>> update(Project project) {
        if (projectMap.containsKey(project.id)){
            projectMap.replace(project.id, project);
        }
        return Multi.createFrom().items(new ArrayList<>(projectMap.values()));
    }

    public Multi<List<Project>> delete(Project project) {
        if (projectMap.containsKey(project.id)){
            projectMap.remove(project.id);
        }
        return Multi.createFrom().items(new ArrayList<>(projectMap.values()));
    }
}
```

📖 程序说明：

① ProjectService 服务类内部有一个 Map 变量对象 projectMap，用来存储所有的 Project 对象实例。ProjectService 服务实现了对 Map 变量对象 projectMap 的全列进行查询、新增、修改和删除操作。

② ProjectService 服务的处理采用响应式模式，把对象列表转换为 Multi 对象或 Uni 对象。

❸ 验证程序

验证程序通过下列几个步骤（如图 3-12 所示）来验证案例程序。

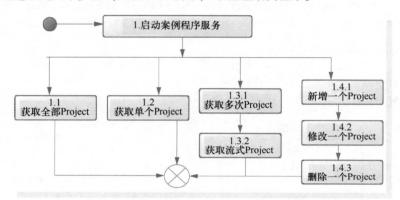

● 图 3-12　sample-quarkus-reactive-rest 程序验证流程图

1）启动程序。启动应用有两种方式：第一种方式是在开发工具（如 Eclipse）中调用 ProjectMain 类的 run 命令；第二种方式是在程序目录下直接运行 cmd 命令"mvnw compile quarkus：dev"。

2）通过 API 接口显示所有项目的 JSON 列表内容。CMD 窗口的命令如下：

```
curl http://localhost:8080/projects/
```

输出是所有 Project 的 JSON 列表。也可以通过浏览器来访问，网址为 http：//localhost：8080/projects/，其反馈为所有 Project 列表。

3）通过 API 接口显示单个项目的 JSON 列表内容。CMD 窗口的命令如下：

```
curl http://localhost:8080/projects/1
```

其反馈项目 id 为 1 的 JSON 列表，会是 JSON 格式的。也可以通过浏览器来访问，网址为 http：//localhost：8080/projects/project/1/。

4）通过 API 接口显示单个项目的多次输出内容。对单个项目处理后可以多次输出，CMD 窗口的命令如下：

```
curl http://localhost:8080/projects/5/2
```

在参数中，5 表示次数，2 表示 ProjectID = 2，输出是已经格式化的项目信息和项目描述内容。也可以通过浏览器来访问，网址为 http：//localhost：8080/projects/5/2。

5）通过 API 接口显示单个项目的多次数据流输出内容。对单个项目处理后可以多次输出，

CMD 窗口的命令如下：

```
curl http://localhost:8080/projects/reactive/stream/5/2
```

在参数中，5 表示次数，2 表示 ProjectID = 2，输出是已经格式化的项目信息和项目描述内容。也可以通过浏览器来访问，网址为 http：//localhost：8080/projects/reactive/stream/5/2。

6）通过 API 接口增加一条 Project 数据。按照 JSON 格式增加一条 Project 数据，CMD 窗口的命令如下：

```
curl -X POST -H "Content-type: application/json" -d { \"id \":3, \"name \": \"项目 C \", \"description \": \"关于项目 C 的描述 \"} http://localhost:8080/projects
```

7）通过 API 接口修改一条 Project 数据。按照 JSON 格式修改一条 Project 数据，CMD 窗口的命令如下：

```
curl -X PUT -H "Content-type: application/json" -d { \"id \":3, \"name \": \"项目 C \", \"description \": \"项目 C 描述修改内容 \"} http://localhost:8080/projects
```

根据反馈结果，可以看到已经对项目 C 的描述进行了修改。

8）通过 API 接口删除一条 Project 数据。按照 JSON 格式修改一条 Project 数据，CMD 窗口的命令如下：

```
curl -X DELETE  -H "Content-type: application/json" -d { \"id \":3, \"name \": \"项目 C \", \"description \": \"关于项目 C 的描述 \"} http://localhost:8080/projects
```

根据反馈结果，可以看到已经删除了项目 C 的内容。

3.3　增加 OpenAPI 和 SwaggerUI 功能

Spring 和 Quarkus 这两种框架都支持 OpenAPI 和 SwaggerUI 功能。

▶▶ 3.3.1　OpenAPI 和 SwaggerUI 简介

OpenAPI 规范（OAS）为 HTTP APIs 定义了一个标准的、与语言无关的 RESTful API 接口规范。Eclipse MicroProfile OpenAPI 规范旨在为 OpenAPI v3 规范提供一个统一的 Java API。所有应用程序开发者都可以使用 OpenAPI 规范来公开 API 文档。API 定义的规范文档概述了规范的规则，由注解、模型和编程接口组成。

Swagger 框架实际上就是基于 OpenAPI 规范生成 API 文档的工具。该工具是一个规范和完整的框架，用于生成、描述、调用和可视化 RESTful 风格的 Web 服务。

▶▶ 3.3.2　Spring 增加 OpenAPI 和 SwaggerUI 功能

通过 Spring 框架引入 OpenAPI 组件，可以生成 OpenAPI 的规范文档。

本案例基于 Spring Boot 框架实现 REST 的 OpenAPI 功能。在应用程序添加了 OpenAPI 扩展之后，再访问路径/openapi，可以得到基于 OpenAPI v3 规范的 REST 服务文档。OpenAPI 扩展自带了

Swagger 界面，可以通过路径 /swagger-ui 来访问。

springfox-swagger2 组件依赖 OSA 规范文档，也就是一个描述 API 的 JSON 文件，而这个组件的功能就是帮助开发者自动生成 JSON 文件，springfox-swagger-ui 可将这个 JSON 文件解析出来，并用一种更友好的方式呈现出来。

❶ 编写案例代码

本案例直接使用"310-sample-spring-rest"程序。在本程序 pom.xml 的<dependencies>内有如下内容。

```xml
<dependency>
    <groupId>org.springdoc</groupId>
    <artifactId>springdoc-openapi-ui</artifactId>
    <version>${springdoc.version}</version>
</dependency>
```

本程序的应用架构（如图 3-13 所示）表明，外部访问 ProjectController 接口，ProjectController 依赖 springdoc-openapi-ui（OpenAPI 规范）和 Swagger 框架，所以能提供 OpenAPI 的展现。

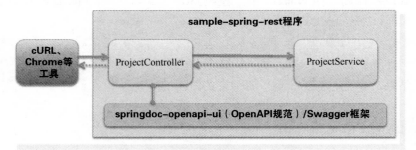

● 图 3-13 310-sample-spring-rest 程序引入 SwaggerUI 的应用架构图

这里需要创建一个配置类进行如下配置。

用 IDE 工具打开 com.iiit.quarkus.sample.reactive.mutiny.ProjectResource 类文件，代码如下：

```java
@Configuration
public class OpenAPIConfig {
    @Bean
    public OpenAPI openApi() {
        return new OpenAPI().info(getInfo());
    }

    private Info getInfo() {
        return new Info()
            //省略部分代码
            ...
    }
}
```

对于 Spring 开发者，案例内容就不详细介绍了。

❷ 验证程序

在浏览器上显示 Swagger 的 UI 界面，输入 URL 为 http：//localhost：8080/swagger-ui.html。在其反馈的界面（如图 3-14 所示）中可以知道所有的 API 方法及其内容。

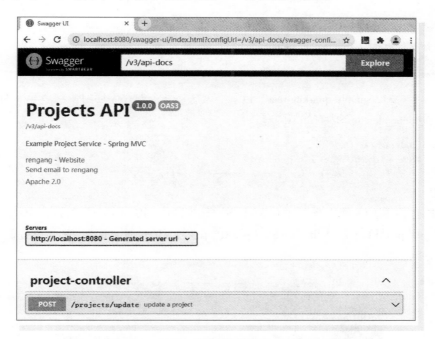

● 图 3-14　Spring 框架集成的 SwaggerUI 界面

单击相关的链接，还可以查看明细。

▶▶ 3.3.3　Quarkus 增加 OpenAPI 和 SwaggerUI 功能

Quarkus 框架的另一个与 REST 服务相关的功能是对 OpenAPI 的支持。通过 Quarkus 框架的 OpenAPI 扩展，可以生成 OpenAPI 的规范文档。

本案例基于 Quarkus 框架实现 REST 的 OpenAPI 功能。在应用程序添加 OpenAPI 扩展之后，再访问路径/openapi，可以得到基于 OpenAPI v3 规范的 REST 服务文档。OpenAPI 扩展自带了 Swagger 界面，可以通过路径 /swagger-ui 来访问。读者可以了解 Quarkus 框架的 OpenAPI 功能和集成 Swagger 的使用。本案例的 OpenAPI 遵循 Eclipse MicroProfile OpenAPI 规范。

❶ 编写案例代码

编写案例代码有 3 种方式。

第一种方式是通过代码 UI 来实现，在 Quarkus 官网的脚手架工程中按照指定步骤生成脚手架代码，然后下载文件，引入项目到 IDE 工具中，最后修改程序源码内容。

第二种方式是通过 mvn 来构建程序。这里通过下面的代码创建 Maven 项目来实现。

```
mvn io.quarkus:quarkus-maven-plugin:1.11.1.Final:create ^
  -DprojectGroupId = com. iiit. quarkus. sample  -DprojectArtifactId = 021-quarkus-sample-
openapi-swaggerui ^
  -DclassName = com. iiit. quarkus. sample. openapi. swaggerui. ProjectResource   -Dpath =/
projects ^
  -Dextensions=resteasy-jsonb,quarkus-smallrye-openapi
```

第三种方式是直接从 Github 上获取代码。

```
git clone https://github.com/rengang66/iiit.quarkus.spring.sample.git
```

该程序位于 "312-sample-quarkus-rest" 目录中。这是一个 Maven 项目。然后导入 Maven 工程，
在 pom.xml 的<dependencies>内有如下内容。

```
<dependency>
    <groupId>io.quarkus</groupId>
    <artifactId>quarkus-smallrye-openapi</artifactId>
</dependency>
```

本程序的应用架构（如图 3-15 所示）表明，外部访问 ProjectResource 资源接口，ProjectResource 资源依赖 Smallrye OpenAPI 扩展（MicroProfile OpenAPI 规范）和 Swagger 框架，所以能提供 OpenAPI 的展现。

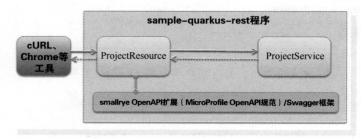

● 图 3-15　312-sample-quarkus-rest 程序引入 SwaggerUI 的应用架构图

本案例的程序代码就是 sample-quarkus-rest 的代码，不再重复列出了。

❷ 验证程序

通过下列几个步骤（如图 3-16 所示）来验证案例程序。

1）启动程序。启动应用有两种方式：第一种是在开发工具（如 Eclipse）中调用 ProjectMain 类的 run 命令；第二种方式就是在程序目录下直接运行 cmd 命令 "mvnw compile quarkus：dev"。

2）通过 API 接口显示项目 OpenAPI 的 JSON 列表内容。打开一个新 CMD 窗口，输入如下的
cmd 命令：

```
curl http://localhost:8080/openapi
```

其反馈项目所有 OpenAPI 的 JSON 列表。也可以通过浏览器 URL（http：//localhost：8080/openapi）获取一个 OpenAPI 文档，其内容如下：

```
openapi: 3.0.3
info:
  title: Generated API
  version: "1.0"
paths:
  /projects:
    get:

      //省略部分代码
      ...
$ref:'#/components/schemas/Project'
```

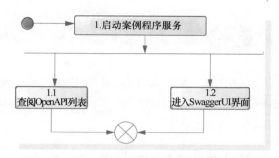

● 图 3-16　sample-quarkus-rest 程序验证流程图

该 OpenAPI 文档是按照 info、path、components 等层级的 JSON 列出的，遵循 OpenAPI 3.0 规范。

3）显示 UI 界面。在浏览器上显示 UI 界面，输入 URL 为 http：//localhost：8080/swagger-ui。在其反馈的界面（如图 3-17 所示）中可以知道所有的 API 方法及其内容。

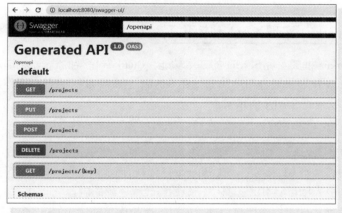

● 图 3-17　OpenAPI 和 SwaggerUI 界面

通过图 3-17 的界面，读者可以了解本微服务的 GET、PUT、POST、DELETE 等方法、参数和输出内容。打开其中的一个方法 GET，其详细描述如图 3-18 所示。

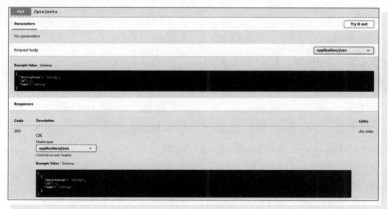

● 图 3-18　GET 方法的详细描述

3.4 编写 Quarkus 的 Servlet 应用

Web 框架一般是通过 Servlet 提供统一的请求入口，将指定的资源映射到这个 Servlet，在这个 Servlet 中进行框架的初始化配置，访问 Web 页面中的数据，进行逻辑处理后，将结果数据与表现层相融合并展现给用户。

▶▶ 3.4.1 Servlet 规范

Servlet 规范是 Web 框架在 Servlet 容器中运行时需要遵循的一种标准。Web 框架要在符合 Servlet 规范的容器中运行，同样也要符合 Servlet 规范。将一个 Web 框架注入一个 Servlet 中，主要涉及 Servlet 规范中的以下部分：部署描述符、映射请求到 Servlet、Servlet 生存周期、请求分发。

▶▶ 3.4.2 Quarkus 实现 Servlet 应用

本案例基于 Quarkus 框架实现 Servlet 的基本功能。Quarkus 框架的 Servlet 实现遵循 Servlet 规范。该模块引入了 Undertow 扩展。通过阅读和分析在 Servlet 上实现数据的查询操作等代码，读者可以理解和掌握 Quarkus 框架的 Servlet 使用。

❶ 编写案例代码

编写案例代码有 3 种方式。

第一种方式是通过代码 UI 来实现，在 Quarkus 官网的脚手架工程中按照指定步骤生成脚手架代码，然后下载文件，引入项目到 IDE 工具中，最后修改程序源码内容。

第二种方式是通过 mvn 来构建程序。这里通过下面的代码创建 Maven 项目来实现。

```
mvn io.quarkus:quarkus-maven-plugin:1.11.1.Final:create ^
  -DprojectGroupId = com.iiit.quarkus.sample  -DprojectArtifactId = 317-sample-quarkus-
servlet^
  -DclassName=com.iiit.quarkus.sample.servlet.resource.ProjectServlet  -Dpath =/projects^
  -Dextensions = quarkus-undertow
```

在 IDE 工具中导入 Maven 工程，然后增加和修改程序源码内容。

第三种方式是直接从 Github 上获取预先准备好的示例代码。

```
git clone https://github.com/rengang66/iiit.quarkus.spring.sample.git
```

该程序位于 "317-sample-quarkus-servlet" 目录中。这是一个 Maven 项目。

然后在 IDE 工具中导入 Maven 工程。这是一个典型 Maven 工程的结构。本程序引入 Quarkus 的扩展依赖性，在 pom.xml 的 <dependencies> 内有如下内容。

```
<dependency>
    <groupId>io.quarkus</groupId>
    <artifactId>quarkus-undertow</artifactId>
</dependency>
```

quarkus-undertow 是 Quarkus 整合了 Undertow 的 Servlet 实现。

本程序的应用架构（如图 3-19 所示）表明，外部访问 ProjectServlet 接口，ProjectServlet 调用 ProjectService 服务。

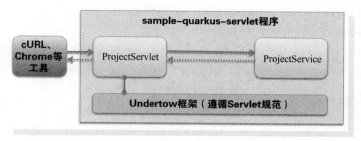

● 图 3-19 sample-quarkus-servlet 程序应用架构图

本程序的核心类如表 3-9 所示。

表 3-9 sample-quarkus-servlet 程序核心类

类　名	类　型	简　介
ProjectServlet	Servlet 类	提供 Servlet 外部 API 接口，实现的功能是获取并展示数据，提交新增、修改和删除的数据，是本应用的核心类，重点介绍
ProjectServletFilter	Filter 类	提供 ProjectServlet 类的过滤器，是本应用的核心类，重点介绍
ProjectService	服务类	主要提供数据服务，不介绍
Project	实体类	POJO 对象，不介绍

由于使用了 Servlet，所以需要配置 Web.xml 信息，信息如下：

```
<web-app>
    <servlet>
        <servlet-name>ProjectServlet</servlet-name>
        < servlet-class > com. iiit. quarkus. sample. servlet. resource. ProjectServlet </
servlet-class>
    </servlet>
    <servlet-mapping>
        <servlet-name>ProjectServlet</servlet-name>
        <url-pattern>/projects</url-pattern>
    </servlet-mapping>
    <filter>
        <filter-name>ProjectServletFilter</filter-name>
        <filter-class>com.iiit.quarkus.sample.servlet.resource.ProjectServletFilter
        </filter-class>
    </filter>
    <filter-mapping>
        <filter-name>ProjectServletFilter</filter-name>
        <url-pattern>/projects</url-pattern>
    </filter-mapping>
</web-app>
```

📖 说明：

Servlet 类 ProjectServlet 与 Filter 类 ProjectServletFilter 对应，定义了其映射的 Servlet 类及其调用的 URL 位置。

下面分别说明 ProjectServlet、ProjectServletFilter 类的功能和作用。

（1）ProjectServlet 类

用 IDE 工具打开 com.iiit.quarkus.sample.servlet.resource.ProjectServlet 类文件，该类主要实现与外部的 Servlet 调用，其代码如下：

```
@ApplicationScoped
public class ProjectServlet extends HttpServlet {
    private static final long serialVersionUID = 1L;
    @Inject ProjectService projectService;
    public ProjectServlet() {}

    public void doGet(HttpServletRequest request, HttpServletResponse response)
            throws ServletException, IOException {
        response.setContentType("text/html");
        PrintWriter pw = response.getWriter();
        String id = request.getParameter("id");
        if (id == null) {pw.println(projectService.getProjectInform());
        } else {int intID = Integer.parseInt(id);
            pw.println(projectService.getSingleProjectInform(intID));
        }
    //省略部分代码
    ...
    }
```

📖 程序说明：

① ProjectServlet 类的作用是与外部进行交互，通过 Servlet 方式来进行。

② ProjectServlet 类的 doGet 方法是 HttpServlet 的主方法，其通过 HttpServletRequest 传递的 action 参数来实现 ProjectService 对象的 CRUD 基本操作。

（2）ProjectServletFilter 服务类

用 IDE 工具打开 com.iiit.quarkus.sample.servlet.resource.ProjectServletFilter 类文件，该类主要实现 ServletFilter 的处理，其代码如下：

```
public class ProjectServletFilter implements Filter {
    public void init(FilterConfig filterConfig) throws ServletException {}
    public void doFilter(ServletRequest request, ServletResponse response, FilterChain
filterChain) throws IOException, ServletException {
        String myParam = request.getParameter("action");
        if(!"blockTheRequest".equals(myParam)){
            filterChain.doFilter(request, response);
            return;
        }
        response.getWriter().write("This request is filtered");
    }
```

```
    public void destroy() {
    }
}
```

📖 程序说明：

① ProjectServletFilter 类是实现 Filter 接口的过滤类。其核心方法是 doFilter。其功能是实现对 ServletRequest 的拦截，并在拦截过程中实现业务功能。

② ProjectServletFilter 类实现的功能是 ServletRequest 传递的 action 参数等于 blockTheRequest，该内容会反馈 ServletResponse 对象。

② 验证程序

通过下列几个步骤（如图 3-20 所示）来验证案例程序。

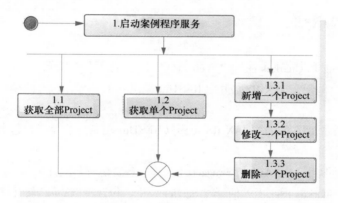

● 图 3-20　sample-quarkus-servlet 程序验证流程图

1）启动程序。启动程序有两种方式：第一种方式是在开发工具（如 Eclipse）中调用 ProjectMain 类的 run 命令；第二种方式是在程序目录下直接运行 cmd 命令"mvnw compile quarkus：dev"（或"mvn compile quarkus：dev"）。

2）通过 API 接口显示全部 Project 的 JSON 列表内容。为获取所有 Project 信息，CMD 窗口的命令如下：

```
curl http://localhost:8080/projects
```

程序会反馈所有 Project 的 JSON 列表。

3）通过 API 接口获取一条 Project 数据。为获取一条 Project 信息，CMD 窗口的命令如下：

```
curl http://localhost:8080/projects? id=1。
```

其反馈项目 id 为 1 的 JSON 列表。

4）通过 API 接口增加一条 Project 数据。CMD 窗口的命令如下：

```
    curl  -i -X  GET -G --data-urlencode "id = 4"  --data-urlencode "name = 项目 D" --data-
urlencode "description = 关于项目 D 的描述"  -i  http://localhost:8080/projects? action
=add
```

5）通过 API 接口修改一条 Project 数据。CMD 窗口的命令如下：

```
curl  -i -X  GET -G --data-urlencode "id = 4"  --data-urlencode "name = 项目 D" --data-
urlencode "description=关于项目 D 的描述修改"  -i  http://localhost:8080/projects? action
=update
```

根据反馈结果，可以看到已经对项目 C 的描述进行了修改。

6）通过 API 接口删除一条 Project 数据。CMD 窗口的命令如下：

```
curl  -i -X  GET -G --data-urlencode "id = 4"  --data-urlencode "name = 项目 D" --data-
urlencode "description = 关于项目 D 的描述"  -i  http://localhost:8080/projects? action
=delete
```

根据反馈结果，可以看到已经删除了项目 C 的内容。

3.5 本章小结

本章展示了 Spring 和 Quarkus 在构建 Web 方面的许多相似性和差异，从 4 个部分来进行讲解。

■ 首先介绍两个框架在 JAX-RS 应用（RESTful 端点）的差异，包含两个框架案例的源码、讲解和验证。

■ 然后介绍两个框架在响应式 JAX-RS 应用（RESTful 端点）的差异，包含两个框架案例的源码、讲解和验证。

■ 接着讲述如何实现 OpenAPI 和 SwaggerUI 功能，包含讲解和验证。

■ 最后讲述在 Quarkus 框架上如何开发 Servlet 应用，包含案例的源码、讲解和验证。

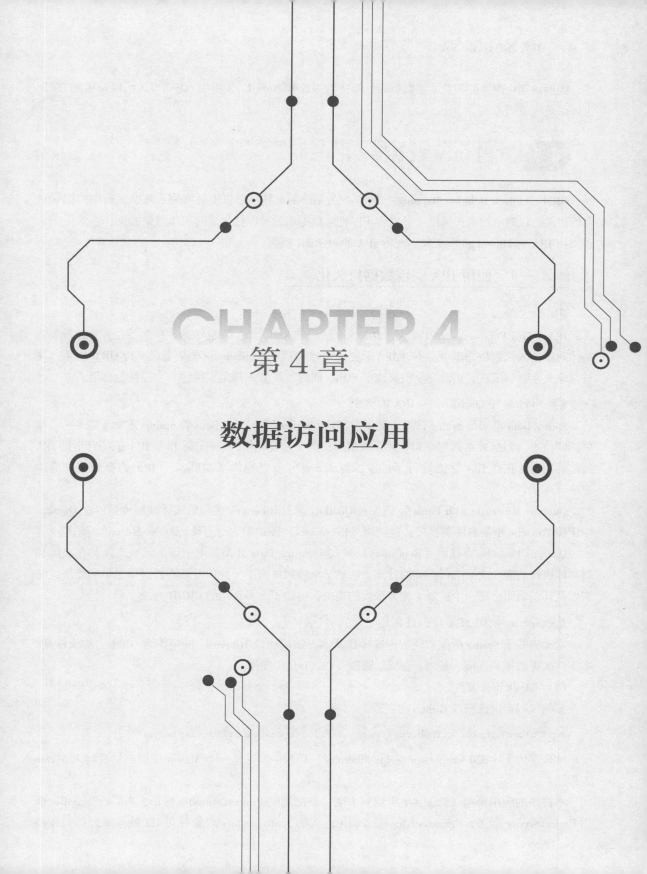

CHAPTER 4

第 4 章

数据访问应用

数据访问应用主要涉及关系数据库、缓存数据库和 NoSQL 的应用。访问方式可以是阻塞方式，也可以是响应式方式。

4.1 实现 ORM 数据持久化

ORM（Object/Relation Mapping）即对象/关系映射。其核心思想是将关系数据库表中的记录映射为对象，以对象的形式展现，开发者可以把对数据库的操作转化为对实体对象的操作。这里包含了支持 JPA 的 Hibernate 框架和不支持 JPA 的 MyBatis 框架。

▶▶ 4.1.1 使用 JPA 实现数据持久化

❶ JPA 简介

JPA（Java Persistence API）通过 JDK 5.0 注解或 XML 描述 ORM 表的映射关系，并将运行期的实体对象持久化到数据库中。不过 JPA 只是一个接口规范。Hibernate 框架是最流行 ORM 框架，通过对象关系映射配置，可以完全脱离底层 SQL，同时也是 JPA 规范实现的一个轻量级框架。

❷ Spring 和 Quarkus 在 JPA 的区别

Spring Data 框架是 Spring 体系中关于数据访问的集成项目，该项目给 Spring 开发者提供了跨数据访问技术（包括关系数据库和非关系数据库）的一致编程模型。Spring Data JPA 子项目不是 JPA 规范的实现，它在 JPA 之上进行了抽象，为 Spring 开发者提供了实现基于 JPA 的存储库的简单方法。

Quarkus Hibernate with Panache 框架是 Quarkus 基于 Hibernate 实现的实体映射框架。在 Quarkus 中使用 Panache 框架有两种模式：存储库（Repository）模式和活动记录（Active Record）模式。

Quarkus Panache 存储库（Repository）模式与 Spring Data JPA 基本一致。此模式强制在实体和对实体执行的操作之间进行明确的分离。活动记录模式采用了一种稍微不同且固执己见的方法，将实体及其逻辑组合在一个扩展了庞大基类的类中，提供了许多有用的 CRUD 方法。

❸ Spring 实现 JPA 数据持久化

本案例基于 Spring 框架实现数据库操作基本。该模块以 Hibernate 框架作为 ORM 的实现框架。本案例实现数据的查询、新增、删除、修改（CRUD）等操作。

（1）编写案例代码

案例代码可以直接从 Github 上获取。

```
git clone https://github.com/rengang66/iiit.quarkus.spring.sample.git
```

该程序位于 "320-sample-spring-jpa-hibernate" 目录中。这是一个 Maven 项目，然后导入 Maven 工程。

本程序的应用架构（如图 4-1 所示）表明，外部访问 ProjectController 接口，ProjectController 调用 ProjectService 服务，ProjectService 服务调用注入的 JpaRepository 对象并对 H2 数据库进行对象持

久化操作。ProjectService 服务依赖 Hibernate 框架和 spring-data 框架。

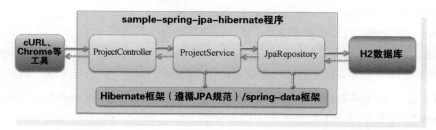

● 图 4-1　320-sample-spring-jpa-hibernate 程序应用架构图

本程序的文件和核心类如表 4-1 所示。

表 4-1　320-sample-spring-jpa-hibernate 程序的文件和核心类

名　　称	类　　型	简　　介
application.properties	配置文件	需定义数据库配置的信息
import.sql	配置文件	数据库的数据初始化
ProjectController	资源类	提供 REST 外部 API 接口
ProjectService	服务类	主要提供数据服务，其功能是通过 JPA 与数据库交互
Project	实体类	POJO 对象，需要改造成 JPA 规范的 Entity

对于 Spring 开发者，关于 ProjectController 资源类、ProjectService 服务类和 Project 实体类的功能及作用就不详细介绍了。

（2）验证程序

通过下列几个步骤来验证案例程序。

1）启动程序。启动程序有两种方式：第一种方式是在开发工具（如 Eclipse）中调用 SpringRestApplication 类的 run 命令；第二种方式是在程序目录下直接运行 cmd 命令 "mvnw clean spring-boot：run"（或 "mvn clean spring-boot：run"）。

2）通过 CMD 窗口调用程序 API 来验证。在 CMD 窗口中输入以下命令：

```
curl http://localhost:8080/projects
curl http://localhost:8080/projects/1
curl -X POST -H "Content-type: application/json" -d {\"id\":3, \"name\": \"项目 C \", \"description\": \"关于项目 C 的描述\"} http://localhost:8080/projects/add
curl -X POST -H "Content-type: application/json" -d {\"id\":3, \"name\": \"项目 C \", \"description\": \"项目 C 描述修改内容\"} http://localhost:8080/projects/update
curl -X DELETE  -H "Content-type: application/json" -d {\"id\":3, \"name\": \"项目 C \", \"description\": \"关于项目 C 的描述\"} http://localhost:8080/projects/delete
```

根据反馈结果，查看是否达到了验证效果。

❹ Qurkus 数据库配置的实现

Quarkus 支持多种数据库。Quarkus 不但可以通过常用方法使用数据源并配置 JDBC 驱动程序，而且可以采用响应式驱动程序以响应式方式连接到数据库。针对 JDBC 驱动，首选的数据源和连接池实现使用 Agrol 数据源。而对于响应式驱动，Quarkus 则使用 Eclipse Vert.x 响应式驱动程序。Agrol 和 Eclipse Vert.x 都可以通过统一灵活的配置进行协同。

（1）Qurkus 中 JDBC 数据源和连接池首选 Agroal 数据源说明

Agroal 框架是一个现代的、轻量级的连接池实现，可用于高性能和高可伸缩性场景，并可与 Quarkus 的其他组件（如安全性组件、事务管理组件、健康度量组件）进行集成。数据源配置就是添加 Agroal 扩展、jdbc-db2、jdbc-derby、jdbc-h2、JDBC Mariadb、JDBC MsSQL、JDBC MySQL 或 JDBC PostgreSQL 等中之一。由于已经默认了 Agroal 扩展，因此配置文件中只需添加数据源即可。配置信息如下：

```
quarkus.datasource.db-kind=postgresql
quarkus.datasource.username=<your username>
quarkus.datasource.password=<your password>

quarkus.datasource.jdbc.url=jdbc:postgresql://localhost:5432/hibernate_orm_test
quarkus.datasource.jdbc.min-size=4
quarkus.datasource.jdbc.max-size=16
```

例如要配置的数据源是 H2 数据库，修改为如下内容即可：

```
quarkus.datasource.db-kind=h2
```

（2）Quarkus 支持的内置数据库类型

数据库类型配置需要定义要连接到的数据库类型。Quarkus 目前支持的内置数据库类型有 "DB2：db2" "Derby：derby" "H2：h2" "MariaDB：mariadb" "Microsoft SQL Server：mssql" "MySQL：mysql" "PostgreSQL：postgresql、pgsql 或 pg" 等。在 Quarkus 配置数据库类型时可以直接使用数据源 JDBC 驱动程序扩展并在配置中定义内置数据库类型，Quarkus 会自动解析 JDBC 驱动程序。

如果使用的不是上述内置数据库类型中的数据库类型，那么需要使用 other 并显式定义 JDBC 驱动程序。Quarkus 应用程序在 JVM 模式下可支持任何 JDBC 驱动程序，但不支持将 other 的 JDBC 驱动程序编译为原生可执行程序。

在开发数据库应用中，有时需要定义一些其他配置信息来访问数据库。这需要通过配置数据源其他属性来完成，如用户和密码：

```
quarkus.datasource.username=<your username>
quarkus.datasource.password=<your password>
```

Quarkus 还支持从 Vault 检索密码来配置数据源信息。

（3）Quarkus 中 JDBC 的配置说明

JDBC 是最常见的数据库连接模式。例如，在使用 Hibernate ORM 时，通常需要一个 JDBC 数据源。这需要将 Quarkus Agroal 依赖项添加到的项目中，可以使用一个简单的 Maven 命令添加：

```
./mvnw quarkus:add-extension -Dextensions="agroal"
```

Agroal 框架是 Hibernate ORM 扩展的可传递依赖项。如果使用 Hibernate ORM，则不需要显式地添加 Agroal 扩展依赖项，只需要为关系数据库驱动程序选择并添加 Quarkus 扩展即可。

Quarkus 提供的驱动程序扩展有 DB2 - jdbc-db2、Derby - jdbc-derby、H2 - jdbc-h2、MariaDB - jdbc-mariadb、Microsoft SQL Server - jdbc-mssql、MySQL - jdbc-mysql、PostgreSQL - jdbc-postgresql 等。H2 和 Derby 数据库通常可以配置为 "嵌入式模式" 运行。但需注意，Quaruks 扩展不支持将嵌入式数据库引擎编译为原生可执行程序。

使用内置数据源类型之一时，JDBC 驱动程序将自动解析，数据库类型到 JDBC 驱动程序的映射如表 4-2 所示。

表 4-2　数据库类型到 JDBC 驱动程序的映射

数据库类型	数据库 JDBC Driver	数据库 XA Driver
DB2	com.ibm.db2.jcc.DBDriver	com.ibm.db2.jcc.DB2XADataSource
Derby	org.apache.derby.jdbc.ClientDriver	org.apache.derby.jdbc.ClientXADataSource
H2	org.h2.Driver	org.h2.jdbcx.jdbcDataSource
MsSQL	com.microsoft.sqlserver.jdbc.SQLServerDriver	com.microsoft.sqlserver.jdbc.SQLServerXADataSource
MySQL	com.mysql.cj.jdbc.Driver	com.mysql.cj.jdbc.MysqlXADataSource
PostgreSQL	org.postgresql.Driver	org.postgresql.xa.PGXADataSource

如何处理没有内置扩展或使用其他驱动程序的数据库呢？

如果需要（如使用 OpenTracing 驱动程序）或希望使用 Quarkus 没有内置 JDBC 驱动程序扩展的数据库，则可以使用特定的驱动程序。如果没有 Quarkus 的驱动扩展，那么虽然驱动程序可以在 JVM 模式下的 Quarkus 应用程序中正常工作，但如果将应用程序编译为原生可执行程序，则功能还是没有实现。故如果希望生成原生可执行程序，那么 Quarkus 还是建议使用现有的 Quarkus 扩展 JDBC 驱动程序。

下面是使用 OpenTracing 驱动程序的代码：

```
quarkus.datasource.jdbc.driver=io.opentracing.contrib.jdbc.TracingDriver
```

针对没有内置支持的数据库访问（在 JVM 模式下，数据库为 Oracle），可采用如下定义：

```
quarkus.datasource.db-kind=other
quarkus.datasource.jdbc.driver=oracle.jdbc.driver.OracleDriver
quarkus.datasource.jdbc.url=jdbc:oracle:thin:@192.168.1.12:1521/ORCL_SVC
quarkus.datasource.username=scott
quarkus.datasource.password=tiger
```

如果需要在代码中直接访问数据源，则可以通过以下方式注入。

```
@Inject
AgroalDataSource defaultDataSource;
```

在上面的示例中，注入类型是 **AgroalDataSource**，这是 javax.sql.DataSource 类型。因此，也可以直接注入 javax.sql.DataSource。

（4）常用的数据库类型配置方式

每个受支持的数据库都包含不同的 JDBC URL 配置选项，下面简单列出：

1）H2 的配置方式。H2 数据库是一个嵌入式数据库。该数据库作为服务器运行，既可以基于文件，也可以完全驻留在内存中。H2 数据库采用以下格式的连接 URL：

```
jdbc:h2:{{.|mem:}[name] |[file:]fileName |{tcp|ssl}:[//]server[:port][,server2[:port]]/name}[;key=value…]
```

例子：jdbc:h2:tcp://localhost/~/test，jdbc:h2:mem:myDB。

本文的案例程序中，大部分 Quarkus 非响应式数据库都采用 H2 数据库，读者可详细了解。

2）PostgreSQL 的配置方式。PostgreSQL 只作为服务器运行，下面介绍的其他数据库也是这样的。因此，必须指定连接详细信息，或使用默认值。PostgreSQL 采用以下格式的连接 URL：

```
jdbc:postgresql:[//][host][:port][/database][? key=value…]
```

不同部分的默认值：host 一般会默认为 localhost，port 一般会默认为 5432，database 一般会默认与用户名相同。

例子：jdbc:postgresql://localhost/test。

本文的大部分 Quarkus 响应式数据库程序都采用 PostgreSQL。

3）DB2 的配置方式。DB2 采用以下格式的连接 URL：

```
jdbc:db2://<serverName>[:<portNumber>]/<databaseName>[:<key1>=<value>;[<key2>=<value2>;]]
```

例子：jdbc:db2://localhost:50000/MYDB:user=dbadm;password=dbadm。

4）MySQL 的配置方式。Microsoft SQL Server 采用以下格式的连接 URL：

```
jdbc:mysql:[replication:|failover:|sequential:|aurora:]//<hostDescription>[,<hostDescription> … ]/[database][? <key1>=<value1>[&<key2>=<value2>]]
hostDescription:: <host>[:<portnumber>] or address=(host=<host>)[(port=<portnumber>)][(type=(master|slave))]
```

例子：jdbc:mysql://localhost:3306/test。

5）Microsoft SQL Server 的配置方式。Microsoft SQL Server 采用以下格式的连接 URL：

```
jdbc:sqlserver://[serverName[\instanceName][:portNumber]][;property=value[;property=value]]
```

例子：jdbc:sqlserver://localhost:1433;databaseName=AdventureWorks。

6）Derby 的配置方式。Derby 是一个嵌入式数据库，也可以作为服务器运行，该数据库既可以基于文件，也可以完全驻留在内存中。Derby 采用以下格式的连接 URL：

```
jdbc:derby:[//serverName[:portNumber]/][memory:]databaseName[;property=value[;property=value]]
```

例子：jdbc:derby://localhost:1527/myDB，jdbc:derby:memory:myDB;create=true。

其他 JDBC 驱动程序与上述的驱动程序工作原理相同。

⑤ Quarkus 使用 Hibernate 实现 JPA 数据持久化

本案例基于 Quarkus 框架实现数据库操作基本功能。该模块以成熟的并且遵循 JPA 规范的

Hibernate 框架作为 ORM 的实现框架。通过阅读和分析在 Hibernate 框架上实现的数据查询、新增、删除、修改（CRUD）操作等案例代码，读者可以理解和掌握 Quarkus 框架的 ORM、JPA 和 Hibernate 使用。

（1）编写案例代码

编写案例代码有 3 种方式。

第一种方式是通过代码 UI 来实现，在 Quarkus 官网的脚手架工程中按照指定步骤生成脚手架代码，然后下载文件，引入项目到 IDE 工具中，最后修改程序源码内容。

第二种方式是通过 mvn 来构建程序。这里通过下面的代码创建 Maven 项目来实现。

```
mvn io.quarkus:quarkus-maven-plugin:1.11.1.Final:create ^
  -DprojectGroupId=com.iiit.quarkus.sample  -DprojectArtifactId=321-sample-quarkus-jpa-
hibernate ^
  -DclassName=com.iiit.quarkus.sample.orm.hibernate.ProjectResource  -Dpath=/projects ^
  -Dextensions=resteasy-jsonb,quarkus-agroal,quarkus-hibernate-orm,quarkus-jdbc-h2
```

第三种方式是直接从 Github 上获取代码。

```
git clone https://github.com/rengang66/iiit.quarkus.spring.sample.git
```

该程序位于"321-sample-quarkus-jpa-hibernate"目录中。这是一个 Maven 项目。

然后导入 Maven 工程，在 pom.xml 的<dependencies>内有如下内容。

```
<dependency>
     <groupId>io.quarkus</groupId>
     <artifactId>quarkus-hibernate-orm</artifactId>
</dependency>
<dependency>
     <groupId>io.quarkus</groupId>
     <artifactId>quarkus-agroal</artifactId>
</dependency>
<dependency>
    <groupId>io.quarkus</groupId>
    <artifactId>quarkus-jdbc-h2</artifactId>
</dependency>
```

quarkus-hibernate-orm 是 Quarkus 扩展了 Hibernate 的 ORM 服务实现。quarkus-jdbc-h2 是 Quarkus 扩展了 H2 数据库的 JDBC 接口实现。

本程序的应用架构（如图 4-2 所示）表明，外部访问 ProjectResource 资源接口，ProjectResource 调用 ProjectService 服务，ProjectService 服务调用注入的 EntityManager 对象并对 H2 数据库进行对象持久化操作。ProjectService 服务依赖 Hibernate 框架和 quarkus-jdbc 扩展框架。

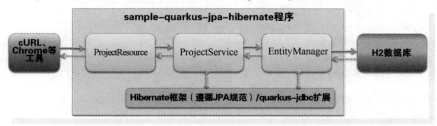

● 图 4-2　321-sample-quarkus-jpa-hibernate 程序应用架构图

本程序的文件和核心类如表 4-3 所示。

表 4-3　321-sample-quarkus-jpa-hibernate 程序的文件和核心类

名　　称	类　　型	简　　介
application.properties	配置文件	需定义数据库配置的信息
import.sql	配置文件	数据库的数据初始化
ProjectResource	资源类	提供 REST 外部 API 接口，无特殊处理，简单说明
ProjectService	服务类	主要提供数据服务，其功能是通过 JPA 与数据库交互，核心类，重点说明
Project	实体类	POJO 对象，需要改造成 JPA 规范的 Entity，简单介绍

在本程序中，首先查看配置信息 application.properties 文件。

```
quarkus.datasource.db-kind=h2
quarkus.datasource.username=sa
quarkus.datasource.password=
quarkus.datasource.jdbc.url=jdbc:h2:mem:testdb
quarkus.datasource.jdbc.min-size=2
quarkus.datasource.jdbc.max-size=8

quarkus.hibernate-orm.database.generation=drop-and-create
quarkus.hibernate-orm.log.sql=true
quarkus.hibernate-orm.sql-load-script=import.sql
```

在 application.properties 文件中，配置了与数据库连接的相关参数。

① db-kind 表示连接的数据库是 H2 数据库。

② quarkus.datasource.username 和 quarkus.datasource.password 是用户及密码，也即 H2 数据库的登录角色和密码。

③ quarkus.datasource.jdbc.url 定义数据库的连接位置信息。其中，"jdbc:h2:mem:testdb" 中的 testdb 是连接的 H2 数据库。

④ quarkus.hibernate-orm.database.generation=drop-and-create 表示程序启动后会重新创建表并初始化数据。

⑤ quarkus.hibernate-orm.sql-load-script=import.sql 表示程序启动后重新创建表并初始化数据需要调用的 SQL 文件。

下面查看 import.sql 的内容。

```
insert into iiit_projects(id, name) values (1,'项目 A');
insert into iiit_projects(id, name) values (2,'项目 B');
insert into iiit_projects(id, name) values (3,'项目 C');
insert into iiit_projects(id, name) values (4,'项目 D');
insert into iiit_projects(id, name) values (5,'项目 E');
```

import.sql 主要实现了 iiit_projects 表的初始化数据。

下面讲解本程序的 ProjectResource、ProjectService 和 Project 类的内容。

1）ProjectResource 资源类。用 IDE 工具打开 com. iiit. quarkus. sample. orm. hibernate. resource.

ProjectResource 类文件，代码内容如下：

```
@Path("projects")
@ApplicationScoped
@Produces("application/json")
@Consumes("application/json")
public class ProjectResource {
    @Inject ProjectService service;

    @GET   public List<Project> get() {return service.get();}

    @GET
    @Path("{id}")
    public Project getSingle(@PathParam("id") Integer id) {return service.getSingle(id);}

    @POST
    public Response create(Project project) {
        service.create(project);
        return Response.ok(project).status(201).build();
    }

    @PUT
    @Path("{id}")
    public Project update(Project project) {return service.update(project);}

    @DELETE
    @Path("{id}")
    public Response delete(@PathParam("id") Integer id) {
        service.delete(id);
        return Response.status(204).build();
    }

        //省略部分代码
        ...
}
```

📖 程序说明：

① ProjectResource 类主要是与外部交互，方法主要还是基于 REST 的基本操作，包括 GET、POST、PUT 和 DELETE。

② 对后台的操作主要是通过注入的 ProjectService 对象来实现的。

2）ProjectService 服务类。用 IDE 工具打开 com.iiit.quarkus.sample.orm.hibernate.service. ProjectService 类文件，代码内容如下：

```
@ApplicationScoped
public class ProjectService {
    @Inject   EntityManager entityManager;

    public List<Project> get() {
        return entityManager.createNamedQuery("Projects.findAll", Project.class)
```

```
                .getResultList();
    }
    public Project getSingle(Integer id) {
        Project entity =entityManager.find(Project.class, id);
        if (entity == null) {
            String info  = "project with id of " + id + " does not exist.";
            LOGGER.info(info);
            throw new WebApplicationException(info, 404);
        }
        return entity;
    }

    //带事务提交增加一条记录
    @Transactional
    public Project create(Project project) {
        if (project.getId() == null) {
            throw new WebApplicationException(info, 422);
        }
        entityManager.persist(project);
        return project;
    }

    //带事务提交修改一条记录
    @Transactional
    public Project update(Project project) {
        if (project.getName() == null) {
            throw new WebApplicationException(info, 422);
        }

        Project entity =entityManager.find(Project.class, project.getId());
        if (entity == null) {
            throw new WebApplicationException(info, 404);
        }
        entity.setName(project.getName());
        return entity;
    }

    //带事务提交删除一条记录
    @Transactional
    public void delete( Integer id) {
        Project entity = entityManager.getReference(Project.class, id);
        if (entity == null) {
            throw new WebApplicationException(info, 404);
        }
        entityManager.remove(entity);
        return;
    }
}
```

📖 程序说明：

① ProjectService 类实现了 JPA 规范下的数据库操作，包括查询、新增、修改和删除。

② ProjectService 类通过注入 EntityManager 对象实现后端数据库的 CRUD 操作。EntityManager 对

象是 JPA 规范的 Entity 管理器。

③ @Transactional 注解是方法上的注解，表明该方法对数据库的操作具有事务性。

3）Project 类文件。用 IDE 工具打开 com.iiit.quarkus.sample.orm.hibernate.domain.Project 类文件，代码内容如下：

```
@Entity
@Table(name = "iiit_projects")
@NamedQuery(name = "Projects.findAll", query = "SELECT f FROM Project f ORDER BY f.name",
hints = @QueryHint(name = "org.hibernate.cacheable", value = "true"))
@Cacheable
public class Project {
    @Id private Integer id;
    @Column(length = 40, unique = true)  private String name;
    public Project() {}
    //省略部分代码
    ...
}
```

📖 程序说明：

① @Entity：表示 Project 对象是一个遵循 JPA 规范的 Entity 对象。

② @Table（name ="iiit_projects"）：表示 Projectt 对象映射的关系数据库表是 iiit_projects。

③ @NamedQuery（name ="Projects.findAll"，query ="SELECT f FROM Project f ORDER BY f. name"，hints = @QueryHint（name ="org. hibernate. cacheable"，value ="true"））：表示当调用 Projects.findAll 方法时，将使用后面的查询 SQL 语句。

④ @Cacheable：表明本对象采用缓存模式。

本程序动态运行的序列图（如图 4-3 所示，遵循 UML 2.0 规范绘制）描述外部调用者 Actor、ProjectResource、ProjectService 和 EntityManager 对象之间的时间顺序交互关系。

本程序总共有 5 个序列，分别如下。

序列 1 活动：① 外部调用 ProjectResource 资源类的 GET（list）方法；② GET（list）方法调用 ProjectService 服务类的 list 方法；③ ProjectService 服务类的 list 方法调用 EntityManager 的 creatNameQuery 方法；④ 返回整个 Project 列表。

序列 2 活动：① 外部传入参数 ID 并调用 ProjectResource 资源类的 GET（getById）方法；② GET（getById）方法调用 ProjectService 服务类的 getById 方法；③ ProjectService 服务类的 getById 方法调用 EntityManager 的 find 方法；④ 返回 Project 列表中对应 ID 的 Project 对象。

序列 3 活动：① 外部传入参数 Project 对象并调用 ProjectResource 资源类的 POST（add）方法；② POST（add）方法调用 ProjectService 服务类的 add 方法；③ ProjectService 服务类的 add 方法调用 EntityManager 的 persist 方法；④ EntityManager 的 persist 方法实现增加一个 Project 对象操作并返回参数 Project 对象。

序列 4 活动：① 外部传入参数 Project 对象并调用 ProjectResource 资源类的 PUT（update）方法；② PUT（update）方法调用 ProjectService 服务类的 update 方法；③ ProjectService 服务类根据是否项目名称相同来修改一个 Project 对象操作，并调用 EntityManager 的 persist 方法；④ EntityManager

的 persist 方法实现并返回参数 Project 对象。

序列 5 活动：① 外部传入参数 Project 对象并调用 ProjectResource 资源类的 DELETE（delete）方法；② DELETE（delete）方法调用 ProjectService 服务类的 delete 方法；③ ProjectService 服务类根据是否项目名称相同来调用 EntityManager 的 remove 方法；④ EntityManager 的 remove 方法删除一个 Project 对象操作并返回。

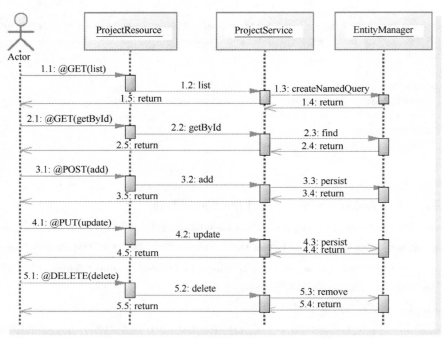

● 图 4-3　321-sample-quarkus-jpa-hibernate 程序的序列图

（2）验证程序

通过下列几个步骤（如图 4-4 所示）来验证案例程序。

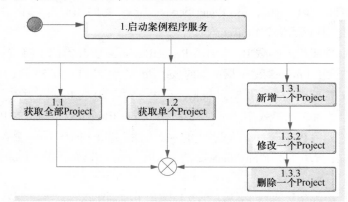

● 图 4-4　321-sample-quarkus-jpa-hibernate 程序验证流程图

1）启动程序。启动应用有两种方式：第一种是在开发工具（如 Eclipse）中调用 ProjectMain 类的 run 命令；第二种方式就是在程序目录下直接运行 cmd 命令 "mvnw compile quarkus：dev"。

2）通过 API 接口显示项目的 JSON 格式内容。打开一个新 CMD 窗口，输入如下的 cmd 命令：

```
curl http://localhost:8080/projects
```

反馈整个项目列表的项目数据。

3）通过 API 接口显示单条记录。打开一个新 CMD 窗口，输入如下的 cmd 命令：

```
curl http://localhost:8080/projects/1
```

反馈项目 1 的项目数据。

4）通过 API 接口增加一条数据。打开一个新 CMD 窗口，输入如下的 cmd 命令：

```
curl -X POST  -H "Content-type: application/json" -d { \"id\":6, \"name \": \"项目 F \"} http://
localhost:8080/projects
```

可采用命令 curl http://localhost:8080/projects 显示全部内容，观察添加数据是否成功。

5）通过 API 接口修改一条数据。打开一个新 CMD 窗口，输入如下的 cmd 命令：

```
curl -X PUT -H "Content-type: application/json" -d { \"id\":5, \"name \": \"Project5 \"} http://
localhost:8080/projects/5 -v
```

可采用命令 curl http://localhost:8080/projects/5 查看数据的变化情况。

6）通过 API 接口删除一条 project 记录。打开一个新 CMD 窗口，输入如下的 cmd 命令：

```
curl -X DELETE http://localhost:8080/projects/6  -v
```

执行完成后，调用命令 curl http://localhost:8080/projects，显示该记录，查看变化情况。

⑥　Quarkus 使用 Panache 的 Active Record 模式实现

本案例基于 Quarkus 框架实现 ORM 的基本功能。Panache 框架是 Quarkus 的一个 ORM 实现。通过阅读和理解在 Panache 框架上实现的数据查询、新增、删除、修改操作等案例代码，读者可以了解 Panache 框架使用。本案例采用 Active Record Pattern 方式。

（1）Panache 框架介绍

由于使用 Hibernate 和 JPA 进行数据库访问的代码不够直观和简洁，因此开发者可以使用 Panache 来简化对 Hibernate 的使用。使用 Panache 之前需要添加 hibernate-orm-panache 扩展。

其具体实现方式是实体类继承 Panache 框架的 PanacheEntity 类。PanacheEntity 类提供了很多实用方法来简化 JPA 相关的操作。实体类的静态方法 findByName 使用 PanacheEntity 类的父类 PanacheEntityBase 中的 find 方法来根据 name 字段查询并返回第一个结果。相对于使用 JPA 中的 EntityManager 和 CriteriaBuilder，PanacheEntity 类提供的实用方法要简单很多。

Quarkus 的 Panache 框架有两种实现方式，分别是 Active Record 模式和 Repository 模式。

（2）编写案例代码

编写案例代码有 3 种方式。

第一种方式是通过代码 UI 来实现，在 Quarkus 官网的脚手架工程中按照指定步骤生成脚手架代码，然后下载文件，引入项目到 IDE 工具中，最后修改程序源码内容。

第二种方式是通过 mvn 来构建程序。这里通过下面的代码创建 Maven 项目来实现。

```
mvn io.quarkus:quarkus-maven-plugin:1.11.1.Final:create ^
  -DprojectGroupId=com.iiit.quarkus.sample ^
  -DprojectArtifactId=323-sample-quarkus-jpa-panache-activerecord ^
  -DclassName=com.iiit.quarkus.sample.orm.panache.activerecord.ProjectResource  -Dpath
=/projects ^
  -Dextensions=resteasy-jsonb,quarkus-hibernate-orm-panache,quarkus-jdbc-postgresql
```

第三种方式是直接从 Github 上获取代码。

```
git clone https://github.com/rengang66/iiit.quarkus.spring.sample.git
```

该程序位于 "323-sample-quarkus-jpa-panache-activerecord" 目录中。这是一个 Maven 项目。然后导入 Maven 工程，在 pom.xml 的<dependencies>内有如下内容。

```
<dependency>
      <groupId>io.quarkus</groupId>
      <artifactId>quarkus-hibernate-orm-panache</artifactId>
</dependency>
<dependency>
      <groupId>io.quarkus</groupId>
      <artifactId>quarkus-jdbc-h2</artifactId>
</dependency>
```

quarkus-hibernate-orm-panache 是 Quarkus 扩展了 Panache 的 ORM 服务实现。quarkus-jdbc-h2 是 Quarkus 扩展了 H2 数据库的 JDBC 接口实现。

本程序的应用架构（如图 4-5 所示）表明，外部访问 ProjectResource 资源接口，ProjectResource 调用 Project 服务，Project 对象本身也是一个实体对象，通过继承 PanacheEntity 实现对 H2 数据库进行 CRUD 操作。Project 对象资源依赖 Hibernate 框架和 quarkus-panache 扩展框架。

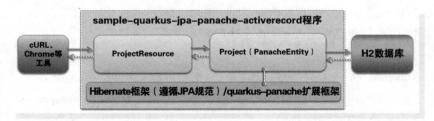

● 图 4-5　323-sample-quarkus-jpa-panache-activerecord 程序应用架构图

本程序的文件和核心类如表 4-4 所示。

表 4-4　323-sample-quarkus-jpa-panache-activerecord 程序的文件和核心类

名　称	类　型	简　介
application.properties	配置文件	需定义数据库配置的信息，无特殊处理，本节不做介绍
import.sql	配置文件	数据库中的数据初始化，无特殊处理，本节不做介绍
ProjectResource	资源类	提供 REST 外部 API 接口，无特殊处理，本节不做介绍
Project	实体类	POJO 对象，本类继承了 PanacheEntity，核心类

本程序的 application. properties 文件与 quarkus-sample-orm-hibernate 程序基本相同，不做解释。

import.sql 的内容与 quarkus-sample-orm-hibernate 程序基本相同，不做解释。其主要作用是实现了 iiit_projects 表的初始化数据。

下面讲解 sample-quarkus-jpa-panache-activerecord 程序的 ProjectResource 类和 Project 类的内容。

1）ProjectResource 资源类。用 IDE 工具打开 com. iiit. quarkus. sample. orm. panache. activerecord. ProjectResource 类文件，内容如下：

```
@Path("projects")
@ApplicationScoped
@Produces("application/json")
@Consumes("application/json")
public class ProjectResource {
    private static final Logger LOGGER = Logger.getLogger(ProjectResource.class.getName());
    public ProjectResource(){}

    //获取 Project 列表
    @GET
    public List<Project> get() {
        return Project.listAll(Sort.by("name"));
    }
    ...
}
```

📖 程序说明：

ProjectResource 类的方法主要还是基于 REST 的基本操作，包括 GET、POST、PUT 和 DELETE。

2）Project 实体类。用 IDE 工具打开 com.iiit.quarkus.sample.orm.panache.activerecord.Project 类文件，代码如下：

```
@Entity
@Table(name = "iiit_projects")
@Cacheable
public class Project extends PanacheEntity {
    @Column(length = 40, unique = true)
    private String name;

    public Project() {}
    public Project(String name) {this.name = name;}
    public String getName() {return name;}
    public void setName(String name) {this.name = name;}
}
```

📖 程序说明：

① Project 类继承 PanacheEntity 类，具备了基本的 CRUD 持久化操作，换句话说，其本身就是一个 PanacheEntity 对象。

② @Entity：表示 Project 对象是一个遵循 JPA 规范的 Entity 对象。

③ @Table（name = "iiit_projects"）：表示 Projectt 对象映射的关系数据库表是 iiit_projects。

④ @Cacheable：表明本对象采用缓存模式。

本程序动态运行的序列图（如图 4-6 所示，遵循 UML 2.0 规范绘制）描述外部调用者 Actor、ProjectResource 和 Project 对象之间的时间顺序交互关系。

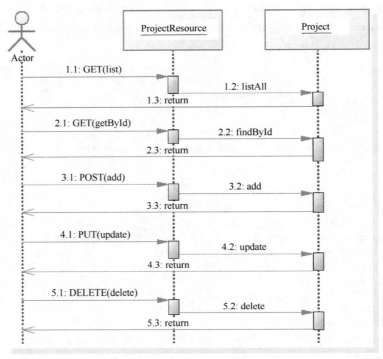

● 图 4-6   323-sample-quarkus-jpa-panache-activerecord 程序的序列图

该序列图总共有 5 个序列，分别如下。

① 外部调用 ProjectResource 资源类的 GET（list）方法，该方法调用 Project 服务类（实际上是其父类 PanacheEntityBase）的 listAll 方法，返回整个 Project 列表。

② 外部传入参数 ID 并调用 ProjectResource 资源类的 GET（getById）方法，该方法调用 Project 服务类（实际上是其父类 PanacheEntityBase）的 findById 方法，返回 Project 列表中对应 ID 的 Project 对象。

③ 外部传入参数 Project 对象并调用 ProjectResource 资源类的 POST（add）方法，该方法调用 Project 服务类（实际上是其父类 PanacheEntityBase）的 add 方法，Project 服务类实现增加一个 Project 对象操作并返回整个 Project 列表。

④ 外部传入参数 Project 对象并调用 ProjectResource 资源类的 PUT（update）方法，该方法调用 Project 服务类的 update 方法，Project 服务类根据是否项目名称相同来修改一个 Project 对象操作并返回整个 Project 列表。

⑤ 外部传入参数 Project 对象并调用 ProjectResource 资源类的 DELETE（delete）方法，该方法调用 Project 服务类（实际上是其父类 PanacheEntityBase）的 delete 方法，Project 服务类根据是否项

目名称相同来删除一个 Project 对象操作并返回整个 Project 列表。

（3）验证程序

通过下列几个步骤（如图 4-7 所示）来验证案例程序。

1）启动程序。启动应用有两种方式：第一种是在开发工具（如 Eclipse）中调用 ProjectMain 类的 run 命令；第二种方式就是在程序目录下直接运行 cmd 命令"mvnw compile quarkus：dev"。

2）通过 API 接口显示项目的 JSON 格式内容。打开一个新 CMD 窗口，输入如下的 cmd 命令：

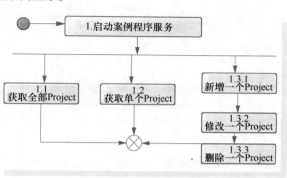

```
curl http://localhost:8080/projects
```

● 图 4-7　323-sample-quarkus-jpa-panache-activerecord 程序验证流程图

3）通过 API 接口显示单条记录。打开一个新 CMD 窗口，输入如下的 cmd 命令：

```
curl http://localhost:8080/projects/1
```

4）通过 API 接口增加一条数据。打开一个新 CMD 窗口，输入如下的 cmd 命令来新增一条数据。

```
curl -X POST -d  { \"name \"：\"项目 D \"} -H "Content-Type:application/json"  http://localhost:8080/projects -v
```

显示新增的内容：curl http://localhost:8080/projects。

5）通过 API 接口修改一条数据。打开一个新 CMD 窗口，输入如下的 cmd 命令：

```
curl -X PUT -H "Content-type: application/json" -d { \"name \"：\"项目 BBB \"} http://localhost:8080/projects/2
```

显示该记录：http://localhost:8080/projects/2。

6）通过 API 接口删除一条 project 记录。打开一个新 CMD 窗口，输入如下的 cmd 命令：

```
curl -X DELETE http://localhost:8080/projects/4
```

显示该记录：curl http://localhost:8080/projects。

（4）其他操作

1）Panache 实体所有的列表方法都有等效的 stream 版本。

```
try (Stream<Person> persons = Person.streamAll()) {
    List<String>namesButEmmanuels = persons
        .map(p -> p.name.toLowerCase())
        .filter(n -> ! "emmanuel".equals(n))
        .collect(Collectors.toList());
}
```

stream 方法需要一个事务才能工作。当 stream 方法执行 I/O 操作时，应该通过 close 方法或通过 try-with-resource 关闭它们，从而关闭底层 ResultSet。如果没有，则会有 Agroal 警告，该警告将关闭基础 ResultSet。

2）增加实体的方法。在 Panache 实体内部添加对实体的自定义查询，代码如下。

```
@Entity
public class Person extends PanacheEntity {
    public String name;
    public LocalDate birth;
    public Status status;

    public static Person findByName(String name){return find("name", name).firstResult();}
    public static List<Person>findAlive(){return list("status", Status.Alive);}
    public static void deleteStefs(){delete("name", "Stef");}
}
```

❼　Quarkus 使用 Panache 的 Repository 模式实现

本案例基于 Quarkus 框架实现 ORM 的基本功能。通过阅读和理解在 Panache 框架上实现的数据查询、新增、删除、修改操作等案例代码，读者可以了解 Panache 框架的 Repository 模式使用。

（1）编写案例代码

编写案例代码有 3 种方式。

第一种方式是通过代码 UI 来实现，在 Quarkus 官网的脚手架工程中按照指定步骤生成脚手架代码，然后下载文件，引入项目到 IDE 工具中，最后修改程序源码内容。

第二种方式是通过 mvn 来构建程序。这里通过下面的代码创建 Maven 项目来实现。

```
mvn io.quarkus:quarkus-maven-plugin:1.11.1.Final:create ^
  -DprojectGroupId=com.iiit.quarkus.sample ^
  -DprojectArtifactId=325-sample-quarkus-reactive-panache-repository ^
  -DclassName = com. iiit. quarkus. sample. orm. panache. activerecord. ProjectResource   -
Dpath =/projects ^
  -Dextensions =resteasy-jsonb,quarkus-hibernate-orm-panache,quarkus-jdbc-postgresql
```

第三种方式是直接从 Github 上获取代码。

```
git clone https://github.com/rengang66/iiit.quarkus.spring.sample.git
```

该程序位于 “322-sample-quarkus-jpa-panache-repository” 目录中。这是一个 Maven 项目。

然后导入 Maven 工程，pom. xml 的＜dependencies＞的内容和解释同 “323-sample-quarkus-jpa-panache-activerecord” 程序。

本程序的应用架构（如图 4-8 所示）表明，外部访问 ProjectResource 资源类，ProjectResource

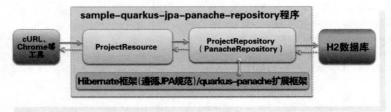

● 图 4-8　322-sample-quarkus-jpa-panache-repository 程序应用架构图

调用 ProjectRepository 服务，ProjectRepository 对象通过继承 PanacheRepository 实现对 PostgreSQL 数据库进行 CRUD 操作。ProjectRepository 对象依赖 Hibernate 框架和 quarkus-panache 扩展框架。

本程序的文件和核心类如表 4-5 所示。

表 4-5   322-sample-quarkus-jpa-panache-repository 程序的文件和核心类

名　　称	类　　型	简　　介
application.properties	配置文件	需定义数据库配置的信息，无特殊处理，本节不做介绍
import.sql	配置文件	数据库中的数据初始化，无特殊处理，本节不做介绍
ProjectResource	资源类	提供 REST 外部 API 接口，无特殊处理，本节不做介绍
ProjectRepository	存储库类	访问数据库的数据，核心类
Project	实体类	POJO 对象，无特殊处理

本程序的 application. properties 文件和 import. sql 的内容与"323-sample-quarkus-jpa-panache-activerecord"程序基本相同，不做解释。

下面讲解 sample-quarkus-jpa-panache-repository 程序的 ProjectResource 类和 Project Repository 类的内容。

1）ProjectResource 资源类。用 IDE 工具打开 com. iiit. quarkus. sample. orm. panache. repository. ProjectResource 类文件，代码如下：

```
@Path("projects")
@ApplicationScoped
@Produces("application/json")
@Consumes("application/json")
public class ProjectResource {
    @Inject ProjectRepository projectRepository;
    public ProjectResource(){}

    //获取 Project 列表
    @GET
    public List<Project> get() {return projectRepository.listAll();}

    //获取单个 Project 信息
    @GET
    @Path("{id}")
    public Project getById(@PathParam("id") Long id) {
        Project entity = this.projectRepository.findById(id);
        if (entity == null) {
            throw new WebApplicationException("Project with id of " + id + " does not
exist.", 404);
        }
        return entity;
    }

    //增加一个 Project 对象
    @POST
```

```
    @Transactional
    public Response add(Project project) {
        this.projectRepository.persist(project);
        return Response.ok(project).status(201).build();
    }
    //修改一个 Project 对象
    @PUT
    @Path("{id}")
    @Transactional
    public Project update(@PathParam("id") Long id, Project project) {
        if (project.getName() == null) {
            throw new WebApplicationException("Project Name was not set on request.", 422);
        }
        Project entity = this.projectRepository.findById(id);
        if (entity == null) {
            throw new WebApplicationException ("Project with id of " + id + " does not
exist.", 404);
        }
        entity.setName(project.getName());
        this.projectRepository.persist(entity);
        return entity;
    }

    //删除一个 Project 对象
    @DELETE
    @Path("{id}")
    @Transactional
    public Response delete(@PathParam("id") Long id) {
        Project entity = this.projectRepository.findById(id);
        if (entity == null) {
            throw new WebApplicationException ("Project with id of " + id + " does not
exist.", 404);
        }
        this.projectRepository.delete(entity);
        return Response.status(204).build();
    }
    //处理 Response 的错误情况
    @Provider
    public static class ErrorMapper implements ExceptionMapper<Exception> {
        @Override
        public Response toResponse(Exception exception) {
            //省略部分代码
            ...
        }
    }
}
```

📖 程序说明：

ProjectResource 类的方法主要还是基于 REST 的基本操作，包括 GET、POST、PUT 和 DELETE。

2）ProjectRepository 存储类。用 IDE 工具打开 com. iiit. quarkus. sample. orm. panache. repository. ProjectRepository 类文件，代码如下：

```
@ApplicationScoped
public class ProjectRepository implements PanacheRepository<Project> {

  public List<Project>findByCountry(String name) {
    return list("SELECT m FROMiiit_projects m WHERE m.name = ? 1 ORDER BY id DESC", name);
  }
}
```

📖 程序说明：

ProjectRepository 类继承 PanacheRepository 类，具备了基本的 CRUD 持久化操作，换句话说，其本身就是一个 PanacheRepository 对象。

（2）验证程序

通过下列几个步骤（如图 4-9 所示）来验证案例程序。

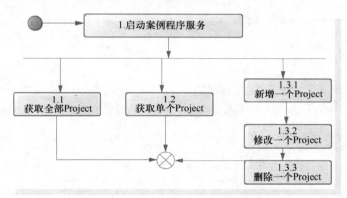

● 图 4-9　322-sample-quarkus-jpa-panache-repository 程序验证流程图

1）启动程序。启动应用有两种方式：第一种方式是在开发工具（如 Eclipse）中调用 ProjectMain 类的 run 命令；第二种方式是在程序目录下直接运行 cmd 命令 "mvnw compile quarkus：dev"。

2）通过 API 接口显示项目的 JSON 格式内容。打开一个新 CMD 窗口，输入如下的 cmd 命令：

```
curl http://localhost:8080/projects
```

3）通过 API 接口显示单条记录。打开一个新 CMD 窗口，输入如下的 cmd 命令：

```
curl http://localhost:8080/projects/1
```

4）通过 API 接口增加一条数据。打开一个新 CMD 窗口，输入如下的 cmd 命令来新增一条数据。

```
    curl -X POST -d   { \"name \": \"项目 D \"} -H "Content-Type: application/json"   http://
localhost:8080/projects -v
```

显示新增的内容：curl http://localhost：8080/projects。

5）通过 API 接口修改一条数据。打开一个新 CMD 窗口，输入如下的 cmd 命令：

```
    curl -X PUT -H "Content-type: application/json" -d { \"name \": \"项目 BBB \"} http://
localhost:8080/projects/2
```

显示该记录：http://localhost:8080/projects/2。

6）通过 API 接口删除一条 project 记录。打开一个新 CMD 窗口，输入如下的 cmd 命令：

```
curl -X DELETE http://localhost:8080/projects/4
```

显示该记录：curl http://localhost:8080/projects。

（3）其他操作

存储库中的所有列表方法都有等效的 stream 版本。

```
Stream<Person> persons =personRepository.streamAll();
List<String>namesButEmmanuels = persons
    .map(p -> p.name.toLowerCase())
    .filter(n -> ! "emmanuel".equals(n))
    .collect(Collectors.toList());
```

stream 方法需要一个事务才能工作。

⑧ Panache 的高级操作

（1）高级查询

1）分页处理。仅当表包含足够小的数据集时，才使用 list 和 stream 方法。对于较大的数据集，可以使用 find 方法，该方法返回一个 PanacheQuery，这样可以实现对其进行分页，代码如下：

```
PanacheQuery<Person> livingPersons = Person.find("status", Status.Alive);
livingPersons.page(Page.ofSize(25));
List<Person>firstPage = livingPersons.list();
List<Person>secondPage = livingPersons.nextPage().list();
List<Person> page7 =livingPersons.page(Page.of(7, 25)).list();
int numberOfPages = livingPersons.pageCount();
long count =livingPersons.count();
return Person.find("status", Status.Alive)
    .page(Page.ofSize(25))
    .nextPage()
    .stream()
```

PanacheQuery 有许多其他方法来处理分页和返回流。

2）使用范围而不是页面。PanacheQuery 还允许基于范围的查询。

```
PanacheQuery<Person> livingPersons = Person.find("status", Status.Alive);
livingPersons.range(0, 24);
List<Person>firstRange = livingPersons.list();
List<Person>secondRange = livingPersons.range(25, 49).list();
```

注意，不能混合使用范围和页面。如果使用范围，则所有依赖于当前页面的方法都将抛出 UnsupportedOperationException，可以使用 page（Page）或 page（int，int）切换回分页。

3）排序。查询字符串的所有方法都接收以下方式来查询表单：

```
List<Person> persons = Person.list("order by name,birth");
```

这些方法也接收一个可选的 Sort 参数，可以实现抽象排序：

```
List<Person> persons = Person.list(Sort.by("name").and("birth"));
// and with more restrictions
List<Person>persons = Person.list("status", Sort.by("name").and("birth"), Status.Alive);
```

Sort 类有很多方法来用于添加列和指定排序方向。

4）简化查询。通常，HQL 查询的形式为 from EntityName［where…］［order by…］，末尾带有可选元素。

如果 select 查询不以 from 开头，则可支持以下附加表单：

■ <singleColumnName>（和单个参数），将扩展为"from EntityName where<singleColumnName>=?"。

■ <query>将扩展到 from EntityName where<query>。

如果更新查询不是以 updute 开始的，则可支持以下附加表单：

■ from EntityName…将扩展为 update from EntityName update…。

■ set? < singleColumnName >（和单个参数），将扩展为"update from EntityName set < singleColumnName>=?"。

■ set? <update-query>，将扩展为"update from EntityName set<update-query>。

如果删除查询不以 delete 开头，则可以支持以下附加表单：

■ from EntityName…将扩展为"delete from EntityName…"。

■ <singleColumnName>（和单个参数），将扩展为"delete from EntityName where<singleColumnName>=?"。

■ <query>将扩展为"delete from EntityName where<query>"。

还可以用普通 HQL 编写查询：

```
Order.find("select distinct o from Order o left join fetch o.lineItems");
Order.update("update from Person set name = 'Mortal' where status = ?", Status.Alive);
```

5）命名查询。可以引用命名查询而不是（简化的）HQL 查询，方法是在其名称前加上"#"字符。还可以使用命名查询进行计数、更新和删除查询。

```
@Entity
@NamedQueries({
    @NamedQuery(name = "Person.getByName", query = "from Person where name = ? 1"),
    @NamedQuery(name = "Person.countByStatus", query = "select count(* ) from Person p
where p.status = :status"),
    @NamedQuery(name = "Person.updateStatusById", query = "update Person p set p.
status = :status where p.id = :id"),
    @NamedQuery(name = "Person.deleteById", query = "delete from Person p where p.id =
? 1")
})

public class Person extends PanacheEntity {
    public String name;
    public LocalDate birth;
```

```
        public Status status;

        public static Person findByName(String name){return find("#Person.getByName",
name).firstResult();}

        public static long countByStatus(Status status) {
            return count("#Person.countByStatus", Parameters.with("status", status).map());
        }

        public static long updateStatusById(Status status, long id) {
            return update("#Person.updateStatusById", Parameters.with("status", status).
and("id", id));
        }

        public static long deleteById(long id) {return delete("#Person.deleteById", id);}
    }
```

命名查询只能在 JPA 实体类（Panache 实体类或存储库参数化类型）内部或其超类之一上定义。

6）查询参数。可以按索引传递查询参数，代码如下：

```
Person.find("name = ? 1 and status = ? 2", "stef", Status.Alive);
```

或使用 Map 按名称来传递查询参数：

```
Map<String, Object>params = new HashMap<>();
params.put("name", "stef");
params.put("status", Status.Alive);
Person.find("name = :name and status = :status",params);
```

或按原样使用类 Parameters 或构建 Map 来传递查询参数：

```
// 生成 Map 对象
Person.find("name = :name and status = :status",
            Parameters.with("name", "stef").and("status", Status.Alive).map());
Person.find("name = :name and status = :status",
            Parameters.with("name", "stef").and("status", Status.Alive));
```

每个查询操作都可按索引传递参数（对象……），或按名称（映射<字符串,对象>或参数）传递函数。

7）查询投影。查询投影可以使用 find 方法返回的 PanacheQuery 对象上的 project（Class）方法完成。可以使用查询投影来限制数据库将返回哪些字段。Hibernate 将使用 DTO projection 和 projection 类中的属性生成一个 select 子句。这也称为动态实例化或构造函数表达式。

投影类需要是一个有效的 JavaBean，并且有一个包含其所有属性的构造函数。该构造函数将用于实例化投影 DTO，而不是使用实体类。这个类必须有一个匹配的构造函数，所有的类属性都作为参数。代码如下：

```
import io.quarkus.runtime.annotations.RegisterForReflection;
@RegisterForReflection
```

```
public class PersonName {
    public final String name;
    public PersonName(String name){this.name = name;}
}
PanacheQuery<PersonName> query = Person.find("status", Status.Alive).project(Person
Name.class);
```

① @RegisterForReflection 注解指示 Quarkus 在本机编译期间保留类及其成员。

② 在上述代码中使用公共字段，但也可以使用私有字段和 getter/setter。

③ 上述代码中，构造函数将由 Hibernate 使用，它必须是类中唯一的构造函数，并将所有类属性作为参数。

对于 project（Class）方法的实现，使用构造函数的参数名来构建查询的 select 子句，因此必须将编译器配置为将参数名存储在已编译的类中。如果使用的是 Quarkus Maven 原型，则默认情况下启用此选项。如果不使用它，则需要在 pom.xml 文件中添加属性<maven.compiler.parameters>true</maven.compiler.parameters>。

如果 DTO 投影对象中有引用实体的字段，则可以使用@ProjectedFieldName 注解为 select 语句提供路径。

```
@Entity
public class Dog extends PanacheEntity {
    public String name;
    public String race;
    @ManyToOne
    public Person owner;
}

@RegisterForReflection
public class DogDto {
    public String name;
    public String ownerName;
    public DogDto(String name, @ProjectedFieldName("owner.name") String ownerName) {
        this.name = name;
        this.ownerName = ownerName;
    }
}

PanacheQuery<DogDto> query = Dog.findAll().project(DogDto.class);
```

ownerName DTO 构造函数的参数来自于 owner.name 的 HQL 属性。

（2）支持多个持久性单元

Hibernate ORM 指南详细介绍了对多个持久性单元的支持。使用 Panache 时，过程很简单：

■ 给定的 Panache 实体只能附加到单个持久性单元。

■ 鉴于此，Panache 已经提供了透明地查找与 Panache 实体关联的适当 EntityManager 所需的管道。

（3）事务管理

确保在事务中包装修改数据库的方法（如 entity.persist）。将 CDI 的 Bean 方法标记为

@Transactional可实现事务，并使该方法成为事务边界。建议在应用程序入口点边界（如 REST 端点控制器）执行此操作。

JPA 对实体所做的更改进行批处理，并在事务结束或查询之前发送更改（称为刷新）。但是，如果开发者要检查乐观锁定是否失败，则应立即进行对象验证。通常，要获得即时反馈，可以通过调用实体强制执行刷新操作的 flush 方法，甚至使用 entity.persistAndFlush 使其成为单个方法进行调用。这允许捕获可能发生的任何 PersistenceException。记住，这是效率较低的操作，所以一般不要用它。开发者的事务仍然必须提交。

下面是一个使用 flush 方法允许在 PersistenceException 情况下执行特定操作的示例：

```
@Transactional
public void create(Parameter parameter){
    try {
        return parameterRepository.persistAndFlush(parameter);
    }
    catch(PersistenceException pe){
        LOG.error("Unable to create the parameter", pe);
        diskPersister.save(parameter);
    }
}
```

（4）锁管理

Panache 使用 findById（Object，LockModeType）或 find 方法直接支持实体/存储库的数据库锁定 withLock（LockModeType）。

以下示例适用于活动记录模式，但同样适用于存储库。

第一：使用 findById 方法来锁定。

```
public class PersonEndpoint {
    @GET
    @Transactional
    public Person findByIdForUpdate(Long id){
        Person p = Person.findById(id, LockModeType.PESSIMISTIC_WRITE);
        //进行一些业务处理,当事务结束时,锁就自动释放了
        return person;
    }
}
```

第二：在 find 方法上锁定操作。

```
public class PersonEndpoint {
    @GET
    @Transactional
```

```
    public Person findByNameForUpdate(String name){
        Person p = Person.find("name", name).withLock(LockModeType.PESSIMISTIC_WRITE).
findOne();
        return person;
    }
}
```

请注意，在事务结束时会释放锁，因此调用锁查询的方法必须使用@Transactiona 注解。

（5）定制化 ID 生成

ID 通常是一个敏感的话题，并不是每个人都愿意让框架来处理它们。可以通过扩展 PanachEntityBase 而不是 PanachEntity 来指定自己的 ID 策略。然后，只需将所需的任何 ID 声明为公共字段即可：

```
@Entity
public class Person extends PanacheEntityBase {
    @Id
    @SequenceGenerator(
            name = "personSequence",
            sequenceName = "person_id_seq",
            allocationSize = 1,
            initialValue = 4)
    @GeneratedValue(strategy = GenerationType.SEQUENCE, generator = "personSequence")
    public Integer id;
    //这里省略后面的内容
}
```

如果使用的是 Repository 模式，那么将使用 PanacheRepositoryBase 而不是 PanacheRepository，并将 ID 类型指定为一个额外的类型参数：

```
@ApplicationScoped
public class PersonRepository implements PanacheRepositoryBase<Person,Integer> {
    //这里省略后面的内容
}
```

（6）如何以及为什么简化 Hibernate ORM 映射

在编写 Hibernate ORM 实体时，有许多用户不愿处理的事情，例如：

■ 复制 ID 逻辑。大多数实体需要一个 ID，大多数人不关心 ID 逻辑是如何设置的，因为 ID 逻辑与业务模型并不相关。

■ 默认 getter 和 setter。由于 Java 缺乏对该语言中属性的支持，因此开发者必须创建字段，然后为这些字段生成 getter 和 setter，即使它们实际上只做读/写字段的事情。

■ 传统的 Java EE 模式建议将实体定义（模型）从可以对其执行的操作（DAO、存储库）中分离出来，但实际上这需要在状态及其操作之间进行非自然的分离，即使开发者在面向对象体系结构中决不会对常规对象这样做，其中状态和方法在同一个类中。此外，这需要每个实体都有两个类，并且需要在执行实体操作的地方注入 DAO 或存储库，这会中断编辑流程，并要求开发者在重新使用之前退出正在编写的代码以设置注入点。

■ Hibernate 查询功能强大，但对于常见操作来说过于冗长，即使不需要所有部分，也需要编写查询。

■ Hibernate 非常通用，但并不意味着执行占模型使用量 90% 的琐碎操作是很简单的。

Quarkus 框架采取了一些简洁的方式来处理下列这些问题：

■ 实体扩展 PanaceEntity。PanaceEntity 有一个自动生成的 ID 字段。如果需要自定义 ID 策略，则可以扩展 PanacheEntityBase，自己处理该 ID。

■ 使用公共字段。在后台，Quarkus 将生成所有缺少的 getter 和 setter，并重写对这些字段的访问以使用访问器方法。这样，仍然可以在需要时编写有用的访问器，即使实体用户仍然使用字段访问，也可以使用这些访问器。

■ 使用活动记录模式。将所有实体逻辑放在实体类中的静态方法中，而不创建 DAO。实体超类附带了许多非常有用的静态方法，开发者可以在实体类中添加自己的方法，在一个地方完成所有作业。

■ 不要编写查询中不需要的部分。如编写 Person.find（"name ASC"）、Person.find（"name =？1 and status =？2"，"stef"，status.Alive）或 Person.find（"name"，"stef"）。

（7）在外部项目或 JAR 中定义实体

带 Panache 的 Hibernate ORM 在实体编译时有字节码增强。

Quarkus 通过标记文件 META-INF/panache-archive.marker 的存在来识别具有 Panache 实体（以及 Panache 实体的使用者）的归档文件。Panache includes 包括一个注解处理器，该处理器将在依赖 Panache（甚至间接）的归档文件中自动创建此文件。如果已禁用注解处理器，则在某些情况下可能需要手动创建此文件。

如果包括 jpa-modelgen 注解处理器，则默认情况下将排除 Panache 注解处理器。如果需要这样做，则需要自己创建标记文件，或者添加 quarkus-panache-commo，代码如下：

```xml
<plugin>
    <artifactId>maven-compiler-plugin</artifactId>
    <version>${compiler-plugin.version}</version>
    <configuration>
      <annotationProcessorPaths>
        <annotationProcessorPath>
          <groupId>org.hibernate</groupId>
          <artifactId>hibernate-jpamodelgen</artifactId>
          <version>${hibernate.version}</version>
        </annotationProcessorPath>
        <annotationProcessorPath>
          <groupId>io.quarkus</groupId>
          <artifactId>quarkus-panache-common</artifactId>
          <version>${quarkus.platform.version}</version>
        </annotationProcessorPath>
      </annotationProcessorPaths>
    </configuration>
</plugin>
```

▶▶4.1.2 创建响应式数据访问实现数据持久化

❶ 响应式数据访问简介

目前没有定义非阻塞关系数据访问的标准，故出现了两个开源响应式数据访问项目都试图为关系数据库提供完全的无阻塞支持：响应式关系数据库连接（R2DBC，Reactive Relational Database Connectivity）项目和 Eclipse Vert.x 响应式数据库客户端。

R2DBC 是一个规范，定义了一个非阻塞服务提供者接口（SPI），供驱动程序供应商实现客户端调用。该设计类似于 JDBC，只是 JDBC 同时面向数据库驱动程序编写者和应用程序开发者。R2DBC 并不直接在应用程序代码中使用。只针对特定供应商的 R2DBC 驱动程序在非阻塞 I/O 层上实现数据库连接协议。R2DBC 提供最低限度的 SPI，不针对数据存储的特定功能。

EclipseVert.x 响应式数据库客户端与 R2DBC 的相似之处在于，两者都提供了供应商可以实现的通用接口。这些客户机接口还向供应商提供特定的数据存储功能，类似于现有非关系数据存储（如MongoDB、Apache Cassandra 和 Redis）提供的客户机。

然而，Eclipse Vert.x 响应式数据库客户端与 R2DBC 有一个本质的区别是，Eclipse Vert.x 响应式数据库客户端基于数据库使用的请求和应答协议，在读取最后一条记录之前保持连接（有时是事务）打开，不会滥用该协议。这就是为什么 Eclipse Vert.x 框架的响应式数据库客户端在默认情况下不从数据库流式传输结果集的原因。来自数据库的流式传输将显著降低并发性，这是核心响应式原则之一。Eclipse Vert.x 响应式数据库客户端使用特定的 API，可以使用游标进行流式处理。

❷ 数据访问的预备条件

本案例需要使用 PostgreSQL 数据库。获取数据库方式有两种：第一种是通过 Docker 容器来安装和部署；第二种是直接在本地安装 PostgreSQL 数据库并进行基本配置。

（1）通过 Docker 来安装

通过 Docker 来安装和部署 PostgreSQL 数据库，代码如下。

```
docker run --ulimit memlock=-1:-1 -it --rm=true --memory-swappiness=0 ^
        --name quarkus_test -e POSTGRES_USER=quarkus_test ^
        -e POSTGRES_PASSWORD=quarkus_test -e POSTGRES_DB=quarkus_test ^
        -p 5432:5432 postgres:10.5
```

执行后出现图 4-10 所示的界面，说明已经启动成功。

解释说明：PostgreSQL 服务在 Docker 容器中的名称是 quarkus_test，PostgreSQL 服务内部建立一个数据库，名称为 quarkus_test，用户为 quarkus_test，用户密码为 quarkus_test。PostgreSQL 服务从postgres：10. 5 容器镜像来获取。内部和外部端口是一致的，都为 PostgreSQL 的标准端口 5432。

（2）本地安装 PostgreSQL 数据库并进行基本配置

首先要安装 PostgreSQL 数据库。关于 PostgreSQL 数据库的安装就不做说明了。当安装完毕后，要做一些初始化配置。

首先建立一个登录角色，登录角色为 quarkus_test，密码也是 quarkus_test，目录如图 4-11 所示。

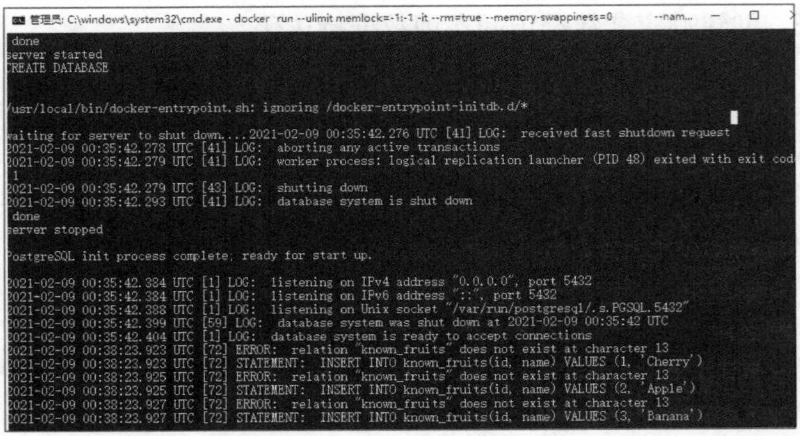

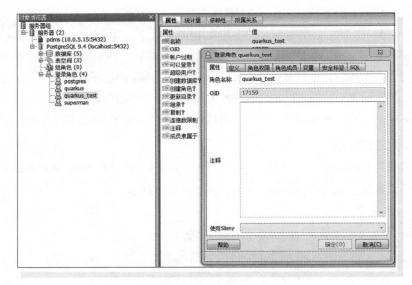

● 图 4-10　Docker 容器的 PostgreSQL 启动界面

● 图 4-11　PostgreSQL 管理界面的登录角色目录

其次建立一个名为 quarkus_test 的数据库，目录如图 4-12 所示。

这样就构建了一个基本的数据库开发环境。

❸ Spring 创建响应式数据访问程序

本案例基于 Spring Boot 框架实现基于响应式 SQL 客户端的基本功能。通过阅读和分析在 SQL 客户端上实现数据响应式的查询、新增、删除、修改操作等案例代码，读者可以理解和掌握 Spring Boot 框架的响应式 SQL 客户端使用。

（1）Spring Data R2DBC 框架介绍

Spring Data R2DBC 项目是 Spring Data 家族的一部分。R2DBC 是一个使用响应式驱动集成关系数据库的孵化器和规范。Spring Data R2DBC 项目运用熟悉的 Spring 抽象和 Repository 支持 R2DBC 规范。基于此，在响应式程序栈上使用关系数据访问技术，构建由 Spring 驱动的程序将变得非常简单。

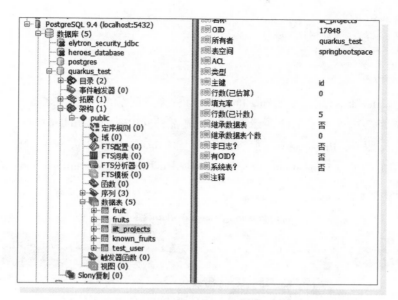

● 图 4-12 PostgreSQL 管理界面的数据库目录

Spring Data R2DBC 旨在从概念上简化程序。为了实现此目的，Spring Data R2DBC 不提供 ORM 框架的缓存、延迟加载、后写处理和其他许多功能。这表明 Spring Data R2DBC 是一个简单、有限、针对特定情况的 Object Mapper。Spring Data R2DBC 提供了一种实用的方法来与数据库进行交互，并提供 Database Client 作为应用程序的入口点。Spring Data R2DBC 支持的数据库驱动包括 Postgres、H2、Microsoft SQL Server 、MySQL、MariaDB 等。

（2）编写案例代码

读者可以从 Github 上复制预先准备好的示例代码。

```
git clone https://github.com/rengang66/iiit.quarkus.spring.sample.git
```

该程序位于 "324-sample-spring-reactive-data" 目录中。这是一个 Maven 项目。

然后导入 Maven 工程，在 pom.xml 的 <dependencies> 内有如下内容。

```
<dependency>
    <groupId>org.springframework.boot</groupId>
    <artifactId>spring-boot-starter-data-r2dbc</artifactId>
</dependency>
<dependency>
    <groupId>org.springframework.boot</groupId>
    <artifactId>spring-boot-starter-validation</artifactId>
</dependency>
```

```
<dependency>
    <groupId>org.springframework.boot</groupId>
    <artifactId>spring-boot-starter-webflux</artifactId>
</dependency>
<dependency>
    <groupId>io.r2dbc</groupId>
    <artifactId>r2dbc-postgresql</artifactId>
    <scope>runtime</scope>
</dependency>
```

spring-boot-starter-data-r2dbc 是 Spring Boot 整合了关系数据库的响应式实现。

本程序的应用架构（如图 4-13 所示）表明，外部访问 ProjectController 接口，ProjectController 调用 ProjectService 服务，ProjectService 服务调用注入的 ReactiveCrudRepository 对象来对 PostgreSQL 数据库进行 CRUD 操作。ProjectController、ProjectService 和 ReactiveCrudRepository 依赖 spring-boot-data-r2dbc 框架。

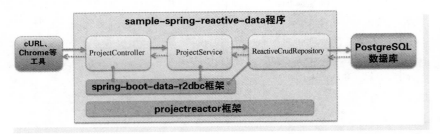

● 图 4-13　324-sample-spring-reactive-data 程序应用架构图

本程序的文件和核心类如表 4-6 所示。

表 4-6　324-sample-spring-reactive-data 程序的文件和核心类

名　　称	类　　型	简　　介
application.properties	配置文件	定义数据库配置参数
ProjectController	资源类	提供 REST 外部响应式 API 接口，简单介绍
ProjectService	服务类	主要提供数据服务，实现响应式服务，核心类
Project	实体类	POJO 对象，无特殊处理，本节不做介绍

对于 Spring 开发者，关于 ProjectController 资源类、ProjectService 服务类、Project 实体类的功能和作用就不详细介绍了。

（3）验证程序

通过下列几个步骤来验证案例程序。

1）启动 PostgreSQL 数据库。首先要启动 PostgreSQL 数据库，然后进入 PostgreSQL 的图形管理界面去观察数据库中数据的变化情况。

2）启动程序。启动程序有两种方式：第一种是在开发工具（如 Eclipse）中调用 SpringRestApplication 类的 run 命令；第二种方式就是在程序目录下直接运行 cmd 命令 "mvnw clean spring-boot：

run"（或 "mvn clean spring-boot：run"）。

3）通过 CMD 窗口调用程序 API 来验证。在 CMD 窗口中输入以下命令：

```
curl http://localhost:8080/projects
curl http://localhost:8080/projects/1
curl -X POST -H "Content-type: application/json" -d { \"id\":3, \"name\": \"项目 C\", \"
description \": \"关于项目 C 的描述 \"} http://localhost:8080/projects/add
curl -X POST -H "Content-type: application/json" -d { \"id\":3, \"name\": \"项目 C\", \"
description \": \"项目 C 描述修改内容 \"} http://localhost:8080/projects/update
curl -X DELETE  -H "Content-type: application/json" -d {\"id\":3, \"name\": \"项目 C\", \"
description \": \"关于项目 C 的描述 \"} http://localhost:8080/projects/delete
```

根据反馈结果，查看是否达到了验证效果。

❹ **Quarkus 创建响应式 SQL 客户端程序**

本案例基于 Quarkus 框架实现基于响应式 SQL 客户端的基本功能。通过阅读和分析在 SQL 客户端上实现数据响应式的查询、新增、删除、修改操作等案例代码，读者可以理解和掌握 Quarkus 框架的响应式 SQL 客户端使用。

（1）Eclipse Vert.x 框架的 SQL 客户端

Eclipse Vert.x 框架的 SQL 客户端可以实现响应式的低可伸缩性。目前，Quarkus 基于 Eclipse Vert.x 响应式驱动程序支持 4 种数据库，分别是 DB2、PostgreSQL、MariaDB 和 MySQL 等。Quarkus 对于响应式数据库服务器的配置，可以统一、灵活地进行。为正在使用的数据库添加正确的响应式扩展，可以使用 reactive-pg-client、reactive-mysql-client 或 reactive-db2-client 等。下面的代码用于配置响应式 PostgreSQL 数据源。

```
quarkus.datasource.db-kind=postgresql
quarkus.datasource.username=<your username>
quarkus.datasource.password=<your password>
quarkus.datasource.reactive.url=postgresql:///your_database
quarkus.datasource.reactive.max-size=20
```

（2）编写案例代码

本案例需要安装 PostgreSQL 数据库并进行基本配置。

编写案例代码有 3 种方式。

第一种方式是通过代码 UI 来实现，在 Quarkus 官网的脚手架工程中按照指定步骤生成脚手架代码，然后下载文件，引入项目到 IDE 工具中，最后修改程序源码内容。

第二种方式是通过 mvn 来构建程序。这里通过下面的代码创建 Maven 项目来实现。

```
mvn io.quarkus:quarkus-maven-plugin:1.11.1.Final:create ^
  -DprojectGroupId = com. iiit. quarkus. sample  -DprojectArtifactId = 327-sample-quarkus-
reactive-sqlclient ^
  -DclassName = com. iiit. quarkus. sample. reactive. sqlclient. ProjectResource  -Dpath =/
projects ^
  -Dextensions=resteasy-jsonb,quarkus-resteasy-mutiny,quarkus-reactive-pg-client
```

第三种方式是直接从 GitHub 上获取预先准备好的示例代码。

```
git clone https://github.com/rengang66/iiit.quarkus.spring.sample.git
```

该程序位于"327-sample-quarkus-reactive-sqlclient"目录中。这是一个 Maven 项目。

然后导入 Maven 工程,在 pom.xml 的 <dependencies> 内有如下内容。

```
<dependency>
    <groupId>io.quarkus</groupId>
    <artifactId>quarkus-reactive-pg-client</artifactId>
</dependency>
```

quarkus-reactive-pg-client 是 Quarkus 整合了 PostgreSQL 数据库的响应式实现。

本程序的应用架构(如图 4-14 所示)表明,外部访问 ProjectResource 资源接口,ProjectResource 调用 ProjectService 服务,ProjectService 服务调用注入的 PgPool 对象来对 PostgreSQL 数据库进行 CRUD 操作。ProjectResource 和 ProjectService 资源依赖 SmallRye Mutiny 框架。PgPool 对象依赖 Eclipse Vert.x 框架。

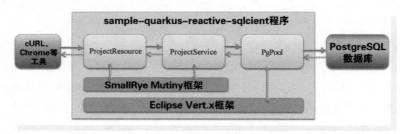

● 图 4-14 327-sample-quarkus-reactive-sqlclient 程序应用架构图

本程序的文件和核心类如表 4-7 所示。

表 4-7 327-sample-quarkus-reactive-sqlclient 程序的文件和核心类

名　　称	类　　型	简　　介
application.properties	配置文件	定义数据库配置参数
ProjectResource	资源类	提供 REST 外部响应式 API 接口,简单介绍
ProjectService	服务类	主要提供数据服务,实现响应式服务,核心类
Project	实体类	POJO 对象,无特殊处理,本节不做介绍

在本程序中,首先查看配置文件 application.properties。

```
quarkus.datasource.db-kind=postgresql
quarkus.datasource.username=quarkus_test
quarkus.datasource.password=quarkus_test
quarkus.datasource.reactive.url=postgresql://localhost:5432/quarkus_test
myapp.schema.create=true
```

在 application.properties 文件中,除了数据库连接采用响应式配置外,其他与配置案例 quarkus-sample-orm-hibernate 的配置参数都是一样的。

quarkus.datasource.reactive.url 表示连接数据库的方式是响应式驱动。

下面分别说明 ProjectResource 资源类、ProjectService 服务类的功能和作用。

1）ProjectResource 资源类。用 IDE 工具打开 com.iiit.quarkus.sample.reactive.sqlclient. ProjectResource 类文件，代码如下：

```
@Path("/projects")
@ApplicationScoped
@Produces(MediaType.APPLICATION_JSON)
@Consumes(MediaType.APPLICATION_JSON)
public class ProjectResource {
    private static final Logger LOGGER = Logger.getLogger(ProjectResource.class);
    //注入 ReactiveProjectService 对象
    @Inject ReactiveProjectService reativeService;

    //获取所有的 Project 对象,形成列表返回
    @GET
    @Path("/reactive")
    public Multi<Project>listReative() {return reativeService.findAll();}

    //获取过滤出来的一个 Project 对象,并返回 Project 对象
    @GET
    @Path("/reactive/{id}")
    public Uni<Project>getReativeProject(@PathParam("id")  long id) {
        return reativeService.findById(id);
    }

    //新增一个 Project 对象
    @POST
    @Path("/reactive/save")
    public Uni<Long> save(Project project){return reativeService.save(project);}

    //修改一个 Project 对象
    @PUT
    @Path("/reactive/update")
    public Uni<Boolean> update(Project project){return reativeService.update(project);}

    //根据 Project 对象的主键,删除该 Project 对象
    @DELETE
    @Path("/reactive/delete/{id}")
    public Uni<Boolean> delete(@PathParam("id") Long id){return reativeService.delete
(id);}
}
```

📖 程序说明：

① ProjectResource 类的方法主要还是基于 REST 的基本操作，包括 GET、POST、PUT 和 DELETE。

② ProjectResource 类服务的处理采用响应式模式，对外返回的是 Multi 对象或 Uni 对象。

2）ProjectService 服务类。用 IDE 工具打开 com.iiit.quarkus.sample.reactive.sqlclient.ProjectService 类文件，代码如下：

```
@ApplicationScoped
public class ReactiveProjectService {
    @Inject
    @ConfigProperty(name = "myapp.schema.create", defaultValue = "true")
    boolean schemaCreate;

    @Inject PgPool client;

    @PostConstruct
    void config() {
        if (schemaCreate) {initdb();}
    }

    //初始化数据
    private void initdb() {
        client.query("DROP TABLE IF EXISTS  iiit_projects").execute()
                .flatMap(r -> client.query("CREATE TABLE iiit_projects (id SERIAL PRIMARY
KEY, name TEXT NOT NULL)").execute())
                .flatMap(r -> client.query("INSERT INTO iiit_projects (name) VALUES ('项目A
')").execute())
                .flatMap(r -> client.query("INSERT INTO iiit_projects (name) VALUES ('项目B
')").execute())
                .flatMap(r -> client.query("INSERT INTO iiit_projects (name) VALUES ('项目
C')").execute())
                .flatMap(r -> client.query("INSERT INTO iiit_projects (name) VALUES ('项目D
')").execute())
                .await().indefinitely();
    }

    //从数据库获取所有行,将每行数据组装成一个 Project 对象,然后放入 List 中
    public  Multi<Project>findAll() {
        return client.query("SELECT id, name FROM iiit_projects ORDER BY name ASC").execute()
                .onItem().transformToMulti(set -> Multi.createFrom().iterable(set))
                .onItem().transform(ReactiveProjectService::from);
    }

    //从数据库过滤出指定行,组装成一个 Project 对象
    public Uni<Project>findById(Long id) {
        return client.preparedQuery("SELECT id, name FROM iiit_projects WHERE id = $1").
execute(Tuple.of(id))
                .onItem().transform(RowSet::iterator)
                .onItem().transform(iterator -> iterator.hasNext() ? from(iterator.next()) :
null);
    }

    //在数据库中增加一条数据
    public Uni<Long> save(Project project) {
        return client.preparedQuery (" INSERT INTO iiit_projects (name) VALUES ($1)
RETURNING (id)").execute(Tuple.of(project.name))
                .onItem().transform(pgRowSet -> pgRowSet.iterator().next().getLong("id"));
```

```
    }

    //在数据库中修改一条数据
    public Uni<Boolean> update (Project project) {
        return client.preparedQuery("UPDATE iiit_projects SET name = $1 WHERE id = $2").
execute(Tuple.of(project.name, project.id))
                .onItem().transform(pgRowSet -> pgRowSet.rowCount() == 1);
    }

    //在数据库中删除一条数据
    public  Uni<Boolean> delete( Long id) {
        return client.preparedQuery("DELETE FROM iiit_projects WHERE id = $1").execute
(Tuple.of(id))
                .onItem().transform(pgRowSet -> pgRowSet.rowCount() == 1);
    }

    //把一行数据组装成一个 Project 对象
    private   static Project from( Row row) {
        return new Project(row.getLong("id"), row.getString("name"));
    }
}
```

📖 程序说明：

① ProjectService 类注入了 PgPool 对象。这是基于 Eclipse Vert.x 的 PostgreSQL 客户端的响应式实现。

② ProjectService 类服务的处理采用响应式模式，对外返回的是 Multi 对象或 Uni 对象。

③ ProjectService 类实现了响应式的数据库操作，包括查询、新增、修改和删除等处理。

（3）验证程序

通过下列几个步骤（如图 4-15 所示）来验证案例程序。

1）启动 PostgreSQL 数据库。首先要启动 PostgreSQL 数据库，然后进入 PostgreSQL 的图形管理界面去观察数据库中数据的变化情况。

2）启动程序。启动应用有两种方式：第一种是在开发工具（如 Eclipse）中调用 ProjectMain 类的 run 命令；第二种方式就是在程序目录下直接运行 cmd 命令 "mvnw compile quarkus：dev"。

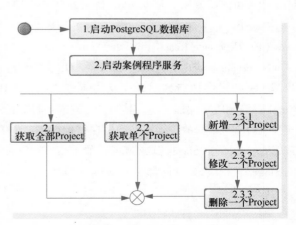

● 图 4-15　327-sample-quarkus-reactive-sqlclient 程序验证流程图

3）通过 API 接口显示项目的 JSON 格式内容。打开一个新 CMD 窗口，输入如下的 cmd 命令：

```
curl http://localhost:8080/projects/reactive/
```

4）通过 API 接口显示单条记录。打开一个新 CMD 窗口，输入如下的 cmd 命令：

```
curl http://localhost:8080/projects/reactive/1/
```

5）通过 API 接口增加一条数据。打开一个新 CMD 窗口，输入如下的 cmd 命令：

```
curl -X POST  -H "Content-type: application/json" -d { \"id \":5, \"name \": \"项目 ABC \"}
http://localhost:8080/projects/reactive/add
```

显示 project 的主键是 5 的内容：curl http://localhost:8080/projects/reactive/5/。数据已经新增成功。

6）通过 API 接口修改一条数据。打开一个新 CMD 窗口，输入如下的 cmd 命令：

```
curl -X PUT  -H "Content-type: application/json" -d { \"id \":5, \"name \": \"项目 ABC 修改 \"}
http://localhost:8080/projects/reactive/update
```

显示 project 的主键是 5 的内容：curl http://localhost:8080/projects/reactive/5/。数据已经修改成功。

7）通过 API 接口删除一条 project 记录。打开一个新 CMD 窗口，输入如下的 cmd 命令：

```
curl -X DELETE http://localhost:8080/projects/reactive/delete/4 -v
```

显示 project 的主键是 4 的内容：curl http://localhost:8080/projects/reactive/4/。数据已经被删除了。

⑤ Quarkus 创建响应式 Hibernate 程序

本案例基于 Quarkus 框架实现基于响应的 JPA 基本功能。Quarkus 整合的响应式框架为 Hibernate 框架。通过阅读和分析在 JPA 上实现数据响应式的查询、新增、删除、修改操作等案例代码，读者可以理解和掌握 Quarkus 框架的响应式 JPA 使用。本案例需要安装 PostgreSQL 数据库并进行基本配置。

（1）Hibernate Reactive 框架

Hibernate Reactive 框架是 Hibernate ORM 的响应式 API，是一个真正的 ORM 实现，支持非阻塞数据库驱动程序和与数据库交互的响应式风格。Hibernate Reactive 框架可用在 Eclipse Vert.x 或 Quarkus 等响应式编程环境。其中，与数据库的交互应以非阻塞方式进行。持久性操作是通过构造一个响应流来编排的，而不是通过在过程性 Java 代码中直接调用同步函数来编排的。响应流使用 Java 的 CompletionStages 链或 Mutiny 的 Unis 和 Multis 表示。Hibernate Reactive 重用了许多来自 JPA 的相同概念和代码，特别是在映射实体类时。

（2）编写案例代码

编写案例代码有 3 种方式。

第一种方式是通过代码 UI 来实现，在 Quarkus 官网的脚手架工程中按照指定步骤生成脚手架代码，然后下载文件，引入项目到 IDE 工具中，最后修改程序源码内容。

第二种方式是通过 mvn 来构建程序。这里通过下面的代码创建 Maven 项目来实现。

```
mvn io.quarkus:quarkus-maven-plugin:1.13.2.Final:create ^
  -DprojectGroupId = com. iiit. quarkus. sample  -DprojectArtifactId = 326-sample-quarkus-
reactive-hibernate ^
  -DclassName = com. iiit. quarkus. sample. reactive. hibernate. ProjectResource  -Dpath =/
projects ^
```

```
-Dextensions = resteasy-jsonb, quarkus-hibernate-reactive, quarkus-reactive-pg-client,
quarkus-resteasy-mutiny
```

第三种方式是直接从 Github 上获取预先准备好的示例代码。

```
git clone https://github.com/rengang66/iiit.quarkus.spring.sample.git
```

该程序位于 "326-sample-quarkus-reactive-hibernate" 目录中。这是一个 Maven 项目。

然后导入 Maven 工程，在 pom.xml 的<dependencies>内有如下内容。

```
<dependency>
    <groupId>io.quarkus</groupId>
    <artifactId>quarkus-hibernate-reactive</artifactId>
    <version>${quarkus-plugin.version}</version>
</dependency>
<dependency>
    <groupId>io.quarkus</groupId>
    <artifactId>quarkus-reactive-pg-client</artifactId>
</dependency>
<dependency>
    <groupId>io.quarkus</groupId>
    <artifactId>quarkus-resteasy</artifactId>
</dependency>
<dependency>
<groupId>io.quarkus</groupId>
    <artifactId>quarkus-resteasy-jsonb</artifactId>
</dependency>
<dependency>
    <groupId>io.quarkus</groupId>
    <artifactId>quarkus-resteasy-mutiny</artifactId>
</dependency>
<dependency>
    <groupId>io.quarkus</groupId>
    <artifactId>quarkus-hibernate-reactive-deployment</artifactId>
    <scope>provided</scope>
    <version>${quarkus-plugin.version}</version>
</dependency>
```

quarkus-hibernate-reactive 是 Quarkus 扩展了 Hibernate 的 Reactive 服务实现。Hibernate Reactive
在 hood 下使用了针对 PostgreSQL 的 reactive-pg-client，所以要引用 quarkus-reactive-pg-client。

本程序的应用架构（如图 4-16 所示）表明，外部访问 ProjectResource 资源接口，ProjectResource

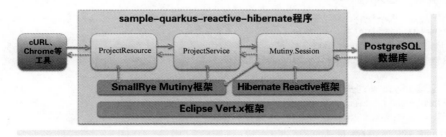

● 图 4-16 326-sample-quarkus-reactive-hibernate 程序应用架构图

调用 ProjectService 服务，ProjectService 服务调用注入的 Mutiny.Session 对象来对 PostgreSQL 数据库进行 CRUD 操作。ProjectResource 资源类、ProjectService 服务类和 Mutiny.Session 对象依赖 SmallRye Mutiny 框架。

本程序的文件和核心类如表 4-8 所示。

表 4-8　326-sample-quarkus-reactive-hibernate 程序的文件和核心类

名　称	类　型	简　介
application.properties	配置文件	定义数据库配置参数
import.sql	配置文件	数据库的数据初始化
ProjectResource	资源类	提供 REST 外部响应式 API 接口，简单介绍
ProjectService	服务类	主要提供数据服务，实现响应式服务，核心类
Project	实体类	POJO 对象，无特殊处理，本节不做介绍

在本程序中，首先查看配置文件 application.properties。

```
quarkus.datasource.db-kind=postgresql
quarkus.datasource.username=quarkus_test
quarkus.datasource.password=quarkus_test
quarkus.hibernate-orm.database.generation=drop-and-create
quarkus.hibernate-orm.log.sql=true
quarkus.hibernate-orm.sql-load-script=import.sql

# Reactive config
quarkus.datasource.reactive.url=vertx-reactive:postgresql://localhost/quarkus_test
```

在 application.properties 文件中，除 quarkus.datasource.reactive.url 属性外，其余属性与 quarkus-sample-orm-hibernate 程序的配置基本相同，不做解释。quarkus.datasource.reactive.url 表示连接数据库的方式是响应式驱动。

import.sql 的内容与 quarkus-sample-orm-hibernate 程序的配置基本相同，不再解释。其主要作用是实现 iiit_projects 表的初始化数据。

下面讲解本程序的 ProjectResource 资源类、ProjectService 服务类的内容。

1）ProjectResource 资源类。用 IDE 工具打开 com. iiit. quarkus. sample. reactive. hibernate. ProjectResource 类文件，代码内容如下：

```
@Path("projects")
@ApplicationScoped
@Produces("application/json")
@Consumes("application/json")
public class ProjectResource {
    @Inject  ProjectService service;

    //获取 Project 列表
    @GET  public Multi<Project> get() {return service.get();}

    //获取单个 Project 信息
    @GET
```

```
    @Path("{id}")
    public Uni<Project>getSingle(@PathParam("id")  Integer id) {
        return service.getSingle(id);
    }

    //增加一个 Project 对象
    @POST
    public Uni<Response> add(Project project) {
        if (project == null || project.getId() == null) {
            throw new WebApplicationException("Id was invalidly set on request.", 422);
        }
        return  service.add(project);
    }

    //修改一个 Project 对象
    @PUT
    @Path("{id}")
    public Uni<Response> update(@PathParam("id") Integer id, Project project) {
        if (project == null || project.getName() == null) {
            throw new WebApplicationException("Project name was not set on request.", 422);
        }
        return service.update(id,project);
    }

    //删除一个 Project 对象
    @DELETE
    @Path("{id}")
    public Uni<Response> delete(@PathParam("id") Integer id) {return service.delete
(id);}

    //处理 Response 的错误情况
    @Provider

    //省略部分代码
    ...
}
```

📖 程序说明：

① ProjectResource 类的方法主要还是基于 REST 的基本操作，包括 GET、POST、PUT 和 DELETE。

② ProjectResource 类服务的处理采用响应式模式，对外返回的是 Multi 对象或 Uni 对象。

2）ProjectService 服务类。用 IDE 工具打开 com.iiit.quarkus.sample.reactive.hibernate.ProjectService 类文件，代码内容如下：

```
@ApplicationScoped
public class ProjectService {
    private static final Logger LOGGER = Logger.getLogger(ProjectResource.class.getName());
    @Inject Mutiny.Session mutinySession;

    //获取所有 Project 列表
    public Multi<Project> get() {
```

```
            return mutinySession.createNamedQuery("Projects.findAll", Project.class).
getResults();
    }

    //获取单个 Project
    public Uni<Project>getSingle(Integer id) {return mutinySession.find(Project.class, id);}

public Uni<Response> add(Project project) {
        return mutinySession.persist(project)
            .onItem().produceUni(session -> mutinySession.flush())
            .onItem().apply(ignore -> Response.ok(project).status(201).build());
    }

    public Uni<Response> update(Integer id, Project project) {
        Function<Project, Uni<Response>> update = entity -> {
            entity.setName(project.getName());
            return mutinySession.flush()
                    .onItem().apply(ignore -> Response.ok(entity).build());
        };

        return mutinySession.find(Project.class, id).onItem().ifNotNull()
            .produceUni(update) .onItem().ifNull()
            .continueWith(Response.ok().status(404).build());
    }

    public Uni<Response> delete(Integer id) {
        Function<Project, Uni<Response>> delete = entity -> mutinySession.remove(entity)
            .onItem().produceUni(ignore -> mutinySession.flush())
            .onItem().apply(ignore -> Response.ok().status(204).build());

        return mutinySession.find(Project.class, id).onItem().ifNotNull().produceUni(delete)
            .onItem().ifNull() .continueWith(Response.ok().status(404).build());
    }
}
```

📖 程序说明：

① 注入了 Mutiny.Session 对象。这是基于 Mutiny 的 PostgreSQL 客户端的响应式实现。

② 本类服务的处理采用响应式模式，对外返回的是 Multi 对象或 Uni 对象。

③ 本类实现了响应式的数据库操作，包括查询、新增、修改和删除等处理。

（3）验证程序

通过下列几个步骤（如图 4-17 所示）来验证案例程序。

1）启动 PostgreSQL 数据库。首先要启动 PostgreSQL 数据库，然后进入 PostgreSQL

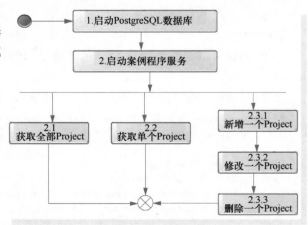

● 图 4-17　326-sample-quarkus-reactive-hibernate 程序验证流程图

的图形管理界面去观察数据库中数据的变化情况。

2）启动程序。启动应用有两种方式：第一种是在开发工具（如 Eclipse）中调用 ProjectMain 类的 run 命令；第二种方式就是在程序目录下直接运行 cmd 命令"mvnw compile quarkus：dev"。

3）通过 API 接口显示项目的 JSON 格式内容。打开一个新 CMD 窗口，输入如下的 cmd 命令：

```
curl http://localhost:8080/projects
```

4）通过 API 接口显示单条记录。打开一个新 CMD 窗口，输入如下的 cmd 命令：

```
curl http://localhost:8080/projects/1
```

5）通过 API 接口增加一条数据。打开一个新 CMD 窗口，输入如下的 cmd 命令：

```
curl -X POST  -H "Content-type: application/json" -d { \"id \":6, \"name \": \"项目 F \"}
http://localhost:8080/projects
```

显示全部内容：curl http：//localhost：8080/projects。

6）通过 API 接口修改一条数据。打开一个新 CMD 窗口，输入如下的 cmd 命令：

```
curl -X PUT -H "Content-type: application/json" -d { \"id \":5, \"name \": \"Project5 \"}
http://localhost:8080/projects/5 -v
```

显示记录 http：//localhost：8080/projects，查看变化情况。

7）通过 API 接口删除一条 project 记录。打开一个新 CMD 窗口，输入如下的 cmd 命令：

```
curl -X DELETE http://localhost:8080/projects/6  -v
```

执行完成后，调用命令 curl http：//localhost：8080/projects，显示该记录状况，查看变化情况。

❻ Quarkus 创建响应式 Panache 程序

本案例基于 Quarkus 框架实现基于响应的 JPA 基本功能。Quarkus 整合的响应式框架为 Hibernate 框架。通过阅读和分析在 JPA 上实现数据响应式的查询、新增、删除、修改操作等案例代码，读者可以理解和掌握 Quarkus 框架的响应式 JPA 使用。本案例需要安装 PostgreSQL 数据库并进行基本配置。

（1）编写案例代码

编写案例代码有 3 种方式。

第一种方式是通过代码 UI 来实现，在 Quarkus 官网的脚手架工程中按照指定步骤生成脚手架代码，然后下载文件，引入项目到 IDE 工具中，最后修改程序源码内容。

第二种方式是通过 mvn 来构建程序。这里通过下面的代码创建 Maven 项目来实现。

```
mvn io.quarkus:quarkus-maven-plugin:1.7.1.Final:create ^
  -DprojectGroupId=com.iiit.quarkus.sample
  -DprojectArtifactId=325-sample-quarkus-reactive-panache-activerecord ^
  -DclassName = com. iiit. quarkus. sample. reactive. hibernate. ProjectResource   -Dpath =/
projects ^
  -Dextensions = resteasy-jsonb, quarkus-hibernate-reactive, quarkus-reactive-pg-client,
quarkus-resteasy-mutiny
```

第三种方式是直接从 Github 上获取预先准备好的示例代码。

```
git clone https://github.com/rengang66/iiit.quarkus.spring.sample.git
```

该程序位于"325-sample-quarkus-reactive-panache-activerecord"目录中。这是一个 Maven 项目。然后导入 Maven 工程，在 pom.xml 的<dependencies>内有如下内容。

```
<dependency>
    <groupId>io.quarkus</groupId>
    <artifactId>quarkus-hibernate-reactive-panache</artifactId>
</dependency>
<dependency>
    <groupId>io.quarkus</groupId>
    <artifactId>quarkus-hibernate-reactive</artifactId>
</dependency>
<dependency>
    <groupId>io.quarkus</groupId>
    <artifactId>quarkus-reactive-pg-client</artifactId>
</dependency>
<dependency>
    <groupId>io.quarkus</groupId>
    <artifactId>quarkus-resteasy-reactive</artifactId>
</dependency>
```

quarkus-hibernate-reactive-panache 是 Quarkus 自定义的 ORM 框架 Panache，quarkus-hibernate-reactive 是 Quarkus 扩展了 Hibernate 的 Rreactive 服务实现。Hibernate Reactive 在 hood 下使用了针对 PostgreSQL 的 reactive-pg-client，所以要引用 quarkus-reactive-pg-client。

本程序的应用架构（如图 4-18 所示）表明，外部访问 ProjectResource 资源接口，ProjectResource 调用 Project 服务，Project 服务对 PostgreSQL 数据库进行 CRUD 操作。ProjectResource 依赖 SmallRye Mutiny 框架。Project 依赖 Hibernate Reactive 框架。

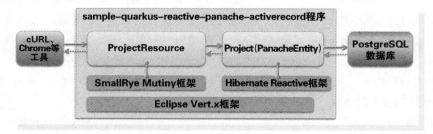

● 图 4-18　325-sample-quarkus-reactive-panache-activerecord 程序应用架构图

本程序的文件和核心类如表 4-9 所示。

表 4-9　325-sample-quarkus-reactive-panache-activerecord 程序的文件和核心类

名　　称	类　　型	简　　介
application.properties	配置文件	定义数据库配置参数
import.sql	配置文件	数据库的数据初始化
ProjectResource	资源类	提供 REST 外部响应式 API 接口，简单介绍
Project	实体类	继承 PanacheEntity 的实体类，核心类

在本程序中，首先查看配置文件 application.properties。

```
quarkus.datasource.db-kind=postgresql
quarkus.datasource.username=quarkus_test
quarkus.datasource.password=quarkus_test
quarkus.hibernate-orm.database.generation=drop-and-create
quarkus.hibernate-orm.log.sql=true
quarkus.hibernate-orm.sql-load-script=import.sql
quarkus.datasource.reactive.url=vertx-reactive:postgresql://localhost/quarkus_test
```

在 application.properties 文件中，除 quarkus.datasource.reactive.url 属性外，其余属性与 quarkus-sample-orm-hibernate 程序的配置基本相同，不做解释。quarkus.datasource.reactive.url 表示连接数据库的方式是响应式驱动。

import.sql 的内容与 quarkus-sample-orm-hibernate 程序基本相同，不再解释。其主要作用是实现 iiit_projects 表的初始化数据。

下面讲解本程序的 ProjectResource 资源类、Project 实体类的内容。

1）ProjectResource 资源类。用 IDE 工具打开 com.iiit.quarkus.sample.reactive.panache.activerecord.ProjectResource 类文件，代码内容如下：

```
@Path("projects")
@ApplicationScoped
@Produces("application/json")
@Consumes("application/json")
public class ProjectResource {
    @GET
    public Uni<List<Project>> get() {return Project.listAll(Sort.by("name"));}

    @GET
    @Path("{id}")
    public Uni<Project>getSingle(@RestPath Long id) {return Project.findById(id);}

    @POST
    public Uni<Response> create(Project project) {
        if (project == null ||project.id ! = null) {
            throw new WebApplicationException("Id was invalidly set on request.", 422);
        }
        return Panache.withTransaction(project::persist)
                .replaceWith(Response.ok(project).status(CREATED)::build);
    }

    @PUT
    @Path("{id}")
    public Uni<Response> update(@RestPath Long id, Project project) {
        if (project == null ||project.getName() == null) {
            throw new WebApplicationException("project name was not set on request.", 422);
        }
        return Panache.withTransaction(() -> Project.<Project> findById(id)
                .onItem().ifNotNull().invoke(entity -> entity.name = project.getName())
```

```
        )
            .onItem().ifNotNull().transform(entity -> Response.ok(entity).build())
            .onItem().ifNull().continueWith(Response.ok().status(NOT_FOUND)::build);
    }

    @DELETE
    @Path("{id}")
    public Uni<Response> delete(@RestPath Long id) {
        return Panache.withTransaction(() -> Project.deleteById(id))
                .map(deleted -> deleted
                        ? Response.ok().status(NO_CONTENT).build()
                        : Response.ok().status(NOT_FOUND).build());
    }
    //省略部分代码
    ...
}
```

📖 程序说明：

① ProjectResource 类的方法主要还是基于 REST 的基本操作，包括 GET、POST、PUT 和 DELETE。

② ProjectResource 类服务的处理采用响应式模式，对外返回的是 Multi 对象或 Uni 对象。

2）Project 实体类。用 IDE 工具打开 com. iiit. quarkus. sample. reactive. panache. activerecord. Project 类文件，代码内容如下：

```
@Entity
@Table(name = "iiit_projects")
@Cacheable
public class Project extends PanacheEntity {
    @Column(length = 40, unique = true)
    public String name;

    public Project() {}
    public Project(String name) {this.name = name;}
    public String getName() {return name;}
    public void setName(String name) {this.name = name;}
}
```

📖 程序说明：

① Project 继承 PanacheEntity 类。而该 PanacheEntity 类是一个 io. quarkus. hibernate. reactive. panache.PanacheEntity 类。

② 本类服务的处理采用响应式模式，对外返回的是 Multi 对象或 Uni 对象。

③ 本类实现了响应式的数据库操作，包括查询、新增、修改和删除等处理。

（2）验证程序

通过下列几个步骤（如图 4-19 所示）来验证案例程序。

1）启动 PostgreSQL 数据库。首先要启动 PostgreSQL 数据库，然后进入 PostgreSQL 的图形管理界面去观察数据库中数据的变化情况。

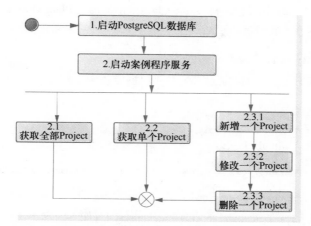

● 图 4-19　325-sample-quarkus-reactive-panache-activerecord 程序验证流程图

2）启动程序。启动应用有两种方式：第一种是在开发工具（如 Eclipse）中调用 ProjectMain 类的 run 命令；第二种方式就是在程序目录下直接运行 cmd 命令"mvnw compile quarkus：dev"。

3）通过 API 接口显示项目的 JSON 格式内容。打开一个新 CMD 窗口，输入如下的 cmd 命令：

```
curl http://localhost:8080/projects
```

4）通过 API 接口显示单条记录。打开一个新 CMD 窗口，输入如下的 cmd 命令：

```
curl http://localhost:8080/projects/1
```

5）通过 API 接口增加一条数据。打开一个新 CMD 窗口，输入如下的 cmd 命令：

```
    curl -X POST  -H "Content-type: application/json" -d { \"id \":6, \"name \": \"项目 F \"}
http://localhost:8080/projects
```

显示全部内容：curl http://localhost:8080/projects。

6）通过 API 接口修改一条数据。打开一个新 CMD 窗口，输入如下的 cmd 命令：

```
    curl -X PUT -H "Content-type: application/json" -d { \"id \":5, \"name \": \"Project5 \"}
http://localhost:8080/projects/5 -v
```

显示记录 http://localhost:8080/projects，查看变化情况。

7）通过 API 接口删除一条 project 记录。打开一个新 CMD 窗口，输入如下的 cmd 命令：

```
curl -X DELETE http://localhost:8080/projects/6  -v
```

执行完成后，调用命令 curl http://localhost:8080/projects，显示该记录状况，查看变化情况。

▶▶ 4.1.3　使用 MyBatis 实现数据持久化

本小节介绍另一个国内开发者比较喜欢的 ORM 框架——MyBatis 框架。

❶ 关于 MyBatis 框架的介绍说明

MyBatis 框架是一款优秀的持久层框架。MyBatis 框架支持定制化 SQL、存储过程以及高级映射，避免了几乎所有的 JDBC 代码、手动设置参数以及获取结果集。MyBatis 框架可以使用简单的 XML 或注解来配置和映射原生信息，将接口和 Java 的 POJO（Plain Ordinary Java Object，普通的 Java 对象）映射成数据库中的记录。

❷ **Spring 基于 MyBatis 实现数据访问程序**

本案例在 Spring 框架上基于 MyBatis 框架实现数据库查询、新增、删除、修改（CRUD）等基本操作。

（1）编写案例代码

案例代码可以直接从 Github 上获取。

```
git clone https://github.com/rengang66/iiit.quarkus.spring.sample.git
```

该程序位于 "328-sample-spring-orm-mybatis" 目录中。这是一个 Maven 项目。

然后导入 Maven 工程，在 pom.xml 的<dependencies>内有如下内容。

```
<dependency>
    <groupId>org.mybatis.spring.boot</groupId>
    <artifactId>mybatis-spring-boot-starter</artifactId>
    <version>1.2.1</version>
</dependency>
<dependency>
    <groupId>com.h2database</groupId>
    <artifactId>h2</artifactId>
    <scope>runtime</scope>
</dependency>
```

mybatis-spring-boot-starter 是 Spring 自动注入 MyBatis 框架 Bean 的实现。com. h2database 是 Quarkus 扩展了 H2 数据库的 JDBC 接口实现。

本程序的应用架构（如图 4-20 所示）表明，外部访问 ProjectController 接口，ProjectController 调用 ProjectService 服务，ProjectService 服务调用注入的 ProjectMapper 对象并对 H2 数据库进行对象持久化操作。

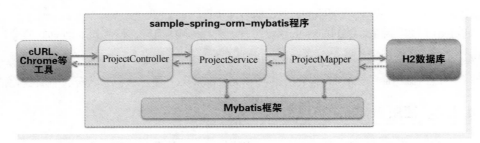

● 图 4-20　328-sample-spring-orm-mybatis 程序应用架构图

本程序的文件和核心类如表 4-10 所示。

表 4-10　328-sample-spring-orm-mybatis 程序的文件和核心类

名　称	类　型	简　介
application.properties	配置文件	需定义数据库配置的信息
import.sql	配置文件	数据库的数据初始化
ProjectController	控制类	提供 REST 外部 API 接口
ProjectService	服务类	主要提供数据服务，其功能是通过 Mapper 与数据库交互，核心类
ProjectMapper	对象映射类	主要提供与数据库映射的类，其功能是通过 Mybatis 框架 ORM 对数据库进行操作
Project	实体类	POJO 对象，需要改造成 JPA 规范的 Entity，简单介绍

对于 Spring 开发者，关于 ProjectController 控制类、ProjectService 服务类、Project 实体类的功能和作用就不详细介绍了。

（2）验证程序

通过下列几个步骤来验证案例程序。

1）启动程序。启动程序有两种方式：第一种是在开发工具（如 Eclipse）中调用 SpringRestApplication 类的 run 命令。第二种调用方式就是在程序目录下直接运行 cmd 命令：mvnw clean spring-boot：run（或 mvn clean spring-boot：run）。

2）通过 CMD 窗口调用程序 API 来验证。在 CMD 窗口中输入以下命令：

```
curl http://localhost:8080/projects
curl http://localhost:8080/projects/1
curl -X POST -H "Content-type: application/json" -d { \"id \":3, \"name \": \"项目 C \", \"description \": \"关于项目 C 的描述 \"} http://localhost:8080/projects/add
curl -X POST -H "Content-type: application/json" -d { \"id \":3, \"name \": \"项目 C \", \"description \": \"项目 C 描述修改内容 \"} http://localhost:8080/projects/update
curl -X DELETE  -H "Content-type: application/json" -d { \"id \":3, \"name \": \"项目 C \", \"description \": \"关于项目 C 的描述 \"} http://localhost:8080/projects/delete
```

根据反馈结果，查看是否达到了验证效果。

❸ Quarkus 基于 MyBatis 实现数据访问程序

本案例基于 Quarkus 框架实现 ORM 数据库操作。该模块以成熟的 MyBatis 框架作为 ORM 的实现框架。通过阅读和分析在 MyBatis 框架上实现的数据查询、新增、删除、修改（CRUD）操作等案例代码，读者可以理解和掌握 MyBatis 框架的 ORM 使用。

（1）安装 MyBatis 扩展

读者可以从 Github 上复制预先准备好的示例代码。

```
git clone https://github.com/rengang66/iiit.quarkus.spring.sample.git
```

该程序位于 "quarkus-mybatis-master" 目录中。这是一个 Maven 项目。

总程序 quarkus-mybatis-parent 分为两个部分：第一部分是部署时 quarkus-mybatis-deployment 程序，第二部分是运行时 quarkus-mybatis 程序。quarkus-mybatis-parent 程序的应用架构如图 4-21 所示。

通过扩展生成传统的 Jar，共享扩展的最简单方法是将其发布到 Maven 存储库。发布后，就可以简单地用项目依赖项声明。

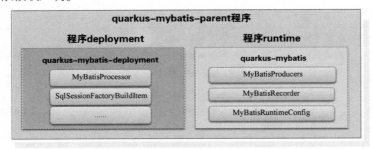

● 图 4-21　quarkus-mybatis-parent 程序应用架构图

在项目的目录下，通过下面命令可以发布到本地 Maven 存储库中。

```
mvn clean install
```

quarkus-mybatis 必须安装在本地 Maven 存储库（或网络 Maven 存储库）中，才能在应用程序中使用。

（2）编写 MyBatis 应用案例代码

案例代码可以直接从 Github 上获取。

```
git clone https://github.com/rengang66/iiit.quarkus.spring.sample.git
```

该程序位于"329-sample-quarkus-orm-mybatis"目录中。这是一个 Maven 项目。

然后导入 Maven 工程，在 pom.xml 的<dependencies>内有如下内容。

```
<dependency>
    <groupId>io.quarkiverse.mybatis</groupId>
    <artifactId>quarkus-mybatis</artifactId>
    <version>0.0.5-SNAPSHOT</version>
</dependency>
<dependency>
    <groupId>io.quarkus</groupId>
    <artifactId>quarkus-jdbc-h2</artifactId>
</dependency>
```

quarkus-mybatis 是 Quarkus 扩展了 Hibernate 的 ORM 服务实现。quarkus-jdbc-h2 是 Quarkus 扩展了 H2 数据库的 JDBC 接口实现。

本程序的应用架构（如图 4-22 所示）表明，外部访问 ProjectResource 资源接口，ProjectResource

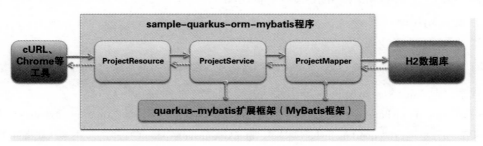

● 图 4-22　329-sample-quarkus-orm-mybatis 程序应用架构图

调用 ProjectService 服务，ProjectService 服务调用注入的 ProjectMapper 对象并对 H2 数据库进行对象持久化操作。ProjectService 服务依赖 quarkus-mybatis 扩展框架和 MyBatis 框架。

本程序的文件和核心类如表 4-11 所示。

表 4-11　329-sample-quarkus-orm-mybatis 程序的文件和核心类

名　　称	类　　型	简　　介
application.properties	配置文件	需定义数据库配置的信息
import.sql	配置文件	数据库的数据初始化
ProjectResource	资源类	提供 REST 外部 API 接口，无特殊处理，简单说明
ProjectService	服务类	主要提供数据服务，其功能通过 JPA 与数据库交互，核心类，重点说明
ProjectMapper	映射类	这是 MyBatis 的 ORM 映射类
Project	实体类	POJO 对象，需要改造成 JPA 规范的 Entity，简单介绍

在本程序中，首先查看配置文件 application.properties。

```
quarkus.datasource.db-kind=h2
quarkus.datasource.username=sa
quarkus.datasource.password=
quarkus.datasource.jdbc.url=jdbc:h2:mem:testdb
quarkus.datasource.jdbc.min-size=2
quarkus.datasource.jdbc.max-size=8
quarkus.mybatis.initial-sql=insert.sql
```

在 application.properties 文件中，配置了与数据库连接的相关参数。

① db-kind 表示连接的数据库是 H2。

② quarkus.datasource.username 和 quarkus.datasource.password 表示用户和密码，也即 H2 的登录角色和密码。

③ quarkus.datasource.jdbc.url 定义数据库的连接位置信息。其中，jdbc:h2:mem:testdb 中的 testdb 是连接 H2 数据库的名称。

④ quarkus.datasource.jdbc.min-size 和 quarkus.datasource.jdbc.max-size 表示 JDBC 连接的最大值和最小值。

⑤ quarkus.mybatis.initial-sql=insert.sql 表示程序启动后会重新创建表并初始化数据需要调用的 SQL 文件。

下面看 insert.sql 的内容。

```
CREATE TABLE iiit_projects (
    id integer not null primary key,
    name varchar(80) not null
);
DELETE FROMiiit_projects;
insert into  iiit_projects(id, name) values (1, '项目 A');
insert into  iiit_projects(id, name) values (2, '项目 B');
insert into  iiit_projects(id, name) values (3, '项目 C');
```

```
insert into  iiit_projects(id, name) values (4,'项目 D');
insert into  iiit_projects(id, name) values (5,'项目 E');
```

import.sql 主要实现了 iiit_projects 表的初始化数据。

下面讲解本程序的 ProjectResource 资源类、ProjectService 服务类和 ProjectMapper 映射类的内容。

1）ProjectResource 资源类。用 IDE 工具打开 com. iiit. quarkus. sample. mybatis. h2. resource. ProjectResource 类文件，代码如下：

```java
@Path("projects")
@ApplicationScoped
@Produces("application/json")
@Consumes("application/json")
public class ProjectResource {
    @Inject ProjectService service;

    @GET
    public List<Project>getAll() {return service.getAll();}

    @GET
    @Path("{id}")
    public Project getSingle(@PathParam("id")  Long id) {return service.getById(id);}

    @POST
    public Response add(Project project) {
        service.add(project);
        return Response.ok(project).status(201).build();
    }

    @PUT
    @Path("{id}")
    public Project update(Project project) {return service.update(project);}

    @DELETE
    @Path("{id}")
    public Response delete(@PathParam("id") Long id) {
        service.delete(id);
        return Response.status(204).build();
    }
}
```

📖 程序说明：

① ProjectResource 类主要与外部交互，方法主要还是基于 REST 的基本操作，包括 GET、POST、PUT 和 DELETE。

② 对后台的操作主要是通过注入的 ProjectService 对象来实现的。

2）ProjectService 服务类。用 IDE 工具打开 com.iiit.quarkus.sample.mybatis.h2.service. ProjectService 类文件，代码如下：

```
@ApplicationScoped
public class ProjectService {
    @Inject  ProjectMapper projectMapper;

    public List<Project> getAll() {return projectMapper.getAllProject();}

    public Project getById(Long id) {
        Project entity =projectMapper.getProjectById(id);
        if (entity == null) {throw new WebApplicationException(info, 404);}
        return entity;
    }

    public Project add(Project project) {
        if (project.getId() == null) {throw new WebApplicationException(info, 422);}
        projectMapper.addProject(project);
        return project;
    }

    public Project update(Project project) {
        if (project.getName() == null) {throw new WebApplicationException(info, 422);}
        Project entity =projectMapper.getProjectById(project.getId());
        if (entity == null) {throw new WebApplicationException(info, 404);}
        projectMapper.updateProject(project);
        return entity;
    }

    public void delete(Long id) {projectMapper.deleteProject(id); return;}
}
```

📖 程序说明：

① ProjectService 类实现了 MyBatis 下的数据库操作，包括查询、新增、修改和删除。

② ProjectService 类通过注入 ProjectMapper 对象实现后端数据库的 CRUD 操作。ProjectMapper 对象是 MyBatis 框架的 Bean 映射器。

3）ProjectMapper 映射类。用 IDE 工具打开 com.iiit.quarkus.sample.mybatis.h2.mapper. ProjectMapper 类文件，代码如下：

```
@Mapper
public interface ProjectMapper {
    @Insert("insert into iiit_projects (id,name) values (#{id},#{name})")
    public int addProject(Project project);

    @Select("SELECT *  FROM iiit_projects WHERE id = #{id}")
    public Project getProjectById(@Param("id") Long id);

    @Select("select *  from iiit_projects ")
    public List<Project>getAllProject();

    @Update("update iiit_projects set id=#{id}, name=#{name} where id=#{id}")
    public int updateProject(Project project);

    @Delete("delete from iiit_projects where id=#{id} ")
```

```
    public boolean deleteProject(@Param("id") Long empId);
}
```

程序说明：

① @Mapper 注解：这是 MyBatis 的注解，表示 ProjectMapper 接口是 MyBatis 的映射对象。

② @Insert 注解：这是 MyBatis 的注解，表示该方法是新增操作，后面带的是以 MyBatis 方式插入一条记录的 SQL 语句。

③ @Select 注解：这是 MyBatis 的注解，表示该方法是选择操作，后面带的是以 MyBatis 方式选择的 SQL 语句。

④ @Update 注解：这是 MyBatis 的注解，表示该方法是修改操作，后面带的是以 MyBatis 方式修改记录的 SQL 语句。

⑤ @Delete 注解：这是 MyBatis 的注解，表示该方法是删除操作，后面带的是以 MyBatis 方式删除记录的 SQL 语句。

本程序动态运行的序列图（如图 4-23 所示，遵循 UML 2.0 规范绘制）描述外部调用者 Actor、ProjectResource、ProjectService 和 ProjectMapper 4 个对象之间的时间顺序交互关系。

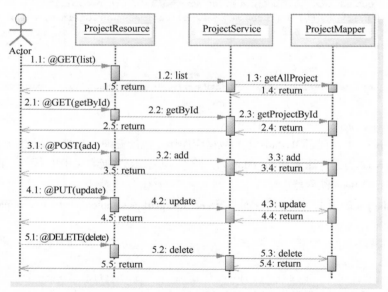

● 图 4-23　329-sample-quarkus-orm-mybatis 程序动态运行的序列图

本程序总共有 5 个序列，分别如下。

序列 1 活动：① 外部调用 ProjectResource 资源类的 GET（list）方法；② GET（list）方法调用 ProjectService 服务类的 list 方法；③ ProjectService 服务类的 list 方法调用 ProjectMapper 的 getAllProject 方法；④ 返回整个 Project 列表。

序列 2 活动：① 外部传入参数 ID 并调用 ProjectResource 资源类的 GET（getById）方法；② GET（getById）方法调用 ProjectService 服务类的 getById 方法；③ ProjectService 服务类的 getById 方法调用 ProjectMapper 的 getProjectById 方法；④ 返回 Project 列表中对应 ID 的 Project 对象。

序列 3 活动：① 外部传入参数 Project 对象并调用 ProjectResource 资源类的 POST（add） 方法；② POST（add） 方法调用 ProjectService 服务类的 add 方法；③ ProjectService 服务类的 add 方法调用 ProjectMapper 的 add 方法；④ ProjectMapper 的 add 方法实现增加一个 Project 对象操作并返回参数 Project 对象。

序列 4 活动：① 外部传入参数 Project 对象并调用 ProjectResource 资源类的 PUT（update） 方法；② PUT（update） 方法调用 ProjectService 服务类的 update 方法，；③ ProjectService 服务类根据项目名称是否相同来修改一个 Project 对象操作以调用 ProjectMapper 的 update 方法；④ ProjectMapper 的 update 方法返回参数 Project 对象。

序列 5 活动：① 外部传入参数 Project 对象并调用 ProjectResource 资源类的 DELETE（delete） 方法；② DELETE（delete） 方法调用 ProjectService 服务类的 delete 方法，ProjectService 服务类根据项目名称是否相同来调用 ProjectMapper 的 delete 方法；④ ProjectMapper 的 delete 方法删除一个 Project 对象操作并返回。

（3）验证 MyBatis 应用程序

通过下列几个步骤（如图 4-24 所示）来验证案例程序。

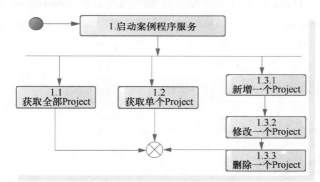

● 图 4-24　329-sample-quarkus-orm-mybatis 程序验证流程图

1）启动程序。启动应用有两种方式：第一种方式是在开发工具（如 Eclipse）中调用 ProjectMain 类的 run 命令；第二种方式是在程序目录下直接运行 cmd 命令 "mvnw compile quarkus：dev"。

2）通过 API 接口显示项目的 JSON 格式内容。打开一个新 CMD 窗口，输入如下的 cmd 命令：

```
curl http://localhost:8080/projects
```

反馈整个项目列表的项目数据。

3）通过 API 接口显示单条记录。打开一个新 CMD 窗口，输入如下的 cmd 命令：

```
curl http://localhost:8080/projects/1
```

反馈项目 1 的项目数据。

4）通过 API 接口增加一条数据。打开一个新 CMD 窗口，输入如下的 cmd 命令：

```
curl -X POST  -H "Content-type: application/json" -d { \"id \":6, \"name \": \"项目 F \"}
http://localhost:8080/projects
```

可采用命令 curl http://localhost:8080/projects 显示全部内容，观察添加数据是否成功。

5）通过 API 接口修改一条数据。打开一个新 CMD 窗口，输入如下的 cmd 命令：

```
curl -X PUT -H "Content-type: application/json" -d { \"id\":5, \"name\": \"Project5\"}
http://localhost:8080/projects/5 -v
```

可采用命令 curl http://localhost:8080/projects/5 查看数据的变化情况。

6）通过 API 接口删除一条 project 记录。打开一个新 CMD 窗口，输入如下的 cmd 命令：

```
curl -X DELETE http://localhost:8080/projects/6  -v
```

执行完成后，调用命令 curl http://localhost:8080/projects 显示该记录状况，查看变化情况。

▶▶ 4.1.4 使用 Java 事务（Transaction）

Quarkus 的事务管理与 Spring 的事务管理基本相同，支持 JDBC 事务和 JTA 事务。两者的编写模式也基本相同，都有注解式事务和编程式事务。Quarkus 事务管理是基于 Agroal 框架来实现的。限于篇幅，这里不再详细讲述。在本书的配套代码中有关于 Quarkus 事务管理的案例代码，有兴趣的读者可以去了解。其中，Quarkus 框架实现 Java 关系数据库事务（Transaction）的程序位于 "338-sample-quarkus-jpa-transaction" 目录中。Quarkus 框架实现 JTA（Java Transaction API）的程序位于 "339-sample-quarkus-jta" 目录中。

4.2 实现与 Redis 的缓存处理

实现与 Redis 的缓存处理包含了非响应式和响应式的实现。

▶▶ 4.2.1 Redis 简介及安装

Redis 是一个非常流行的高性能 key-value 开源缓存数据库。本案例需要使用 Redis 数据库。获取 Redis 的方式有两种：第一种是通过容器来安装及部署；第二种是本地直接安装 Redis 并进行基本配置。

（1）通过 Docker 来安装

通过 Docker 来安装和部署 Redis 库，代码如下。

```
docker run --ulimit memlock=-1:-1 -it --rm=true^
  --memory-swappiness=0^
  --name redis_quarkus_test^
   -p 6379:6379 redis:5.0.6
```

执行后出现图 4-25 所示的界面，说明已经启动成功。

解释说明：Redis 服务在 Docker 的容器名称是 redis_quarkus_test，从 Redis:5.0.6 容器镜像来获取。其内部和外部端口一致，为 Redis 的标准端口 6379。

（2）在本地安装 Redis

在 Windows 下安装 Redis 时，Redis 支持 32 位和 64 位。用户可下载 Redis-x64-xxx.zip 压缩包到硬盘，解压后将文件夹重新命名为 redis。在安装目录下打开一个 cmd 窗口，运行 redis，会出现

图 4-25 所示界面。

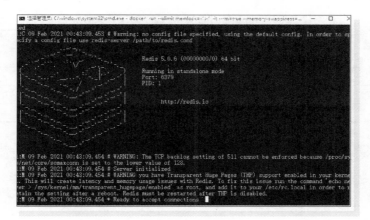

● 图 4-25　Docker 容器的 Redis 启动界面

这样构建了一个基本的 Redis 开发环境。

▶▶ 4.2.2　使用 Redis Client 实现缓存处理

❶ Spring 使用 Redis Client 实现缓存处理

本案例基于 Spring Boot 框架实现缓存的基本功能。该模块采用成熟的 Redis 框架实现数据的获取、新增、删除、修改（CRUD）操作等案例代码。

（1）编写案例代码

案例代码可直接从 Github 上获取。

```
git clone https://github.com/rengang66/iiit.quarkus.spring.sample.git
```

该程序位于 "330-sample-spring-redis" 目录中。这是一个 Maven 项目。

然后导入 Maven 工程，在 pom.xml 的<dependencies>内有如下内容。

```
<dependency>
    <groupId>org.springframework.boot</groupId>
    <artifactId>spring-boot-starter-data-redis</artifactId>
</dependency>
```

本程序的应用架构（如图 4-26 所示）表明，外部访问 ProjectController 接口，ProjectController 调用 ProjectService 服务，ProjectService 服务通过注入的 RedisTemplate 对象可以访问 Redis 服务器。

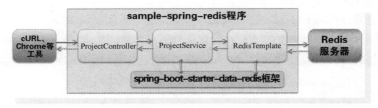

● 图 4-26　330-sample-spring-redis 程序应用架构图

本程序的文件和核心类如表 4-12 所示。

表 4-12　330-sample-spring-redis 程序的配置文件和核心类

名　　称	类　　型	简　　介
application.properties	配置文件	需定义 Redis 连接的信息
ProjectController	控制类	提供 REST 外部 API 接口，无特殊处理
ProjectService	服务类	主要提供与 Redis 服务的交互数据服务，核心类
Project	实体类	POJO 对象，无特殊处理

对于 Spring 开发者，关于 ProjectController 控制类、ProjectService 服务类的功能和作用就不详细介绍了。

（2）验证程序

通过下列几个步骤来验证案例程序。

1）启动 Redis 服务。

2）启动程序。启动程序有两种方式：第一种是在开发工具（如 Eclipse）中调用 SpringRestApplication 类的 run 命令；第二种方式就是在程序目录下直接运行 cmd 命令 "mvnw clean spring-boot：run"（或 "mvn clean spring-boot：run"）。

3）通过 CMD 窗口调用程序 API 来验证。在 CMD 窗口中输入以下命令：

```
curl http://localhost:8080/projects
curl http://localhost:8080/projects/1
curl -X POST -H "Content-type: application/json" -d { \"id \":3, \"name \": \"项目 C \", \"description \": \"关于项目 C 的描述 \"} http://localhost:8080/projects/add
curl -X POST -H "Content-type: application/json" -d { \"id \":3, \"name \": \"项目 C \", \"description \": \"项目 C 描述修改内容 \"} http://localhost:8080/projects/update
curl -X DELETE  -H "Content-type: application/json" -d { \"id \":3, \"name \": \"项目 C \", \"description \": \"关于项目 C 的描述 \"} http://localhost:8080/projects/delete
```

根据反馈结果，查看是否达到了验证效果。

❷ Quarkus 使用 Redis Client 实现缓存处理

本案例基于 Quarkus 框架实现分布式缓存的基本功能。该模块采用成熟的 Redis 框架作为缓存的实现框架。通过阅读和分析在 Redis 框架上实现的数据获取、新增、删除、修改（CRUD）操作等案例代码，读者可以理解和掌握 Quarkus 框架的分布式缓存 Redis 的使用。本案例需要安装 Redis 数据库并进行基本配置。

（1）编写案例代码

编写案例代码有 3 种方式。

第一种方式是通过代码 UI 来实现，在 Quarkus 官网的脚手架工程中按照指定步骤生成脚手架代码，然后下载文件，引入项目到 IDE 工具中，最后修改程序源码内容。

第二种方式是通过 mvn 来构建程序。这里通过下面的代码创建 Maven 项目来实现。

```
mvn io.quarkus:quarkus-maven-plugin:1.11.1.Final:create ^
  -DprojectGroupId = com. iiit. quarkus. sample   -DprojectArtifactId = 331-sample-quarkus-
redis ^
```

```
-DclassName=com.iiit.quarkus.sample.redis.ProjectResource  -Dpath=/projects ^
-Dextensions=resteasy-jsonb,quarkus-redis-client
```

第三种方式是直接从 Github 上获取代码。

```
git clone https://github.com/rengang66/iiit.quarkus.spring.sample.git
```

该程序位于 "331-sample-quarkus-redis" 目录中。这是一个 Maven 项目。

然后导入 Maven 工程，在 pom.xml 的<dependencies>内有如下内容。

```
<dependency>
    <groupId>io.quarkus</groupId>
    <artifactId>quarkus-redis-client</artifactId>
</dependency>
```

quarkus-redis-client 是 Quarkus 扩展了 Redis 的 Client 实现。

本程序的应用架构（如图 4-27 所示）表明，外部访问 ProjectResource 资源接口，ProjectResource 调用 ProjectService 服务，ProjectService 服务通过注入的 RedisClient 对象访问 Redis 服务器。ProjectService 服务需要 quarkus-RedisClient 扩展来支持。

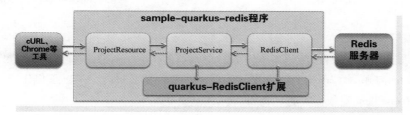

● 图 4-27　331-sample-quarkus-redis 程序应用架构图

本程序的文件和核心类如表 4-13 所示。

表 4-13　331-sample-quarkus-redis 程序的文件和核心类

名　　称	类　　型	简　　介
application.properties	配置文件	需定义 Redis 连接的信息
ProjectResource	资源类	提供 REST 外部 API 接口，无特殊处理，本节不做介绍
ProjectService	服务类	主要提供与 Redis 服务的交互数据服务，核心类，重点说明
Project	实体类	POJO 对象，无特殊处理，本节不做介绍

在本程序中，首先查看配置文件 application.properties。

```
quarkus.redis.hosts=redis://localhost:6379
```

在 application.properties 文件中，配置了与 Redis 连接的相关参数。

quarkus.redis.hosts 表示连接的是 Redis 的位置。

下面讲解 sample-quarkus-redis 程序的 ProjectService 类的内容。

用 IDE 工具打开 com.iiit.quarkus.sample.redis.ProjectService 类文件，代码内容如下：

```
@Singleton
class ProjectService {
    @Inject  RedisClient redisClient;

    //在 Redis 中初始化数据
    @PostConstruct
    void config() {
        set("project1", "关于 project1 的情况描述");
        set("project2", "关于 project2 的情况描述");
    }

    //在 Redis 中删除某主键的值
    public void del(String key) {redisClient.del(Arrays.asList(key));}

    //在 Redis 中获得某主键的值
    public String get(String key) {return redisClient.get(key).toString();}

    //在 Redis 中给某主键赋值
     public void set (String key, String value) {redisClient. set (Arrays. asList (key.
toString(), value));}

    //在 Redis 中给某主键修改内容
    public void update(String key, String value) {redisClient.getset(key,value);}
}
```

📖 程序说明：

① 本类实现对 Redis 缓存数据库中的主键及其键值的获取、新增、修改和删除操作。

② @Singleton 注解表示单例模式，即无论有多少外部实例化过程，本类只实例化一个对象。

③ 注入 RedisClient 对象，实现与 Redis 缓存数据库的交互。

本程序动态运行的序列图（如图 4-28 所示，遵循 UML 2.0 规范绘制）描述外部调用者 Actor、ProjectResource、ProjectService 和 RedisClient 等对象之间的时间顺序交互关系。

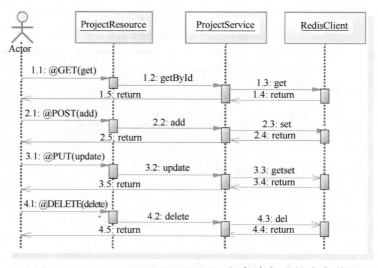

● 图 4-28　331-sample-quarkus-redis 程序动态运行的序列图

该序列图总共有 4 个序列，分别如下。

序列 1 活动：① 外部传入参数 ID 并调用 ProjectResource 资源类的 GET（get）方法；② GET（getById）方法调用 ProjectService 服务类的 getById 方法；③ ProjectService 服务类的 getById 方法调用 RedisClient 的 get 方法；④ 返回 Project 列表中对应 ID 的 Project 对象。

序列 2 活动：① 外部传入参数 Project 对象并调用 ProjectResource 资源类的 POST（add）方法；② POST（add）方法调用 ProjectService 服务类的 add 方法；③ ProjectService 服务类的 add 方法调用 RedisClient 的 set 方法；④ RedisClient 的 set 方法实现在 Redis 数据库的增加操作并返回参数 Project 对象。

序列 3 活动：① 外部传入参数 Project 对象并调用 ProjectResource 资源类的 PUT（update）方法；② PUT（update）方法调用 ProjectService 服务类的 update 方法；③ ProjectService 服务类根据项目名称是否相同来修改一个 Project 对象操作以调用 RedisClient 的 getset 方法；④ RedisClient 的 getset 方法实现在 Redis 数据库的修改操作并返回参数 Project 对象。

序列 4 活动：① 外部传入参数 Project 对象并调用 ProjectResource 资源类的 DELETE（delete）方法；② DELETE（delete）方法调用 ProjectService 服务类的 delete 方法，ProjectService 服务类根据项目名称是否相同来调用 RedisClient 的 del 方法；④ RedisClient 的 del 方法实现在 Redis 数据库的操作并返回。

（2）验证程序

通过下列几个步骤（如图 4-29 所示）来验证案例程序。

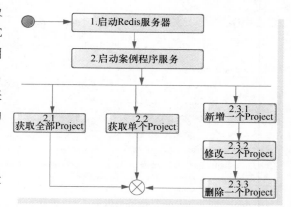

● 图 4-29 331-sample-quarkus-redis 程序验证流程图

1）启动 Redis。首先要启动 Redis 服务。

2）启动程序。启动应用有两种方式：第一种是在开发工具（如 Eclipse）中调用 ProjectMain 类的 run 命令；第二种方式就是在程序目录下直接运行 cmd 命令 "mvnw compile quarkus：dev"。

3）通过 API 接口显示单条记录。在 CMD 窗口的命令如下：

```
curl http://localhost:8080/projects/project1
```

4）通过 API 接口增加一条数据。CMD 窗口中的命令如下：

```
curl -X POST  -H " Content-type: application/json" -d { \" name \": \" project3 \", \" description \": \"关于 project3 的描述 \"} http://localhost:8080/projects
```

显示其内容：curl http://localhost:8080/projects/project3

5）通过 API 接口增加一条数据并修改其内容。CMD 窗口中的命令如下：

```
curl -X PUT -H "Content-type: application/json" -d { \"name \": \"project2 \", \"description \": \" 关于 project2 的描述的修改 \"} http://localhost:8080/projects/project2
```

显示该记录：http://localhost:8080/projects。

6）通过 API 接口删除一条 project 记录。CMD 窗口中的命令如下：

```
curl -X DELETE http://localhost:8080/projects/project3  -v
```

显示该记录：curl http://localhost:8080/projects。

▶▶ 4.2.3 实现响应式 Redis Client 缓存

❶ Spring 创建响应式 Redis 程序

本案例通过 Spring Boot 框架实现基于响应式 Redis 的获取、新增、删除、修改（CRUD）等操作。本案例需要安装 Redis 服务器。

（1）编写案例代码

案例代码可直接从 Github 上获取。

```
git clone https://github.com/rengang66/iiit.quarkus.spring.sample.git
```

该程序位于 "332-sample-spring-reactive-redis" 目录中。这是一个 Maven 项目。

然后导入 Maven 工程，在 pom.xml 的<dependencies>内有如下内容。

```
<dependency>
    <groupId>org.springframework.boot</groupId>
    <artifactId>spring-boot-starter-data-redis-reactive</artifactId>
</dependency>
<dependency>
    <groupId>org.springframework.boot</groupId>
    <artifactId>spring-boot-starter-webflux</artifactId>
</dependency>
```

由上述 pom.xml 的<dependencies>可看出，spring-boot-starter-data-redis-reactive 是 Spring 集成了 Redis 的响应式实现。

本程序的应用架构（如图 4-30 所示）表明，外部访问 ProjectHandler 资源接口，ProjectHandler 调用 ProjectRepository 服务，ProjectRepository 服务调用注入的 ReactiveRedisOperations 对象来对 Redis 服务器进行操作。ProjectHandler 依赖 spring-boot-starter-webflux 框架。ProjectRepository 和 ReactiveRedisOperations 依赖 spring-boot-starter-data-redis-reactive 框架。

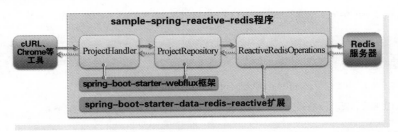

● 图 4-30　332-sample-spring-reactive-redis 程序应用架构图

本程序的文件和核心类如表 4-14 所示。

表 4-14　332-sample-spring-reactive-redis 程序的文件和核心类

名　称	类　型	简　介
application.properties	资源文件	定义 Redis 配置参数
ProjectHandler	资源类	提供 REST 外部响应式 API 接口，简单介绍
ProjectRepository	服务类	主要提供数据服务，实现响应式服务，核心类
Project	实体类	POJO 对象，无特殊处理，本节不做介绍

对于 Spring 开发者，关于 ProjectHandler 类、ProjectRepository 类、ReactiveRedisOperations 对象的功能和作用就不详细介绍了。

（2）验证程序

通过下列几个步骤来验证案例程序。

1）启动 Redis。启动 Redis 的同时可以打开 redis-cli，这样便于观察数据的变化。

2）启动程序。启动程序有两种方式：第一种是在开发工具（如 Eclipse）中调用 SpringRest Application 类的 run 命令；第二种方式就是在程序目录下直接运行 cmd 命令 "mvnw clean spring-boot：run"（或 "mvn clean spring-boot：run"）。

3）通过 CMD 窗口调用程序 API 来验证。在 CMD 窗口中输入以下命令：

```
curl http://localhost:8080/projects
curl http://localhost:8080/projects/1
curl -X POST -H "Content-type: application/json" -d { \"id \":3, \"name \": \"项目 C \", \"
description \": \"关于项目 C 的描述 \"} http://localhost:8080/projects/add
curl -X POST -H "Content-type: application/json" -d { \"id \":3, \"name \": \"项目 C \", \"
description \": \"项目 C 描述修改内容 \"} http://localhost:8080/projects/update
curl -X DELETE  -H "Content-type: application/json" -d { \"id \":3, \"name \": \"项目 C \", \"
description \": \"关于项目 C 的描述 \"} http://localhost:8080/projects/delete
```

根据反馈结果，查看是否达到了验证效果。

❷ **Quarkus 创建响应式 Redis 程序**

本案例基于 Quarkus 框架实现基于响应式的 Redis 基本功能。通过阅读和分析在 Redis 框架上实现响应式数据的获取、新增、删除、修改（CRUD）操作等案例代码，读者可以理解和掌握 Quarkus 框架的响应式 Redis 使用。

（1）编写案例代码

编写案例代码有 3 种方式。

第一种方式是通过代码 UI 来实现，在 Quarkus 官网的脚手架工程中按照指定步骤生成脚手架代码，然后下载文件，引入项目到 IDE 工具中，最后修改程序源码内容。

第二种方式是通过 mvn 来构建程序。这里通过下面的代码创建 Maven 项目来实现。

```
mvn io.quarkus:quarkus-maven-plugin:1.13.2.Final:create ^
 -DprojectGroupId = com. iiit. quarkus. sample  -DprojectArtifactId = 333-sample-quarkus-
reactive-redis ^
 -DclassName=com.iiit.quarkus.sample.reactive.redis.ProjectResource  -Dpath=/projects ^
 -Dextensions=resteasy-jsonb,quarkus-redis-client
```

第三种方式是直接从 Github 上获取代码。

```
git clone https://github.com/rengang66/iiit.quarkus.spring.sample.git
```

该程序位于 "333-sample-quarkus-reactive-redis" 目录中。这是一个 Maven 项目。

然后导入 Maven 工程，在 pom.xml 的<dependencies>内有如下内容。

```
<dependency>
    <groupId>io.quarkus</groupId>
    <artifactId>quarkus-redis-client</artifactId>
</dependency>
<dependency>
    <groupId>io.quarkus</groupId>
    <artifactId>quarkus-resteasy-jsonb</artifactId>
</dependency>
<dependency>
    <groupId>io.quarkus</groupId>
    <artifactId>quarkus-resteasy</artifactId>
</dependency>
<dependency>
    <groupId>io.quarkus</groupId>
    <artifactId>quarkus-resteasy-mutiny</artifactId>
</dependency>
```

由上述 pom.xml 的<dependencies>可看出，quarkus-redis-client 是 Quarkus 扩展了 Redis 的 Client
实现。

本程序的应用架构（如图 4-31 所示）表明，外部访问 ProjectResource 资源接口，ProjectResource
调用 ProjectService 服务，ProjectService 服务调用注入的 ReactiveRedisClient 对象来对 Redis 服务器进行
操作。ProjectResource 和 ProjectService 依赖 SmallRye Mutiny 框架。ReactiveRedisClient 依赖 quarkus-
RedisClient 扩展。

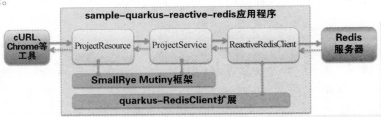

● 图 4-31　333-sample-quarkus-reactive-redis 程序应用架构图

本程序的文件和核心类如表 4-15 所示。

表 4-15　333-sample-quarkus-reactive-redis 程序的文件和核心类

名　　称	类　　型	简　　介
application.properties	配置文件	定义 Redis 配置参数
ProjectResource	资源类	提供 REST 外部响应式 API 接口，简单介绍
ProjectService	服务类	主要提供数据服务，实现响应式服务，核心类
Project	实体类	POJO 对象，无特殊处理，本节不做介绍

在本程序中，首先查看配置文件 application.properties。

```
quarkus.redis.hosts=redis://localhost:6379
```

在 application.properties 文件中，配置了与 Redis 连接的相关参数。quarkus.redis.hosts 表示连接的是 Redis 的位置。

下面讲解 sample-quarkus-rective-redis 程序的 ProjectResource 和 ProjectService 的内容。

1）ProjectResource 资源类。用 IDE 工具打开 com.iiit.quarkus.sample.reactive.redis.ProjectResource 类文件，代码如下：

```
@Path("/projects")
@ApplicationScoped
@Produces(MediaType.APPLICATION_JSON)
@Consumes(MediaType.APPLICATION_JSON)
public class ProjectResource {
    @Inject ProjectService service;
    public ProjectResource() {}

    //在 Redis 中初始化数据
    @PostConstruct
    void config() {
        create(new Project("project1", "关于 project1 的情况描述"));
        create(new Project("project2", "关于 project2 的情况描述"));
    }

    //获取 Service 服务对象的所有主键列表
    @GET
    public Uni<List<String>> list() {return service.keys();}

    @GET
    @Path("/{key}")
    public Uni<Project> get(@PathParam("key") String key) {
        return service.get(key);
    }

    @PUT
    public Uni<Response> create(Project project) {
        return  service.set(project.name, project.description);
    }

    @PUT
    @Path("/{key}")
    public Uni<Response> update(Project project) {
        return service.update(project.name, project.description);
    }
    //获取一个主键值对象并提交 Service 服务对象,删除该主键的 Project 对象
    @DELETE
    @Path("/{key}")
    public Uni<Void> delete(@PathParam("key") String key) {
        return service.del(key);
    }
}
```

📖 程序说明：

① ProjectResource 类的方法主要还是基于 REST 的基本操作，包括 GET、POST、PUT 和 DELETE。

② ProjectResource 类服务的处理采用响应式模式，对外返回的是 Multi 对象或 Uni 对象。

2）ProjectService 服务类。用 IDE 工具打开 com.iiit.quarkus.sample.reactive.redis.ProjectService 类文件，代码内容如下：

```
@Singleton
class ProjectService {

    @Inject  ReactiveRedisClient reactiveRedisClient;

    public Uni<List<String>> keys() {
        return reactiveRedisClient.keys("* ") .map(response -> {
            List<String> result = new ArrayList<>();
                for (Response r : response) {
                  result.add(r.toString());
                }
            return result;
        });
    }

    //在 Redis 中给某主键赋值
    public Uni<Response> set(String key,String value) {
        return reactiveRedisClient.getset(key,value);
    }

    //在 Redis 中获得某主键的值
    public Uni<Project> get(String key) {
        Uni<Project> result = reactiveRedisClient.get(key).map(response ->{
            String value = response.toString();
            Project project = new Project(key,value);
            return project;});
        return result;
    }

    //在 Redis 中给某主键修改内容
    public Uni<Project> update(String key, String value) {
        return reactiveRedisClient.hmset(Arrays.asList(key, "name", value))
            .onItem().transform(resp -> {
                if (resp.toString().equals("OK")) {
                    Project project = new Project(key,value) ;
                return project;
            } else {
            throw new NoSuchElementException();

    //在 Redis 中删除某主键的值
```

```
public Uni<Void> del(String key) {
    return reactiveRedisClient.del(Arrays.asList(key)).map(response -> null);
}
}
```

📖 程序说明：

① @Singleton 表示单例模式，无论有多少外部实例化过程，最终只有一个实例化对象。

② 注入了 ReactiveRedisClient 对象。这是基于 Eclipse Vert.x 的 Redis 客户端的响应式实现。

③ 本类服务的处理采用响应式模式，对外返回的是 Multi 对象或 Uni 对象。

④ 本类实现了响应式的 Redis 操作，包括查询、新增、修改和删除等处理。

（2）验证程序

通过下列几个步骤（如图 4-32 所示）来验证案例程序。

1）启动 Redis。启动 Redis 的同时可以打开 redis-cli，这样便于观察数据的变化。

2）启动程序。启动应用有两种方式：第一种是在开发工具（如 Eclipse）中调用 ProjectMain 类的 run 命令；第二种方式就是在程序目录下直接运行 cmd 命令 "mvnw compile quarkus：dev"。

3）通过 API 接口显示 Redis 中的主键列表。CMD 窗口中的命令如下：

```
curl http://localhost:8080/projects/
```

此时列出所有在 Redis 中的主键列表。

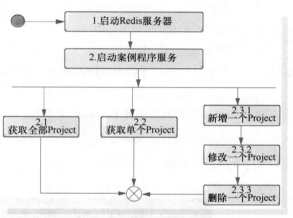

● 图 4-32　333-sample-quarkus-reactive-redis 程序验证流程图

4）通过 API 接口显示单条记录。CMD 窗口中的命令如下：

```
curl http://localhost:8080/projects/project1
```

5）通过 API 接口增加一条数据。CMD 窗口中的命令如下：

```
curl -X PUT -H "Content-type: application/json" -d {\"name \":\"project1 \", \"description \":\"关于 project1 的描述 \"} http://localhost:8080/projects/
```

此时显示全部内容。

6）通过 API 接口修改其内容。CMD 窗口中的命令如下：

```
curl -XPUT -H "Content-type: application/json" -d {\"name \":\"project1 \", \"description \":\"关于 project1 的描述的修改 \"} http://localhost:8080/projects/project1
```

显示该记录的修改情况：curl http://localhost:8080/projects/project1。

7）通过 API 接口删除一条 project 记录。CMD 窗口中的命令如下：

```
curl -X DELETE http://localhost:8080/projects/project1  -v
```

通过 curl http://localhost:8080/projects/project1 来显示该记录，发现已经不存在了。

4.3 NoSQL 应用

NoSQL 指的是非关系型的数据库，是对不同于传统关系型数据库的数据库管理系统的统称。NoSQL 用于超大规模数据的存储。这些类型的数据存储不需要固定的模式，无须多余操作就可以横向扩展。

▶▶ 4.3.1 MongoDB 简介

MongoDB 数据库是一种基于分布式文件存储的数据库。MongoDB 是一种介于关系数据库和非关系数据库之间的产品，是非关系数据库中功能丰富的、类似关系数据库的 NoSQL。MongoDB 将数据存储为一个文档，数据结构由键值对组成。

这里安装 MongoDB 数据库。获取 MongoDB 的方式有两种：第一种是通过 Docker 容器来安装和部署；第二种是本地直接安装 MongoDB 并进行基本配置。

（1）通过 Docker 来安装

通过 Docker 来安装和部署 MongoDB 数据库，cmd 命令如下。

```
docker run -ti --rm - name mongo_test -p 27017:27017 mongo:4.0
```

执行后出现图 4-33 所示的界面，说明已经启动成功。

● 图 4-33 Docker 容器的 MongoDB 启动界面

解释说明：容器名称为 mongo_test，通过 mongo:4.0 容器镜像来获取。其内部和外部端口是一致的，都为 MongoDB 的标准端口 27017。

（2）在本地安装 MongoDB 数据库

MongoDB 提供了可用于 32 位和 64 位系统的预编译二进制包，可在 MongoDB 官网下载及安装。下载 .msi 文件后双击该文件，按操作提示安装即可。

创建数据目录，MongoDB 将数据目录存储在 db 目录下。

启动 MongoDB 服务器。如果要在命令提示符下运行 MongoDB 服务器，则必须从 MongoDB 目录的 bin 目录中执行 mongo.exe 文件，如｛＄home｝\bin\mongod--dbpath｛＄home｝:\data\db。如果已经把 MongoDB 服务注册为 Windoews 服务，则可在 Windows 服务（如图 4-34 所示）中直接启用。

Microsoft Software Shadow Copy Provider	管理卷影复制服务制作的基于软件...		手动	本地系统
MongoDB Server (MongoDB)	MongoDB Database Server (Mo...	已启动	手动	网络服务
Mosquitto Broker	Eclipse Mosquitto MQTT v5/v3.1...		手动	本地系统

● 图 4-34　在 Windoews 服务中启用 MongoDB 服务

接着介绍进入 MongoDB 管理后台的方式。在命令窗口中运行 mongo.exe 命令即可连接上 MongoDB，执行如下命令：｛＄home｝\bin\mongo.exe。MongoDB Shell 是 MongoDB 自带的交互式 JavaScript Shell，是用来对 MongoDB 进行操作和管理的交互式环境。

当进入 MongoDB 管理后台后，MongoDB 一般会默认链接到 test 文档（数据库），可切换到 projects 文档，执行如下命令：

```
use projects
db.createCollection("iiit_projects")
```

最后创建数据库和数据库集合。MongoDB 开发基础环境就搭建而成了。

▶▶ 4.3.2　创建 MongoDB 程序

❶ Spring 使用 MongoDB Client 实现 NoSQL 处理

本案例基于 Spring Boot 框架实现 MongoDB 数据库的查询、新增、删除、修改（CRUD）等操作。

（1）编写案例代码

案例代码可以直接从 Github 上获取。

```
git clone https://github.com/rengang66/iiit.quarkus.spring.sample.git
```

该程序位于 "334-sample-spring-mongodb" 目录中。这是一个 Maven 项目。导入 Maven 工程，在 pom.xml 的<dependencies>内有如下内容。

```
<dependency>
    <groupId>org.springframework.boot</groupId>
    <artifactId>spring-boot-starter-data-mongodb</artifactId>
</dependency>
```

spring-boot-starter-data-mongodb 是 Spring Boot 扩展了 Spring Data 的 MongoDB 实现。

本程序的应用架构（如图 4-35 所示）表明，外部访问 ProjectController 接口，ProjectController 调用 ProjectService 服务，ProjectService 服务通过注入的 ProjectRepository 对象对 MongoDB 数据库实现 CRUD 操作。

本程序的文件和核心类如表 4-16 所示。

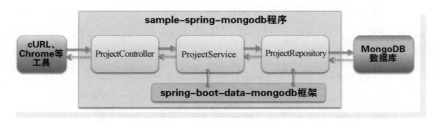

● 图 4-35　334-sample-spring-mongodb 程序应用架构图

表 4-16　334-sample-spring-mongodb 程序的文件和核心类

名　称	类　型	简　介
application.properties	配置文件	需定义 MongoDB 数据库连接的信息
ProjectController	控制类	提供 REST 外部 API 接口，无特殊处理，本节不做介绍
ProjectService	服务类	主要提供与 ProjectRepository 的交互数据服务，核心类，重点说明
ProjectRepository	存储类	主要提供与 MongoDB 数据库的交互数据服务

对于 Spring 开发者，关于 ProjectController 控制类、ProjectService 服务类、ProjectRepository 存储类的功能和作用就不详细介绍了。

（2）验证程序

通过下列几个步骤来验证案例程序。

1）启动 MongoDB 服务器。首先启动 MongoDB 服务，可以在命令符下启动，也可以在 Windows 服务上启动。

2）需要进入 MongoDB 后台管理界面。需要先打开 mongodb 安装目录下的 bin 目录，然后执行 mongo.exe 文件。在准备条件时，已经创建了数据库 projects，故转到数据库 projects，使用命令 use projects 即可。

3）启动本程序。启动程序有两种方式：第一种是在开发工具（如 Eclipse）中调用 SpringRestApplication 类的 run 命令；第二种方式就是在程序目录下直接运行 cmd 命令 "mvnw clean spring-boot：run"（或 "mvn clean spring-boot：run"）。

4）通过 CMD 窗口调用程序 API 来验证。在 CMD 窗口中输入以下命令：

```
curl http://localhost:8080/projects
curl http://localhost:8080/projects/1
curl -X POST -H "Content-type: application/json" -d { \"id\":3, \"name \": \"项目 C \", \"
description \": \"关于项目 C 的描述 \"} http://localhost:8080/projects/add
curl -X POST -H "Content-type: application/json" -d { \"id\":3, \"name \": \"项目 C \", \"
description \": \"项目 C 描述修改内容 \"} http://localhost:8080/projects/update
curl -X DELETE  -H "Content-type: application/json" -d { \"id\":3, \"name \": \"项目 C \", \"
description \": \"关于项目 C 的描述 \"} http://localhost:8080/projects/delete
```

根据反馈结果，查看是否达到了验证效果。

❷ **Quarkus 使用 MongoDB Client 实现 NoSQL 处理**

本案例基于 Quarkus 框架实现 NoSQL 数据库操作。该模块以成熟的 MongoDB 数据库作为 NoSQL

数据库。通过阅读和分析在 MongoDB 数据库上实现的数据查询、新增、删除、修改（CRUD）操作等案例代码，读者可以理解和掌握 Quarkus 框架的 NoSQL 和 MongoDB 数据库使用。

（1）编写案例代码

编写案例代码有 3 种方式。

第一种方式是通过代码 UI 来实现，在 Quarkus 官网的脚手架工程中按照指定步骤生成脚手架代码，然后下载文件，引入项目到 IDE 工具中，最后修改程序源码内容。

第二种方式是通过 mvn 来构建程序。这里通过下面的代码创建 Maven 项目来实现。

```
mvn io.quarkus:quarkus-maven-plugin:1.11.1.Final:create ^
  -DprojectGroupId = com. iiit. quarkus. sample  -DprojectArtifactId = 335-sample-quarkus-mongodb ^
  -DclassName=com.iiit.quarkus.sample.mongodb.ProjectResource  -Dpath=/projects ^
  -Dextensions=resteasy-jsonb,quarkus-mongodb-client
```

第三种方式是直接从 Github 上获取。

```
git clone https://github.com/rengang66/iiit.quarkus.spring.sample.git
```

该程序位于 "335-sample-quarkus-mongodb" 目录中。这是一个 Maven 项目。

然后导入 Maven 工程，在 pom.xml 的<dependencies>内有如下内容。

```
<dependency>
     <groupId>io.quarkus</groupId>
     <artifactId>quarkus-mongodb-client</artifactId>
</dependency>
```

quarkus-mongodb-client 是 Quarkus 扩展了 MongoDB 的 Client 实现。

本程序的应用架构（如图 4-36 所示）表明，外部访问 ProjectResource 资源接口，ProjectResource 调用 ProjectService 服务，ProjectService 服务通过注入的 MongoClient 对象对 MongoDB 数据库实现 CRUD 操作。ProjectService 服务依赖 MongoClient 框架。

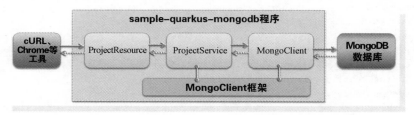

● 图 4-36　335-sample-quarkus-mongodb 程序应用架构图

本程序的文件和核心类如表 4-17 所示。

表 4-17　335-sample-quarkus-mongodb 程序的文件和核心类

名　　称	类　　型	简　　介
application.properties	配置文件	需定义 MongoDB 数据库连接的信息
ProjectResource	资源类	提供 REST 外部 API 接口，无特殊处理，本节不做介绍

（续）

名　　称	类　　型	简　　介
ProjectService	服务类	主要提供与 MongoDB 数据库的交互数据服务，核心类，重点说明
Project	实体类	POJO 对象，无特殊处理，本节不做介绍

在本程序中，首先查看配置文件 application.properties。

```
quarkus.mongodb.connection-string = mongodb://localhost:27017
iiit_projects.init.insert = true
```

在 application.properties 文件中，配置了与数据库连接的相关参数。

① quarkus.mongodb.connection-string 表示连接的 MongoDB 数据库的位置信息。

② iiit_projects.init.insert 是本程序的一个是否初始化数据的属性。

下面讲解 ProjectService 类的内容。

用 IDE 工具打开 com.iiit.quarkus.sample.mongodb.ProjectService 类文件，ProjectService 的代码如下：

```java
@ApplicationScoped
public class ProjectService {
    @Inject MongoClient mongoClient;

    @Inject
    @ConfigProperty(name = "iiit_projects.init.insert", defaultValue = "true")
    boolean initInsertData;

    @PostConstruct
    void config() {
        if (initInsertData) {initDBdata();}
    }

    //初始化数据
    private void initDBdata() {
        deleteAll();
        Project project1 = new Project("项目 A", "关于项目 A 的描述");
        Project project2 = new Project("项目 B", "关于项目 B 的描述");
        add(project1);
        add(project2);
    }

    //从 MongoDB 中获取 projects 数据库 iiit_projects 集合中的所有数据并存入 List
    public List<Project> list() {
        List<Project> list = new ArrayList<>();
        MongoCursor<Document> cursor = getCollection().find().iterator();
        try {
            while (cursor.hasNext()) {
                Document document = cursor.next();
                Project project = new Project(document.getString("name"),
                    document.getString("description"));
```

```
                    list.add(project);
            }
        } finally {
            cursor.close();
        }
        return list;
    }


    //在 MongoDB 的 projects 数据库 iiit_projects 集合中新增一条 Document
    public void add(Project project) {
        Document document = new Document().append("name", project.name).append(
            "description", project.description);
        getCollection().insertOne(document);
    }


    //在 MongoDB 的 projects 数据库 iiit_projects 集合中修改一条 Document
    public void update(Project project) {
        Document document = new Document().append("name", project.name).append(
            "description", project.description);
        getCollection().deleteOne(Filters.eq("name", project.name));
        add(project);
    }


    //在 MongoDB 的 projects 数据库 iiit_projects 集合中删除一条 Document
    public void delete(Project project) {
        getCollection().deleteOne(Filters.eq("name", project.name));
    }


    //删除 MongoDB 的 projects 数据库 iiit_projects 集合中的所有记录
    private void deleteAll() {
        BasicDBObject document = new BasicDBObject();
        getCollection().deleteMany(document);
    }


    //获取 MongoDB 的 projects 数据库 iiit_projects 集合对象
    private MongoCollection getCollection() {
        return mongoClient.getDatabase("projects").getCollection(
            "iiit_projects");
    }
}
```

📖 程序说明：

① 本类实现对 MongoDB 数据库中记录的获取、新增、修改和删除操作。

② ProjectService 类注入 MongoClient 对象，由此实现与 MongoDB 数据库的交互。

本程序动态运行的序列图（如图 4-37 所示，遵循 UML 2.0 规范绘制）描述外部调用者 Actor、ProjectResource、ProjectService 和 MongoClient 对象之间的时间顺序交互关系。

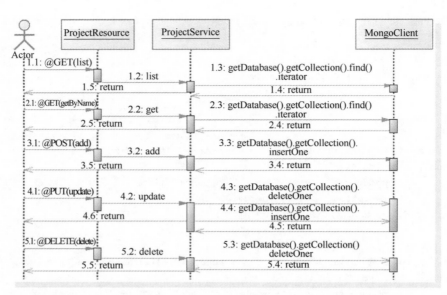

● 图 4-37　335-sample-quarkus-mongodb 程序动态运行的序列图

该序列图总共有 5 个序列，分别如下。

序列 1 活动：① 外部调用 ProjectResource 资源类的 GET（list）方法；② GET（list）方法调用 ProjectService 服务类的 list 方法；③ ProjectService 服务类的 list 方法调用 MongoClient 的 getDatabase（）. getCollection（）.find（）.iterator 方法并做处理，形成 Project 列表；④ 返回整个 Project 列表。

序列 2 活动：① 外部传入参数 ID 并调用 ProjectResource 资源类的 GET（getByName）方法；② GET（getByName）方法调用 ProjectService 服务类的 get 方法；③ ProjectService 服务类的 get 方法调用 MongoClient 的 getDatabase（）. getCollection（）. find（）. iterator 方法并做处理，形成单个 Project；④ 返回 Project 列表中对应 ID 的 Project 对象。

序列 3 活动：① 外部传入参数 Project 对象并调用 ProjectResource 资源类的 POST（add）方法；② POST（add）方法调用 ProjectService 服务类的 add 方法；③ ProjectService 服务类的 add 方法调用 MongoClient 的 getDatabase（）. getCollection（）. insertOne 方法；④ MongoClient 的 getDatabase（）. getCollection（）. insertOne 方法实现对 MongoDB 数据库的增加操作并返回参数 Project 对象。

序列 4 活动：① 外部传入参数 Project 对象并调用 ProjectResource 资源类的 PUT（update）方法；② PUT（update）方法调用 ProjectService 服务类的 update 方法；③ ProjectService 服务类根据项目名称是否相同来修改一个 Project 对象操作以调用 MongoClient 的 getDatabase（）. getCollection（）. deleteOne 方法和 getDatabase（）. getCollection（）. insertOne 方法；④ MongoClient 的 getDatabase（）. getCollection（）. deleteOne（）方法和 getDatabase（）. getCollection（）. insertOne 方法实现对 MongoDB 数据库的操作并返回参数 Project 对象。

序列 5 活动：① 外部传入参数 Project 对象并调用 ProjectResource 资源类的 DELETE（delete）方法；② DELETE（delete）方法调用 ProjectService 服务类的 delete 方法；③ ProjectService 服务类根据项目名称是否相同来调用 MongoClient 的 getDatabase（）.getCollection（）.deleteOne 方法；④ MongoClient 的

getDatabase( ).getCollection( ).deleteOne( )方法实现对 MongoDB 数据库的删除操作并返回。

（2）验证程序

通过下列几个步骤（如图 4-38 所示）来验证案例程序。

1）启动 MongoDB 服务器。首先启动 MongoDB 服务，可以在命令符下启动，也可以在 Windows 服务上启动。

2）需要进入 MongoDB 后台管理界面。需要先打开 mongodb 安装目录下的 bin 目录，然后执行 mongo.exe 文件。在准备条件时已经创建了数据库 projects，故转到数据库 projects，使用命令 use projects 即可。

3）启动 quarkus-sample-mongodb 程序。启动应用有两种方式：第一种是在开发工具（如 Eclipse）中调用 ProjectMain 类的 run 命令；第二种方式就是在程序目录下直接运行 cmd 命令"mvnw compile quarkus：dev"。

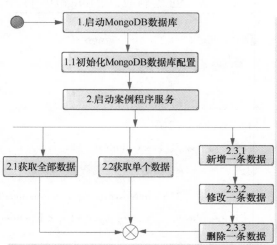

● 图 4-38　335-sample-quarkus-mongodb 程序验证流程图

4）通过 API 接口显示全部记录。CMD 窗口中的命令如下：

```
curl http://localhost:8080/projects
```

此时的反馈是显示全部内容。

5）通过 API 接口显示单条记录。CMD 窗口中的命令如下：

```
curl http://localhost:8080/projects/find/A
```

此时的反馈是显示单条内容。

6）通过 API 接口增加一条数据。CMD 窗口中的命令如下：

```
curl -X POST -H "Content-type: application/json" -d {\"name \": \"项目 C \", \"description \": \"关于项目 C 的描述 \"} http://localhost:8080/projects
```

此时的反馈是显示全部内容，可以观察到已经新增了一条数据。

7）通过 API 接口修改其内容。CMD 窗口中的命令如下：

```
curl -X PUT -H "Content-type: application/json" -d {\"name \": \"项目 C \", \"description \": \"关于项目 C 的描述修改 \"} http://localhost:8080/projects
```

此时的反馈是显示全部内容，可以观察到已经修改了一条数据。

8）通过 API 接口删除记录。CMD 窗口中的命令如下：

```
curl -X DELETE -H "Content-type: application/json" -d {\"name \": \"项目 B \", \"description \": \"关于项目 B 的描述修改 \"} http://localhost:8080/projects
```

此时的反馈是显示全部内容，可以观察到已经删除了一条数据。

▶▶ 4.3.3 创建响应式 MongoDB 程序

❶ Spring 创建响应式 MongoDB 程序

本案例采用 Spring Boot 框架实现基于响应式的 MongoDB 的获取、新增、删除、修改（CRUD）等操作。

本案例需要安装 MongoDB 数据库。

（1）编写案例代码

案例代码可以直接从 Github 上获取。

```
git clone https://github.com/rengang66/iiit.quarkus.spring.sample.git
```

该程序位于"336-sample-spring-reactive-mongodb"目录中。这是一个 Maven 项目。

然后导入 Maven 工程，在 pom.xml 的<dependencies>内有如下内容。

```
<dependency>
        <groupId>org.springframework.boot</groupId>
        <artifactId>spring-boot-starter-data-mongodb-reactive</artifactId>
</dependency>
<dependency>
        <groupId>org.springframework.boot</groupId>
        <artifactId>spring-boot-starter-webflux</artifactId>
</dependency>
```

spring-boot-starter-data-mongodb-reactive 是 Spring 扩展了 MongoDB 的响应式实现。

本程序的应用架构（如图 4-39 所示）表明，外部访问 ProjectController 资源接口，ProjectController 调用 ProjectRepository 服务，ProjectRepository 服务继承 ReactiveMongoRepository 类，可以对 MongoDB 数据库实现 CRUD 操作。

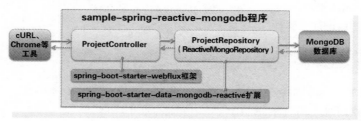

● 图 4-39　336-sample-spring-reactive-mongodb 程序应用架构图

本程序的文件和核心类如表 4-18 所示。

表 4-18　336-sample-spring-reactive-mongodb 程序的文件和核心类

名　　称	类　　型	简　　介
application.properties	资源文件	定义 MongoDB 配置参数
ProjectController	控制类	提供 REST 外部响应式 API 接口，简单介绍
ProjectRepository	存储类	主要提供数据服务，实现响应式服务，核心类
Project	实体类	POJO 对象，无特殊处理，本节不做介绍

对于 Spring 开发者，关于 ProjectController 控制类、ProjectRepository 存储类、Project 实体类的功能和作用就不详细介绍了。

（2）验证程序

通过下列几个步骤来验证案例程序。

1）启动 MongoDB。首先启动 MongoDB 服务，然后调用 MongoDB 后台管理 Shell，需要进入 MongoDB 后台管理界面，创建数据库 project，并创建集合 iiit_projects。

```
use projects
db.createCollection("iiit_projects")
```

2）启动本程序。启动程序有两种方式：第一种是在开发工具（如 Eclipse）中调用 SpringRestApplication 类的 run 命令；第二种方式就是在程序目录下直接运行 cmd 命令"mvnw clean spring-boot：run"（或"mvn clean spring-boot：run"）。

3）通过 CMD 窗口调用程序 API 来验证。在 CMD 窗口中输入以下命令：

```
curl http://localhost:8080/projects
curl http://localhost:8080/projects/1
curl -X POST -H "Content-type: application/json" -d {\"id\":3, \"name\": \"项目 C \", \"description\":\"关于项目 C 的描述\"} http://localhost:8080/projects/add
curl -X POST -H "Content-type: application/json" -d {\"id\":3, \"name\": \"项目 C \", \"description\":\"项目 C 描述修改内容\"} http://localhost:8080/projects/update
curl -X DELETE -H "Content-type: application/json" -d {\"id\":3, \"name\": \"项目 C \", \"description\":\"关于项目 C 的描述\"} http://localhost:8080/projects/delete
```

根据反馈结果，查看是否达到了验证效果。

❷ **Quarkus 创建响应式 MongoDB 程序**

本案例基于 Quarkus 框架实现基于响应式的 MongoDB 基本功能。通过阅读和分析在 MongoDB 数据库上实现响应式数据的获取、新增、删除、修改（CRUD）操作等案例代码，读者可以理解和掌握 Quarkus 框架的响应式 MongoDB 使用。本案例需要安装 MongoDB 数据库。

（1）编写案例代码

编写案例代码有 3 种方式。

第一种方式是通过代码 UI 来实现，在 Quarkus 官网的脚手架工程中按照指定步骤生成脚手架代码，然后下载文件，引入项目到 IDE 工具中，最后修改程序源码内容。

第二种方式是通过 mvn 来构建程序。这里通过下面的代码创建 Maven 项目来实现。

```
mvn io.quarkus:quarkus-maven-plugin:1.13.2.Final:create ^
  -DprojectGroupId = com. iiit. quarkus. sample   -DprojectArtifactId = 337-sample-quarkus-reactive-mongodb ^
  -DclassName=com.iiit.quarkus.sample.mongodb.ProjectResource  -Dpath=/projects ^
  -Dextensions=resteasy-jsonb,quarkus-resteasy-mutiny, ^
    quarkus-smallrye-context-propagation,quarkus-mongodb-client
```

第三种方式是直接从 Github 上获取。

```
git clone https://github.com/rengang66/iiit.quarkus.spring.sample.git
```

该程序位于"337-sample-quarkus-reactive-mongodb"目录中。这是一个 Maven 项目。

然后导入 Maven 工程，在 pom.xml 的<dependencies>内有如下内容。

```
<dependency>
        <groupId>io.quarkus</groupId>
        <artifactId>quarkus-mongodb-client</artifactId>
</dependency>
<dependency>
        <groupId>io.quarkus</groupId>
        <artifactId>quarkus-resteasy-mutiny</artifactId>
</dependency>
```

quarkus-mongodb-client 是 Quarkus 扩展了 MongoDB 的 Client 实现。

本程序的应用架构（如图 4-40 所示）表明，外部访问 ProjectResource 资源接口，ProjectResource 调用 ProjectService 服务，ProjectService 服务调用注入的 ReactiveMongoClient 对象来对 MongoDB 数据库进行 CRUD 操作。ProjectResource 和 ProjectService 依赖 SmallRye Mutiny 框架。ReactiveMongoClient 依赖 quarkus-mongodb-client 扩展。

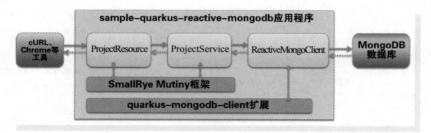

• 图 4-40　337-sample-quarkus-reactive-mongodb 程序应用架构图

本程序的文件和核心类如表 4-19 所示。

表 4-19　337-sample-quarkus-reactive-mongodb 程序的文件和核心类

名　　称	类　　型	简　　介
application.properties	配置文件	定义 MongoDB 配置参数
ProjectResource	资源类	提供 REST 外部响应式 API 接口，简单介绍
ProjectService	服务类	主要提供数据服务，实现响应式服务，核心类
Project	实体类	POJO 对象，无特殊处理，本节不做介绍

在本程序中，首先查看配置文件 application.properties。

```
quarkus.mongodb.connection-string = mongodb://localhost:27017
iiit_projects.init.insert = true
```

在 application.properties 文件中，配置了与 MongoDB 数据库连接的相关参数。quarkus.mongodb. connection-string 表示连接的 MongoDB 数据库的位置信息。

下面讲解 ProjectResource 资源类和 ProjectService 服务类的内容。

1）ProjectResource 资源类。用 IDE 工具打开 com.iiit.quarkus.sample.mongodb.ProjectResource 类

文件，代码如下：

```
@Path("/projects")
@ApplicationScoped
@Produces(MediaType.APPLICATION_JSON)
@Consumes(MediaType.APPLICATION_JSON)
public class ProjectResource {
    @Inject ProjectService service;

    //获取所有的 Project 对象,形成 List
    @GET
    public Uni<List<Project>> list() {return service.list();}

    @GET
    @Path("/find")
    public Uni<List<Project>> find(@PathParam("id") int id) {return service.find(id);}

    //提交并新增一个 Project 对象
    @POST
    public Uni<List<Project>> add(Project project) {
        service.add(project);
        return list();
    }

    //提交并修改一个 Project 对象
    @PUT
    public Uni<List<Project>> update(Project project) {
        service.update(project);
        return list();
    }
    //提交并删除一个 Project 对象
    @DELETE
    public Uni<List<Project>> delete(Project project) {
        service.delete(project);
        return list();
    }
}
```

📖 程序说明：

① ProjectResource 类的方法主要还是基于 REST 的基本操作，包括 GET、POST、PUT 和 DELETE。

② ProjectResource 类服务的处理采用响应式模式，对外返回的是 Multi 对象或 Uni 对象。

2）ProjectService 服务类。用 IDE 工具打开 com. iiit. quarkus. sample. mongodb. ProjectService 类文件，代码如下：

```
@ApplicationScoped
public class ProjectService {
    @Inject ReactiveMongoClient mongoClient;

    @Inject
    @ConfigProperty(name = "iiit_projects.init.insert", defaultValue = "true")
```

```java
boolean initInsertData;

@PostConstruct
void config() {
    if (initInsertData) {initDBdata();}
}

//初始化数据
private void initDBdata() {
    deleteAll();
    Project project1 = new Project("项目 A", "关于项目 A 的描述");
    Project project2 = new Project("项目 B", "关于项目 B 的描述");
    add(project1);add(project2);
}
//从 MongoDB 中获取 projects 数据库 iiit_projects 集合中的所有数据并存入 List
public Uni<List<Project>> list() {
    return getCollection().find()
        .map(doc -> {Project project = new Project(doc.getString("name"),
            doc.getString("description"));eturn project;
        }).collectItems().asList();
}

public Uni<List<Project>> find( int id) {
    return getCollection().find().map(doc -> {
        Project project = new Project(doc.getString("name"),
        doc.getString("description")); return project;
    }).collectItems().asList();
}

//在 MongoDB 的 projects 数据库 iiit_projects 集合中新增一条 Document
public Uni<Void> add(Project project) {
    Document document = new Document().append("name", project.name).append(
        "description", project.description);
    return  getCollection().insertOne(document).onItem().ignore().andContinue WithNull();
}

//在 MongoDB 的 projects 数据库 iiit_projects 集合中修改一条 Document
public Uni<Void> update(Project project) {
    Document document = new Document().append("name", project.name).append(
        "description", project.description);
    return getCollection().replaceOne(Filters.eq("name", project.name),document)
        .onItem().ignore().andContinueWithNull();
}

//在 MongoDB 的 projects 数据库 iiit_projects 集合中删除一条 Document
public Uni<Void> delete(Project project) {
    return getCollection().deleteOne(Filters.eq("name", project.name))
        .onItem().ignore().andContinueWithNull();
}
```

```
//删除 MongoDB 的 projects 数据库 iiit_projects 集合中的所有记录
private void deleteAll() {
    BasicDBObject document = new BasicDBObject();
    getCollection().deleteMany(document);
}

//获取 MongoDB 的 projects 数据库 iiit_projects 集合对象
private ReactiveMongoCollection<Document>getCollection() {
    return mongoClient.getDatabase("projects").getCollection("iiit_projects");
}
}
```

📖 程序说明：

① 注入了 ReactiveMongoClient 对象。这是基于 Eclipse Vert.x 的 MongoDB 客户端的响应式实现。

② 本类服务的处理采用响应式模式，对外返回的是 Multi 对象或 Uni 对象。

③ 本类实现了响应式的数据库操作，包括查询、新增、修改和删除等处理。

（2）验证程序

通过下列几个步骤（如图 4-41 所示）来验证案例程序。

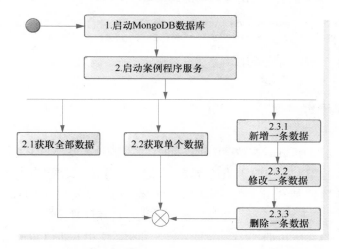

● 图 4-41　337-sample-quarkus-reactive-mongodb 程序验证流程图

1）启动 MongoDB。首先启动 MongoDB 服务，然后调用 MongoDB 后台管理 Shell，需要进入 MongoDB 后台管理平台，创建数据库 project，并创建集合 iiit_projects。

```
use projects
db.createCollection("iiit_projects")
```

2）启动 quarkus-sample-mongodb 程序。启动应用有两种方式：第一种是在开发工具（如 Eclipse）中调用 ProjectMain 类的 run 命令；第二种方式就是在程序目录下直接运行 cmd 命令 "mvnw compile quarkus：dev"。

3）通过 API 接口显示所有记录。CMD 窗口中的命令如下：

```
curl http://localhost:8080/projects
```

此时的反馈是显示全部内容。

4）通过 API 接口显示单条记录。CMD 窗口中的命令如下：

```
curl http://localhost:8080/projects/find/1
```

此时的反馈是显示全部内容。

5）通过 API 接口增加一条数据。CMD 窗口中的命令如下：

```
curl -X POST -H "Content-type: application/json" -d { \"name \": \"项目 C \", \"description
\": \"关于项目 C 的描述 \"} http://localhost:8080/projects
```

此时的反馈是显示全部内容，可以观察到已经新增了一条数据。

6）通过 API 接口修改其内容。CMD 窗口中的命令如下：

```
curl -X PUT -H "Content-type: application/json" -d { \"name \": \"项目 C \", \"description \":
\"关于项目 C 的描述修改 \"} http://localhost:8080/projects
```

此时的反馈是显示全部内容，可以观察到已经修改了一条数据。

7）通过 API 接口删除记录。CMD 窗口中的命令如下：

```
curl -X DELETE -H "Content-type: application/json" -d { \"name \": \"项目 B \", \"description
\": \"关于项目 B 的描述修改 \"} http://localhost:8080/projects
```

此时的反馈是显示全部内容，可以观察到已经删除了一条数据。

4.4 本章小结

本章展示了 Spring 和 Quarkus 在数据访问方面的许多相似性和差异，从 3 个部分来进行讲解。

- 首先介绍两个框架上在 ORM 开发的异同。介绍了使用 JPA 实现数据持久化、创建响应式数据访问实现数据持久化、使用 MyBatis 实现数据持久化和 Quarkus 使用 Java 事务（Transaction）。这部分包含两个框架的案例源码及其讲解和验证。
- 然后讲述两个框架在 Redis 缓存开发的异同。介绍了使用 Redis Client 实现缓存处理、实现响应式 Redis Client 缓存。这部分包含两个框架的案例源码及其讲解和验证。
- 最后讲述两个框架在 NoSQL 数据库 MongoDB 开发的异同。介绍了创建 MongoDB 程序、创建响应式 MongoDB 程序。这部分包含两个框架的案例源码及其讲解和验证。

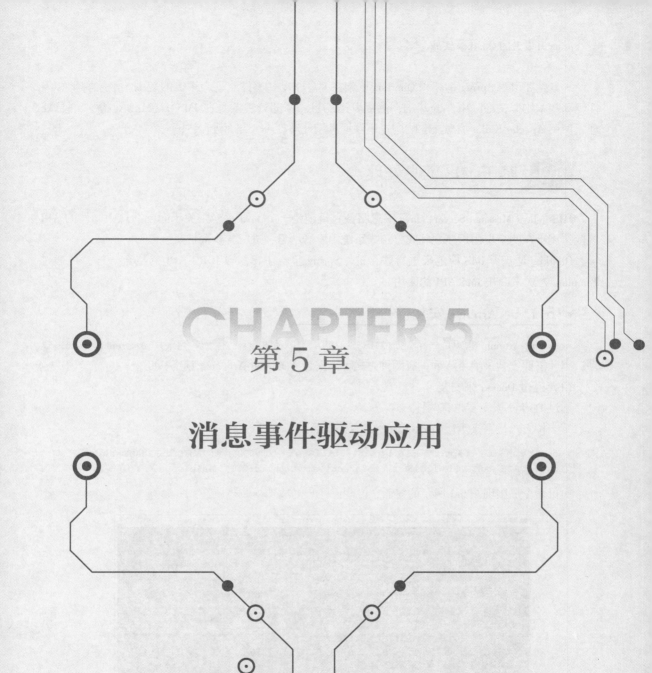

第 5 章

消息事件驱动应用

本章主要讲解 Spring 框架和 Quarkus 框架在消息驱动和事件驱动应用上的差别。消息驱动和事件驱动基本相似，都以事件为基础，然后发送消息。本部分主要是在 JMS 消息处理、事件消息处理、调用 Apache Kafka 消息流、响应式事件消息流处理等 4 个方面进行讲解。

5.1 基于 JMS 消息处理

JMS（Java Message Server，Java 消息服务）规范是一个 Java 平台中关于面向消息中间件的 API 规范，用于在两个应用程序之间或分布式系统中发送消息，进行异步通信。

Quarkus 是基于 JMS 规范来进行整合的。Spring 整合 JMS，与 JDBC API 的整合一样，可通过 Template 方式来简化 JMS API 的使用。

▶▶ 5.1.1 Artemis 安装

Activemq-Artemis 框架是一个遵循 JMS 规范的消息队列框架。由于案例采用 Activemq-Artemis 软件，因此需要安装该消息队列。有两种方式可以安装 Activemq-Artemis 消息队列。

（1）通过 Docker 来安装

通过 Docker 来安装也有两种方式。

第一种方式是直接运行 Docker 命令，命令如下：

```
docker run -it --rm -p 8161:8161 -p 61616:61616 -p 5672:5672 -e ARTEMIS_USERNAME=mq -e^
    ARTEMIS_PASSWORD=123456 vromero/activemq-artemis:2.11.0-alpine
```

执行命令后出现图 5-1 所示的界面，说明已经启动成功。

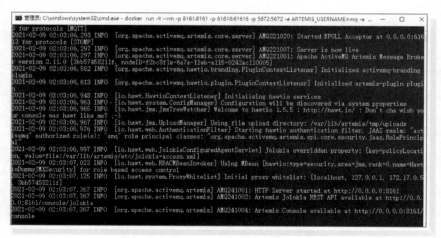

● 图 5-1　Docker 容器的 Artemis 启动界面

解释说明：Activemq-Artemis 分别启动了端口 8161、61616 和 5672，内部和外部端口是一致的。Activemq-Artemis 用户为 mq，用户 mq 的密码为 123456。通过 vromero/activemq-artemis：2.11.0-alpine 容器镜像来获取 Activemq-Artemis。

第二种方式，创建 docker-compose.yaml 包含以下内容的文件。

```
version:'2'
services:
  artemis:
    image:vromero/activemq-artemis:2.8.0-alpine
    ports:
      - "8161:8161"
      - "61616:61616"
      - "5672:5672"
    environment:
      ARTEMIS_USERNAME:mq
      ARTEMIS_PASSWORD:123456
```

其参数说明与第一种方式完全相同。

一旦建立了 docker-compose.yaml 文件，运行命令 docker-compose up 即可安装 Activemq-Artemis 消息队列。

（2）在 Windows 本地安装 Activemq-Artemis

在 Window 下安装 Activemq-Artemis 消息队列，推荐直接安装在本地，这样便于监控和处理差错。安装步骤如下：

1）获得 Activemq-Artemis 软件。下载最新版本的 Activemq-Artemis 应用程序并将其解压缩。目录及其内容描述如图 5-2 所示。

2）创建代理实例文件目录。要创建消息服务器，可进入安装目录的 bin 目录下，然后输入下面命令：

　$./artemis createartemis_home

其中，artemis_home 目录即新建消息服务器的 artemis_home 代理实例目录。注意，artemis_home 代理实例不要与 activemq-artemis 程序放在一个文件夹下。

图 5-3 所示为 artemis_home 代理实例目录及其内容描述。

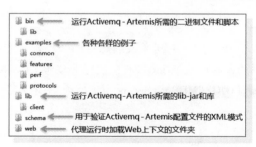

● 图 5-2　Activemq-Artemis 应用程序
目录及其内容描述

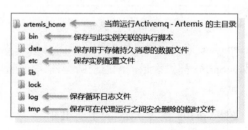

● 图 5-3　artemis_home 代理实例
目录及其内容描述

3）运行 Activemq-Artemis 安装命令。打开命令行窗口（CMD 窗口），进入 Activemq-Artemis 安装目录下的 bin 目录，运行命令如下：

```
artemis.cmd create ..\artemis_home --home ...\activemqartemis\apache-artemis-2.4.0 --
nio  --no-mqtt-acceptor --password 123456 --user mq --verbose --no-hornetq-acceptor --no-amqp-
acceptor --autocreate
```

中间会有一个提示"Allow anonymous access？（Y/N）"，输入 Y 即可。

4）启动 Activemq-Artemis 命令。安装完成后，可通过命令来启动 Activemq-Artemis。进入 artemis_home 代理实例目录的 bin 目录下，打开命令行窗口（CMD 窗口），输入". \ artemis.cmd run"即可。如果出现了"Artemis Console available at http：//localhost：8161/console"，则表明 Activemq-Artemis 服务已经启动。

5）进入 Activemq-Artemis 管理界面。可以通过 http：//localhost：8161/进入 Activemq-Artemis 管理界面，如图 5-4 所示。

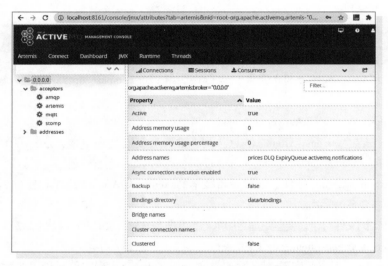

● 图 5-4　Activemq-Artemis 管理界面

这样就构建了一个基本的消息平台开发环境。

▶▶ 5.1.2　Spring 整合 JMS 实现说明

Spring 整合 JMS 可以分为两个功能区，即消息生产和消费，中间通过消息管道才传输信息。JmsTemplate 类用于消息生产和同步消息的接收。异步消息的接收与 Java EE 的消息驱动 Bean 风格相似，Spring 提供大量的消息监听容器来创建消息驱动 POJO（MDP）。Spring 也支持声明式方式创建消息监听。

❶ Spring 整合 JMS 的主要组件

■ org.springframework.jms.core 包提供了使用 JMS 的核心功能。

■ org.springframework.jms. support 包提供了 JMSException 的 转换功能，将接受异常检查的 JMSException 层转换到不接受异常检查的镜像层。

■ org.springframework.jms.annotation 包提供使用@JmsListener 注解驱动的端点监听器等必要的基础支持。

■ org.springframework.jms.connection 包提供了 ConnectionFactory 接口的实现，适用于独立的应用程序中。

 案例介绍和编写案例代码

本案例基于 Spring 框架实现 JMS 的基本功能。该模块实现消息的生产和消费操作等案例代码，以 Activemq-Artemis 为消息代理，消息队列平台为 Activemq-Artemis 消息服务器。

读者可以从 Github 上复制预先准备好的示例代码。

```
git clone https://github.com/rengang66/iiit.quarkus.spring.sample.git
```

该程序位于"340-sample-spring-jms"目录中。这是一个 Maven 项目。

然后导入 Maven 工程，在 pom.xml 的<dependencies>内有如下内容。

```
<dependency>
    <groupId>org.springframework.boot</groupId>
    <artifactId>spring-boot-starter-artemis</artifactId>
</dependency>
```

spring-boot-starter-artemis 是 Spring 集成 Artemis 的实现。

本程序的应用架构（如图 5-5 所示）表明，ProjectInformProducer 消息类遵循 JMS 规范向 Activemq-Artemis 消息服务器的消息队列 Queue 发送消息，ProjectInformConsumer 消息类遵循 JMS 规范从 Activemq-Artemis 消息服务器的消息队列 Queue 获取消息。外部访问 ProjectController 接口并获取 ProjectInformConsumer 的消息。ProjectInformProducer 消息类和 ProjectInformConsumer 消息类依赖 spring-boot-artemis 框架。

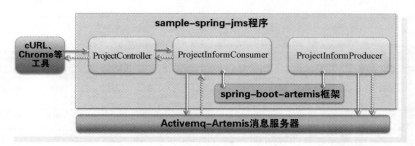

● 图 5-5　340-sample-spring-jms 程序应用架构图

本程序的文件和核心类如表 5-1 所示。

表 5-1　340-sample-spring-jms 程序的文件和核心类

名　　称	类　　型	简　　介
application.properties	配置文件	定义 Artemis 连接和管道、主题等信息
JmsConfig	配置类	Spring 关于 JMS 的初始化配置
ProjectInformProducer	数据生成类	生成数据并发送到 Artemis 的消息队列中，核心类
ProjectInformConsumer	数据消费类	消费 Artemis 的消息队列中的数据，核心类
ProjectController	资源类	获取消费数据并通过 REST 方式来提供，核心类

对于 Spring 开发者，关于 ProjectController 类的功能和作用就不详细介绍了。

❸ 验证程序

通过下列几个步骤来验证案例程序。

（1）首先启动 Activemq-Artemis 消息服务

安装好 Activemq-Artemis，初始化数据文件。然后到数据的目录下，确认在 Activemq-Artemis 的 artemis_home 代理实例下的 etc 目录的 broker.xml 中有如下配置内容：

```
< acceptor name = " amqp " > tcp://0. 0. 0. 0: 5672? tcpSendBufferSize = 1048576;
tcpReceiveBufferSize = 1048576; protocols = AMQP; useEpoll = true; amqpCredits = 1000;
amqpLowCredits=300;amqpMinLargeMessageSize=102400;amqpDuplicateDetection=true
    </acceptor>
```

其中主要定义的内容是 AMQP 中的监听端口是 5672。

运行 artemis run 命令启动 Activemq-Artemis，直至出现 Activemq-Artemis 消息服务已经启动的界面。读者可以在浏览器上查看其配置和状态的界面，输入 http://localhost:8161/console/，登录后可以查看状态信息。

（2）启动本程序

启动程序有两种方式：第一种是在开发工具（如 Eclipse）中调用 SpringRestApplication 类的 run 命令；第二种方式就是在程序目录下直接运行 cmd 命令 "mvnw clean spring-boot：run"（或 "mvn clean spring-boot：run"）。

在 IDE 工具控制台 Console 调试界面下观察，如图 5-6 所示。

● 图 5-6　IDE 工具控制台 Console 调试界面

▶▶ 5.1.3　Quarkus 整合 JMS 实现说明

本案例基于 Quarkus 框架实现 JMS 的基本功能。该模块以成熟的 Activemq-Artemis 消息队列框架作为消息队列平台。通过阅读和理解在 Activemq-Artemis 上实现消息的生成和消费操作等案例代码，读者可以了解 Quarkus 框架的 JMS 和 Activemq-Artemis 使用。这里采用 JMS 规范主题模式。本案例的后台消息平台采用 Activemq-Artemis 软件。

❶ 编写案例代码

编写案例代码有 3 种方式。

第一种方式是通过代码 UI 来实现，在 Quarkus 官网的脚手架工程中按照指定步骤生成脚手架代码，然后下载文件，引入项目到 IDE 工具中，最后修改程序源码内容。

第二种方式是通过 mvn 来构建程序。这里通过下面的代码创建 Maven 项目来实现。

```
mvn io.quarkus:quarkus-maven-plugin:1.11.1.Final:create ^
  -DprojectGroupId=com.iiit.quarkus.sample  -DprojectArtifactId=341-sample-quarkus-jms ^
  -DclassName=com.iiit.quarkus.sample.jms.artemis.ProjectResource  -Dpath=/projects ^
  -Dextensions=resteasy-jsonb,quarkus-artemis-jms
```

第三种方式是直接从 Github 上获取。

```
git clone https://github.com/rengang66/iiit.quarkus.spring.sample.git
```

该程序位于 "341-sample-quarkus-jms" 目录中。这是一个 Maven 项目。

然后导入 Maven 工程，在 pom.xml 的 <dependencies> 内有如下内容。

```
<dependency>
        <groupId>io.quarkus</groupId>
        <artifactId>quarkus-artemis-jms</artifactId>
</dependency>
```

quarkus-artemis-jms 是 Quarkus 扩展了 Artemis 的 jms 实现。

本程序的应用架构（如图 5-7 所示）表明，ProjectInformProducer 消息类遵循 JMS 规范向 Activemq-Artemis 消息服务器的消息主题 Topic 发送消息，ProjectInformConsumer 消息类遵循 JMS 规范从 Activemq-Artemis 消息服务器的消息主题 Topic 获取消息。外部访问 ProjectResource 资源接口并获取 ProjectInformConsumer 的消息。ProjectInformProducer 消息类和 ProjectInformConsumer 消息类依赖 quarkus-artemis-jms 扩展。

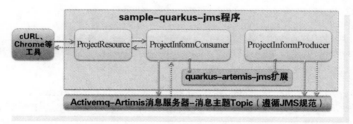

● 图 5-7 341-sample-quarkus-jms 程序应用架构图

本程序的文件和核心类如表 5-2 所示。

表 5-2 341-sample-quarkus-jms 程序的文件和核心类

名　称	类　型	简　介
application.properties	配置文件	定义 Artemis 连接和管道、主题等信息
ProjectInformProducer	数据生成类	生成数据并发送到 Artemis 的消息队列中，核心类
ProjectInformConsumer	数据消费类	消费 Artemis 的消息队列中的数据，核心类
ProjectResource	资源类	获取消费数据并通过 REST 方式来提供，核心类

在本程序中，首先查看配置文件 application.properties。

```
quarkus.artemis.url=tcp://localhost:61616
quarkus.artemis.username=mq
quarkus.artemis.password=123456
```

在 application.properties 文件中，定义了与 Artemis 消息平台连接的配置参数。

① quarkus.artemis.url 表示连接的消息服务器的位置，采用的是 TCP。

② quarkus.artemis.username、quarkus.artemis.password 分别表示登录消息服务器的用户和密码。

下面讲解本程序的 ProjectInformProducer 类、ProjectInformConsumer 类和 ProjectResource 类的内容。

（1）ProjectInformProducer 类

用 IDE 工具打开 com.iiit.quarkus.sample.jms.artemis.ProjectInformProducer 类文件，代码如下：

```java
@ApplicationScoped
public class ProjectInformProducer implements Runnable {
    @Inject ConnectionFactory connectionFactory;
    private final Random random = new Random();
    private final ScheduledExecutorService scheduler = Executors
        .newSingleThreadScheduledExecutor();
    void onStart(@Observes StartupEvent ev) {
      LOGGER.info("ScheduledExecutorService 启动");
      scheduler.scheduleWithFixedDelay(this, 0L, 5L, TimeUnit.SECONDS);
    }
    void onStop(@Observes ShutdownEvent ev) {
      LOGGER.info("ScheduledExecutorService 关闭");
      scheduler.shutdown();
    }
    @Override
    public void run()  {
      LOGGER.info("给主题发送消息");
        try ( JMSContext  context = connectionFactory. createContext ( Session. AUTO _
ACKNOWLEDGE)) {
        //通过连接工厂获取连接
        Connection connection=connectionFactory.createConnection();
        connection.start(); //启动连接
        //创建 Session
        Session session=connection.createSession(Boolean.TRUE, Session.AUTO_ACKNOWLEDGE);
        Topic topic = session.createTopic("ProjectInform");
        //创建消息生产者
        MessageProducer messageProducer= session.createProducer(topic);
        SimpleDateFormat formatter = new SimpleDateFormat("yyyy-MM-dd HH:mm:ss");
        String dateString = formatter.format(new Date());
        String sendContent = "项目进程数据: " +  Integer.toString(random.nextInt(100));
        System.out.println(dateString +"JMSProducer 通过主题 ProjectInform 发布数据:" +
sendContent);
        TextMessage message=session.createTextMessage(sendContent);
        messageProducer.send(message);
        session.commit();
```

```
        } catch( JMSException e){
            System.out.println("Exception thrown   :" + e);
        }
    }
}
```

📖 程序说明：

① ProjectInformProducer 类是消息生产者的管理类。

② Quarkus 服务启动，就调用了定时任务对象 ScheduledExecutorService 服务。该服务每隔 5s 运行一次任务。

③ ProjectInformProducer 类的 run 方法就是一个任务体。执行任务时首先创建一个消息主题 topic，然后创建一个消息生产者 producer，最后消息生产者 producer 向消息主题 topic 发送一个消息。

（2）ProjectInformConsumer 类

用 IDE 工具打开 com.iiit.quarkus.sample.jms.artemis.ProjectInformConsumer 类文件，代码如下：

```
@ApplicationScoped
public class ProjectInformConsumer implements Runnable {
    public ProjectInformConsumer() {}
    @Inject   ConnectionFactory connectionFactory;
    @Inject   Listener listener;
    private final ExecutorService scheduler = Executors.newSingleThreadExecutor();
    private volatile String consumeContent;
    public String getConsumeContent() {return consumeContent;}
    void onStart(@Observes StartupEvent ev) {scheduler.submit(this);}
    void onStop(@Observes ShutdownEvent ev) {scheduler.shutdown();}

    @Override
    public void run() {
        try ( JMSContext context = connectionFactory. createContext (Session. AUTO _
ACKNOWLEDGE)) {
            LOGGER.info("通过监听订阅消息");
            Connection connection= connectionFactory.createConnection();
            connection.start();   //启动连接
            //创建 Session
            Session session = connection. createSession (Boolean. FALSE, Session. AUTO _
ACKNOWLEDGE);
            Topic topic = session.createTopic("ProjectInform"); //创建连接的消息主题
            //创建消息消费者
            MessageConsumer messageConsumer=session.createConsumer(topic);
            while (true) {
                TextMessage message = (TextMessage) messageConsumer.receive();
                if (message == null) {return;  }
                consumeContent = message.getText();
                SimpleDateFormat formatter = new SimpleDateFormat("yyyy-MM-dd HH:mm:ss");
                String dateString = formatter.format(new Date());
                System.out.println( dateString+ " JMSConsumer 通过主题 ProjectInform 订阅数
据: " + consumeContent);
```

```
            LOGGER.info("消费者成功获取数据,内容为:"+consumeContent);
        }
    } catch (JMSException e) {throw new RuntimeException(e);}
    }
}
```

📖 程序说明:

① ProjectInformConsumer 类是 JMS 消息消费者的管理类。

② Quarkus 服务启动，就调用了定时任务对象 ScheduledExecutorService 服务。该服务每隔 5s 运行一次任务。

③ ProjectInformConsumer 类的 run 方法就是一个任务体。执行任务时首先创建一个消息主题 topic，然后创建一个消息的消费者 consumer，最后消息消费者 consumer 进入向消息主题 topic 读取消息的循环。当没有收到消息时，退出循环。当收到消息时，在控制台显示消息内容，然后在循环体内继续在消息主题 topic 中读取消息，直至读取完消息主题 topic 上所有的消息，最后退出循环。

本程序运行的通信图（如图 5-8 所示，遵循 UML 2.0 规范绘制）中，消息的处理过程如下:

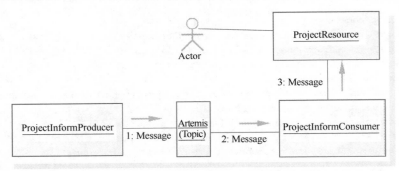

● 图 5-8　341-sample-quarkus-jms 程序运行的通信图

① 应用程序启动，调用 ProjectInformProducer 对象的实例化对象 ScheduledExecutorService 的 scheduleWithFixedDelay 方法，而该方法的内容是按照 5s 的频率调用 ProjectInformProducer 对象的 run 方法。ProjectInformProducer 的 run 方法的核心是向消息服务器的 ProjectInform 主题发布项目消息。其发送消息的过程可如图 5-8 所示。

② 应用程序启动，调用 ProjectInformConsumer 对象的实例化对象 ExecutorService 对象的 submit 方法，而该方法的内容是调用 ProjectInformConsumer 对象的 run 方法。ProjectInformConsumer 的 run 方法的核心是从消息服务器的 ProjectInform 主题订阅项目消息。其接收消息的过程如图 5-8 所示。

③ 当外部调用 ProjectResource 对象的 latestContent 方法时，可得到 ProjectInformConsumer 对象的最新项目消息。

② 验证程序

通过下列几个步骤（如图 5-9 所示）来验证案例程序。

（1）首先启动 Activemq-Artemis 消息服务

安装好 Activemq-Artemis，初始化数据文件，然后到数据的目录中，确认在 Activemq-Artemis 的 artemis_home 代理实例下的 etc 目录的 broker.xml 中有如下配置内容:

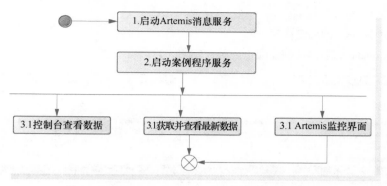

● 图 5-9　341-sample-quarkus-jms 程序验证流程图

```
< acceptor  name = " artemis " > tcp://0. 0. 0. 0: 61616? tcpSendBufferSize = 1048576;
tcpReceiveBufferSize = 1048576; amqpMinLargeMessageSize = 102400; protocols = CORE, AMQP,
STOMP, HORNETQ, MQTT, OPENWIRE; useEpoll = true; amqpCredits = 1000; amqpLowCredits = 300;
amqpDuplicateDetection=true</acceptor>
```

其中主要定义的内容是 TCP 中的监听端口是 61616。

启动 Activemq-Artemis，运行如下命令 artemis run。

（2）启动本程序

启动应用有两种方式：第一种是在开发工具（如 Eclipse）中调用 ProjectMain 类的 run 命令；第二种方式就是在程序目录下直接运行 cmd 命令"mvnw compile quarkus：dev"。

在 IDE 工具控制台 Console 调试界面观察，如图 5-10 所示。

```
--/ _ \/ / / / _ / _ /
-/// /// _ \/ /,/ \ / \
--\__\ / / / // /__/
2020-12-10 17:49:15,860 WARN  [io.qua.dep.QuarkusAugmentor] (main) Using Java versions older than 11 to build Quarkus appli
2020-12-10 17:49:17,303 WARN  [io.qua.res.com.dep.ResteasyCommonProcessor] (build-15) Quarkus detected the need of REST JSC
2020-12-10 17:49:20,824 INFO  [io.quarkus] (Quarkus Main Thread) Quarkus 1.7.1.Final on JVM started in 5.116s. Listening or
2020-12-10 17:49:20,824 INFO  [io.quarkus] (Quarkus Main Thread) Profile dev activated. Live Coding activated.
2020-12-10 17:49:20,825 INFO  [io.quarkus] (Quarkus Main Thread) Installed features: [artemis-jms, cdi, resteasy]
============= quarkus is running! ===============
2020-12-10 17:49:20 JMSProducer通过队列ProjectInform发送数据：项目进程数据：50
2020-12-10 17:49:21 JMSConsumer通过队列ProjectInform收到数据：项目进程数据：50
2020-12-10 17:49:21,127 INFO  [com.iii.qua.sam.jms.art.ProjectResource] (pool-6-thread-1) 消费者成功获取数据，内容为：项目进程数据：50
2020-12-10 17:49:26 JMSProducer通过队列ProjectInform发送数据：项目进程数据：57
2020-12-10 17:49:26 JMSConsumer通过队列ProjectInform收到数据：项目进程数据：57
2020-12-10 17:49:26,293 INFO  [com.iii.qua.sam.jms.art.ProjectResource] (pool-6-thread-1) 消费者成功获取数据，内容为：项目进程数据：57
2020-12-10 17:49:31 JMSProducer通过队列ProjectInform发送数据：项目进程数据：14
2020-12-10 17:49:31 JMSConsumer通过队列ProjectInform收到数据：项目进程数据：14
2020-12-10 17:49:31,356 INFO  [com.iii.qua.sam.jms.art.ProjectResource] (pool-6-thread-1) 消费者成功获取数据，内容为：项目进程数据：14
2020-12-10 17:49:36 JMSProducer通过队列ProjectInform发送数据：项目进程数据：16
2020-12-10 17:49:36 JMSConsumer通过队列ProjectInform收到数据：项目进程数据：16
2020-12-10 17:49:36,412 INFO  [com.iii.qua.sam.jms.art.ProjectResource] (pool-6-thread-1) 消费者成功获取数据，内容为：项目进程数据：16
2020-12-10 17:49:41 JMSProducer通过队列ProjectInform发送数据：项目进程数据：42
2020-12-10 17:49:41 JMSConsumer通过队列ProjectInform收到数据：项目进程数据：42
2020-12-10 17:49:41,507 INFO  [com.iii.qua.sam.jms.art.ProjectResource] (pool-6-thread-1) 消费者成功获取数据，内容为：项目进程数据：42
```

● 图 5-10　IDE 工具控制台 Console 调试界面

也可以在 Apache Artemis 的总体监控界面下观察数据变化。

（3）通过 API 接口获取最新数据

打开一个新 CMD 窗口，输入如下的 cmd 命令：

```
curl http://localhost:8080/projects/latestdata
```

此时可以获得最新的数据。

（4）Apache Artemis 的总体监控界面

在 Apache Artemis 的总体监控界面下观察，如图 5-11 所示。

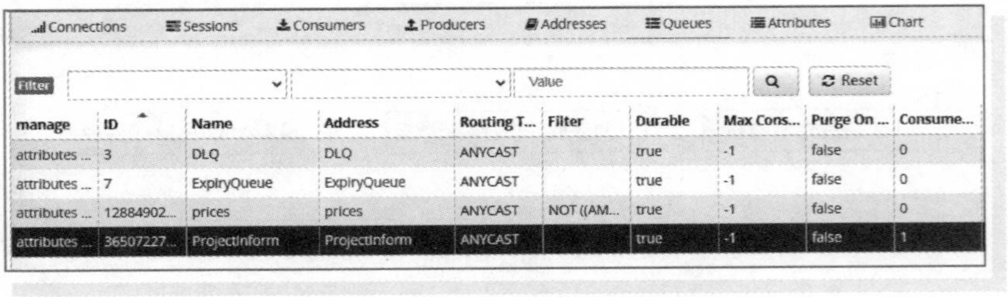

manage	ID	Name	Address	Routing T...	Filter	Durable	Max Cons...	Purge On ...	Consume...
attributes ...	3	DLQ	DLQ	ANYCAST		true	-1	false	0
attributes ...	7	ExpiryQueue	ExpiryQueue	ANYCAST		true	-1	false	0
attributes ...	12884902...	prices	prices	ANYCAST	NOT ((AM...	true	-1	false	0
attributes ...	36507227...	ProjectInform	ProjectInform	ANYCAST		true	-1	false	1

● 图 5-11　Apache Artemis 的总体监控界面

5.2　事件消息处理

异步通信协议将应用程序解耦，异步行为还可以提高性能、安全性和可伸缩性。随着异步通信的重要性日益增加，消息队列框架已成为解耦应用程序的关键。

分布式消息传递和发布-订阅平台被引入消息传递领域，以帮助解决其中的一些关键问题。发布订阅消息还可以启用事件驱动的体系结构，以实现高性能、可靠性和可扩展性。

在事件驱动体系结构中，消息代理有助于在多个应用程序之间异步传递事件消息。事件处理器使用事件、处理事件，并可能在最后发布其他事件。

▶▶5.2.1　Spring 和 Quarkus 整合事件消息异同

整合事件消息，可以从消息消费和消息生产两个方面来说明。

Spring 和 Quarkus 对于消息事件的消费，都可以通过非阻塞异步 I/O 线程或阻塞 I/O 线程来处理。但这也是有区别的，Quarkus 框架通过 Eclipse Vert.x 框架的事件总线的支持来实现开箱即用的事件总线功能。而 Spring 却没有核心组件来实现，需要使用 Spring Integration 框架来实现与 Quarkus 事件总线类似的功能。Spring 通过其内置的 ApplicationEventPublisher 支持事件发布和监听。不管监听器是同步的还是异步的，此事件发布机制都是"触发并忘记"的。发布者发出一个事件（或消息），使用者使用该事件，但使用者没有向发布者发出响应的机制。Spring Integration 使开发者能够通过用于单向和双向集成的通道适配器以及用于通信的网关来克服这些限制。

Spring 和 Quarkus 对于消息事件的生产，也稍微不同。Spring Integration 允许开发者实现 MessagingGateway，MessagingGateway 创建一个发布-订阅通道来发送消息和返回响应。MessagingGateway 隐藏了 Spring Integration 提供的消息 API。它让应用程序的业务逻辑不知道 Spring Integration API。通过使用通用网关，应用程序代码只与简单接口交互。Quarkus 允许开发者简单地将 EventBus Bean 注入其他 Bean 中以发布事件并等待响应。为了启用 Eclipse Vert.x 事件总线功能，Quarkus 提供可添加到现有 Quarkus 应用程序的 Eclipse Vert.x 扩展。

▶▶ 5.2.2 Spring 整合事件消息实现说明

❶ Spring Integration 的 MessagingGateway 简介

Spring Integration 框架是 Spring 框架创建的一个集成 API。Spring Integration 非常轻量、易于测试。Spring Integration 框架集成消息传递网关代理（MessagingGateway），是消息传递 API 的抽象。这样，应用程序的业务逻辑可能完全不知道 Spring 集成 API，代码仅通过接口进行交互。换句话说，消息传递网关封装特定于消息传递的代码，并将其与应用程序的其余部分分离。MessagingGateway 提供 request-reply 行为。这与仅提供单向发送或接收行为的通道适配器相反。

❷ 案例介绍和编写案例代码

本案例基于 Spring Boot 框架的 Spring Integration 框架实现事件消息的基本功能。该模块以 Spring Integration 实现事件消息和代理的功能。

案例代码可以直接从 Github 上获取。

```
git clone https://github.com/rengang66/iiit.quarkus.spring.sample.git
```

该程序位于 "342-sample-spring-event" 目录中。这是一个 Maven 项目。

然后导入 Maven 工程，在 pom.xml 的<dependencies>内有如下内容。

```
<dependency>
    <groupId>org.springframework.boot</groupId>
    <artifactId>spring-boot-starter-integration</artifactId>
</dependency>
```

spring-boot-starter-integration 是 Spring Boot 启动注入了 integration 的事件消息实现。

本程序的应用架构（如图 5-12 所示）表明，外部访问 ProjectController 接口，ProjectController 接口访问 ProjectGateway 网关，ProjectGateway 网关转移到 ProjectService 获取服务。

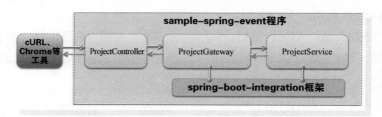

● 图 5-12　342-sample-spring-event 程序应用架构图

本程序的文件和核心类如表 5-3 所示。

对于 Spring 开发者，关于 ProjectController 控制类、ProjectService 服务类和 ProjectGateway 网关类的功能和作用就不详细介绍了。

❸ 验证程序

通过下列几个步骤来验证案例程序。

表 5-3 342-sample-spring-event 程序的文件和核心类

名　称	类　型	简　介
application.properties	配置文件	定义 Artemis 连接和管道、主题等信息
ProjectController	资源类	提供 REST 外部 API 接口
ProjectGateway	网关类	提供网关服务
ProjectService	服务类	主要提供数据服务，简单介绍
Project	实体类	POJO 对象，简单介绍

（1）启动程序

启动程序有两种方式：第一种是在开发工具（如 Eclipse）中调用 SpringRestApplication 类的 run 命令；第二种方式就是在程序目录下直接运行 cmd 命令"mvnw clean spring-boot：run"（或"mvn clean spring-boot：run"）。

（2）通过 CMD 窗口调用程序 API 来验证

在 CMD 窗口中输入以下命令：

```
JmsConfigcurl http://localhost:8080/projects/all/all
curl http://localhost:8080/projects/1
curl -X POST -H "Content-type: application/json" -d { \"id\":3, \"name \": \"项目 C \", \"
description \": \"关于项目 C 的描述 \"} http://localhost:8080/projects/add
curl -X POST -H "Content-type: application/json" -d { \"id\":3, \"name \": \"项目 C \", \"
description \": \"项目 C 描述修改内容 \"} http://localhost:8080/projects/update
curl -X DELETE  -H "Content-type: application/json"-d {\"id\":3,\"name \": \"项目 C \", \"
description \": \"关于项目 C 的描述 \"} http://localhost:8080/projects/delete
```

根据反馈结果，查看是否达到了验证效果。

▶▶ 5.2.3　Quarkus 整合事件消息实现说明

❶ Quarkus 整合 Eclipse Vert.x 消息事件简介

Quarkus 是构建在 Eclipse Vert.x 上的，可以实现网络相关功能、响应式编程以及与 Eclipse Vert.x 事件总线的集成。事件总线使 Quarkus 应用程序能够在事件处理器（如响应式客户端）之间异步、单向或双向传递消息，Quarkus 的 EventBus 如图 5-13 所示。

● 图 5-13　Quarkus 的 EventBus

通过 Eclipse Vert.x 的 EventBus，Quarkus 允许不同的 Bean 之间通过异步事件进行交互，从而促进松散耦合。消息被发送到虚拟地址。Eclipse Vert.x 事件总线是分布式的，使开发者能够编写在 JVM 上运行的响应式、非阻塞的异步应用程序。因此，用不同语言编写的应用程序可以通过事件总线进行通信。例如，可以桥接事件总线，以允许在浏览器中运行的客户端 JavaScript 与其他应用程序在同一事件总线上通信。

EventBus 提供 3 种传送机制，如表 5-4 所示。

表 5-4　EventBus 提供的 3 种传送机制

发布方式	描述
point-to-point	消息被发送到一个虚拟地址。其中一个使用者接收该消息。如果在该地址注册了多个消费者，则将通过循环算法选择一个消费者
publish-subscribe	消息将发布到虚拟地址。所有收听该地址的消费者都会收到消息
request-reply	消息由单个消费者接收，该消费者需要异步回复消息

所有这些传送机制都是无阻塞的，这为构建响应式应用程序提供了一个基本组件。异步消息传递功能允许回复响应消息不支持的消息格式。但是，它仅限于单个事件行为（无流）和本地消息。

❷ 案例简介和编写案例代码

本案例基于 Quarkus 框架实现 EventBus 的基本功能。通过阅读和理解在 EventBus 上实现消息的生成和消费操作等案例代码，读者可以了解 Quarkus 框架的 EventBus 使用。

编写案例代码有两种方式。

第一种方式是通过代码 UI 来实现，在 Quarkus 官网的脚手架工程中按照指定步骤生成脚手架代码，然后下载文件，引入项目到 IDE 工具中，最后修改程序源码内容。

第二种方式是直接从 Github 上获取。

```
git clone https://github.com/rengang66/iiit.quarkus.spring.sample.git
```

该程序位于 "343-sample-quarkus-event" 目录中。这是一个 Maven 项目。

本程序的应用架构（如图 5-14 所示）表明，外部访问 ProjectResource 资源接口，ProjectResource 指向 EventBus，EventBus 通过 ProjectService 获取服务。EventBus 和 ProjectService 依赖 quarkus-vertx 框架扩展。

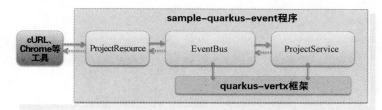

● 图 5-14　343-sample-quarkus-event 程序应用架构图

343-sample-quarkus-event 程序的文件和核心类如表 5-5 所示。

表 5-5　343-sample-quarkus-event 程序的文件和核心类

名　　称	类　型	简　　介
application.properties	配置文件	定义 Artemis 连接和管道、主题等信息
ProjectResource	资源类	提供 REST 服务，发送事件并获取反馈消息，核心类
ProjectService	消息消费类	获取事件并提供消息，核心类

在本程序中，配置文件 application.properties 基本无内容。下面讲解本程序的 ProjectResource 类和 ProjectService 类的内容。

（1）ProjectResource 类文件

打开 com.iiit.quarkus.sample.eventbus.resource.ProjectResource.java 文件，其代码如下：

```
@Path("/projects")
@ApplicationScoped
@Produces(MediaType.APPLICATION_JSON)
@Consumes(MediaType.APPLICATION_JSON)
public class ProjectResource {
    @Inject ProjectService service;
    @Inject EventBus bus;

    @GET
    public Uni<String> list() {
        return bus.<String> request("getAllProjectInform","All")
                .onItem().transform(Message::body);
    }

    @GET
    @Produces(MediaType.TEXT_PLAIN)
    @Path("/{id}")
    public Uni<String>getName(@PathParam("id") Integer id) {
        return bus.<String> request("getNameByID", id)
                .onItem().transform(Message::body);
    }

    @GET
    @Path("/project/{id}")
    public Uni<Project>getProjectById(@PathParam("id") Integer id) {
        return bus.<Project> request("getProjectById", id)
                .onItem().transform(Message::body);
    }

    @POST
    public Uni<Project> add(Project project) {
        return bus.<Project> request("addProject", project)
                .onItem().transform(Message::body);
    }

    @PUT
    public Uni<Project> update(Project project) {
        return bus.<Project> request("updateProject", project)
                .onItem().transform(Message::body);
```

```
    }

    @DELETE
    public Uni<String> delete(Project project) {
        return bus.<String> request("deleteProject", project)
                .onItem().transform(Message::body);
    }
}
```

📖 程序说明：

① ProjectResource 类的作用是与外部进行交互，方法包含 REST 的 GET、POST、PUT、DELETE。其注入了 ProjectService 类和 EventBus 对象。

② ProjectResource 类的所有方法都向 EventBus 对象发送消息问候，并且获取该地址返回的数据信息。

（2）ProjectService 类文件

打开 com.iiit.quarkus.sample.eventbus.service.ProjectService.java 文件，其代码如下：

```
@ApplicationScoped
public class ProjectService {
    private Map<Integer, Project>projectMap = new HashMap<>();

    public ProjectService() {
        projectMap.put(1, new Project(1, "项目 A", "关于项目 A 的情况描述"));
        projectMap.put(2, new Project(2, "项目 B", "关于项目 B 的情况描述"));
        projectMap.put(3, new Project(3, "项目 C", "关于项目 C 的情况描述"));
    }

    @ConsumeEvent("getProjectList")
    public Uni<List<Project>>getProjectList(String ls) {
        LOGGER.info("Multi 形成 List 列表");
          return Uni.createFrom().multi(Multi.createFrom().items(new ArrayList<>
(projectMap.values()))));}

    //省略部分代码
    ...

    @ConsumeEvent("addProject")
    public Uni<Project> add(Project project) {
        projectMap.put(projectMap.size()+1,project);
        return Uni.createFrom().item(project);
    }

    //省略部分代码
    ...
}
```

📖 程序说明：

① ProjectService 类是一个服务类，提供对事件的消息消费功能。

② 注解@ConsumeEvent（"getProjectList"）表明该方法是一个消费事件。要使用事件，可使用

io.quarkus.vertx.Event 注解。

③ 如果没有设置，那么地址就是 Bean 的完全限定名。例如，在这个代码段中，其地址就是 com.iiit.quarkus.sample.eventbus.service.ProjectService，方法参数是消息体。如果该方法返回数据，那么就是消息响应。

❸ 验证程序

通过下列几个步骤（如图 5-15 所示）来验证案例程序。

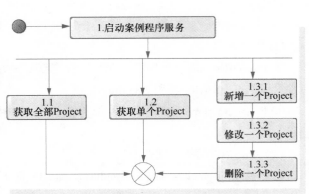

1）启动程序。启动应用有两种方式：第一种是在开发工具（如 Eclipse）中调用 ProjectMain 类的 run 命令；第二种方式就是在程序目录下直接运行 cmd 命令"mvnw compile quarkus：dev"。

2）通过 API 接口显示项目的 JSON 格式内容。打开一个新 CMD 窗口，输入如下的 cmd 命令：

● 图 5-15　343-sample-quarkus-event 程序验证流程图

```
curl http://localhost:8080/projects
```

此时反馈整个项目列表的项目数据。

3）通过 API 接口显示单条记录。打开一个新 CMD 窗口，输入如下的 cmd 命令：

```
curl http://localhost:8080/projects/1
```

此时反馈项目 1 的项目数据。

4）通过 API 接口增加一条数据。打开一个新 CMD 窗口，输入如下的 cmd 命令：

```
curl -X POST  -H "Content-type: application/json" -d { \"id \":6, \"name \": \"项目 F \"}
http://localhost:8080/projects
```

可采用命令 curl http://localhost:8080/projects 显示全部内容，观察添加数据是否成功。

5）通过 API 接口修改一条数据。打开一个新 CMD 窗口，输入如下的 cmd 命令：

```
curl -X PUT -H "Content-type: application/json" -d { \"id \":5, \"name \": \"Project5 \"}
http://localhost:8080/projects/5 -v
```

可采用命令 curl http://localhost:8080/projects/5 查看数据的变化情况。

6）通过 API 接口删除一条 project 记录。打开一个新 CMD 窗口，输入如下的 cmd 命令：

```
curl -X DELETE http://localhost:8080/projects/6  -v
```

执行完成后，调用命令 curl http://localhost:8080/projects 显示该记录状况，查看变化情况。

5.3　调用 Apache Kafka 消息流

Apache Kafka 平台是一个分布式数据流处理平台，可以实时发布、订阅、存储和处理数据流。

Apache Kafka 被设计为处理多种来源的数据流，并将它们交付到多个消费者。下面简单介绍 Apache Kafka 的基本机制。其架构如图 5-16 所示。

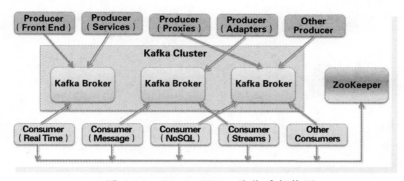

● 图 5-16　Apache Kafka 的体系架构图

在 Apache Kafka 的基本结构中，Producer（生产者）发布消息到 Kafka 的 Topic 中。Topic（主题）也可以看作是消息类别。Topic 是由作为 Kafka Server 的 Broker 创建的。Consumer（消费者）订阅（一个或多个）Topic 来获取消息，其只关注自己需要的 Topic 中的消息。Consumer（消费者）通过与 Kafka 集群建立长连接的方式，不断地从集群中拉取消息，然后对这些消息进行处理。在这里，Broker 和 Consumer（消费者）之间分别使用 ZooKeeper 记录状态信息和消息信息。

Kafka Streams 是一套客户端类库，其提供了对存储在 Apache Kafka 内的数据进行流式处理和分析的功能。流（Stream）是 Kafka Streams 提供的一个非常重要的抽象，它代表一个无限的、不断更新的数据集。一个流就是由一个有序的、可重放的、支持故障转移的、不可变的数据记录（Data Record）序列，其中的每个数据记录都被定义成一个键值对。对于流式计算，数据的输入是持续的，一般先定义目标计算，数据到达之后再将计算逻辑应用于数据，往往用增量计算代替全量计算。

现在简单介绍 Kafka Streams 中两个非常重要的概念——KStream 和 KTable。KStream 是一个数据流，读者可以认为所有的记录都通过 Insert Only 的方式插入这个数据流中。KTable 代表一个完整的数据集，读者可以理解为数据库中的表。每条记录都是 Key-Value 键值对，Key 可以理解为数据库中的主键，是唯一的，而 Value 代表一条记录。可以认为 KTable 中的数据是通过 Update Only 的方式进入的。如果是相同的 Key，则会覆盖掉原来的那条记录。综上来说，KStream 是数据流，输入多少数据就插入多少数据，是 Insert Only。KTable 是数据集，相同的 Key 只允许保留最新的记录，也就是 Update Only。

本案例需要安装 Kafka 消息服务。安装有两种方式：第一种是通过 Docker 容器来安装及部署，如果本地有 Docker，则可通过 Docker 来安装；第二种是本地直接安装 Kafka 消息服务。

（1）通过 Docker 来安装及部署

创建 docker-compose.yaml 文件：

```
version:'2'
services:
  zookeeper:
```

```
  image:strimzi/kafka:0.19.0-kafka-2.5.0
  command: [
    "sh", "-c",
    "bin/zookeeper-server-start.sh config/zookeeper.properties"
  ]
  ports:
    - "2181:2181"
  environment:
    LOG_DIR: /tmp/logs

kafka:
  image:strimzi/kafka:0.19.0-kafka-2.5.0
  command: [
    "sh", "-c",
    "bin/kafka-server-start.sh config/server.properties --override listeners = $ ${KAFKA
_LISTENERS} --override advertised.listeners = $ ${KAFKA_ADVERTISED_LISTENERS} --override
zookeeper.connect = $ ${KAFKA_ZOOKEEPER_CONNECT}"
  ]
  depends_on:
    - zookeeper
  ports:
    - "9092:9092"
  environment:
    LOG_DIR: "/tmp/logs"
    KAFKA_ADVERTISED_LISTENERS: PLAINTEXT://localhost:9092
    KAFKA_LISTENERS: PLAINTEXT://0.0.0.0:9092
    KAFKA_ZOOKEEPER_CONNECT: zookeeper:2181
```

建立 docker-compose.yaml 文件后，运行命令 docker-compose up 即可，执行后出现图 5-17 所示的界面，说明 Kafka 已经启动成功。

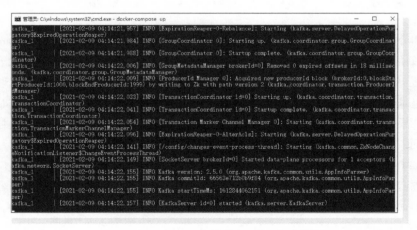

● 图 5-17　Docker 容器的 Kafka 启动界面

此时需要启动两个服务。第一个服务是 ZooKeeper 服务，ZooKeeper 开启端口 2181（这也是 ZooKeeper 的默认端口），内部和外部端口是一致的。第二个服务是 Kafka 服务。Kafka 开启端口 9092（这也是 Kafka 的默认端口），内部和外部端口是一致的。两个服务都是通过 strimzi/kafka：

0. 19. 0-kafka-2. 5. 0 容器镜像来获取。

（2）在本地安装 Kafka

由于 Kafka 依赖 ZooKeeper，Kafka 通过 ZooKeeper 现实分布式系统的协调，所以需要先安装 ZooKeeper。简单说明安装步骤：

1）获得 Kafka。下载最新的 Kafka 版本并将其解压缩。需要注意的是，本地环境必须安装 Java 8+。

2）启动 ZooKeeper 服务。打开一个 cmd 终端并运行来启动 ZooKeeper 服务，命令如下：

```
bin/zookeeper-server-start.sh config/zookeeper.properties
```

3）启动 Kafka 服务。打开另一个 cmd 终端并运行来启动 Kafka Broker 服务，命令如下：

```
bin/kafka-server-start.sh config/server.properties
```

一旦所有服务成功启动，就构建了一个基本的 Kafka 服务开发环境。

▶▶ 5.3.1 Spring 调用 Kafka 消息流

本案例基于 Spring Boot 框架实现分布式消息流的基本功能。该模块以成熟的 Kafka 框架作为分布式消息流平台实现分布式消息的生成、发布、广播和消费操作等案例代码。

❶ 编写案例代码

可以从 Github 上复制预先准备好的示例代码。

```
git clone https://github.com/rengang66/iiit.quarkus.spring.sample.git
```

该程序位于 "346-sample-spring-kafka-streams" 目录中。这是一个 Maven 项目。

然后导入 Maven 工程，在 pom.xml 的 <dependencies> 内有如下内容。

```
<dependency>
    <groupId>org.springframework.kafka</groupId>
    <artifactId>spring-kafka</artifactId>
</dependency>
<dependency>
    <groupId>org.apache.kafka</groupId>
    <artifactId>kafka-streams</artifactId>
</dependency>
```

spring-kafka 是 Spring 扩展了 Kafka 的实现，kafka-streams 是 Kafka 的 Streams 实现。

本程序的应用架构（如图 5-18 所示）表明，外部访问 ProjectController 对象，ProjectController 对象调

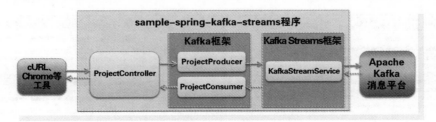

● 图 5-18　346-sample-spring-kafka-streams 程序应用架构图

用 ProjectProducer 服务，ProjectProducer 服务向 input 主题发送消息，KafkaStreamService 服务创建基于 input 主题的消息流和 output 的消息流，并对接这两个消息流，ProjectConsumer 获取 output 的消息流。

本程序的文件和核心类如表 5-6 所示。

表 5-6　346-sample-spring-kafka-streams 程序的文件和核心类

名　　称	类　　型	简　　介
application.properties	配置文件	定义 Kafka Streams 连接和主题等信息
KafkaConfig	配置类	配置两个 Kafka 消息主题，分别是输入主题和输出主题
KafkaConsumerConfig	配置类	配置 Kafka 消息的消费的基本信息，接收输出主题的消息
KafkaProducerConfig	配置类	配置 Kafka 消息的发出的基本信息，发出到输出主题的消息
KafkaStreamsConfig	配置类	配置 Kafka 消息流的基本信息
ProjectController	资源类	外部接口，获取外出调用信息，然后调用 ProjectProducer 类
ProjectProducer	消息生产类	向输入主题发送消息
ProjectConsumer	消息消费类	从输出主题接收消息
KafkaStreamService	消息流处理类	Kafka Streams 服务，创建输入主题消息流和输出主题消息流，然后对接这两个消息流
Project	服务类	消息的载体，需要序列化和反序列化

对于 Spring 开发者，关于 ProjectController 类、ProjectProducer 类、Project 实体类等的功能和作用就不详细介绍了。

❷ 验证程序

通过下列几个步骤来验证案例程序。

1）首先启动 Kafka 服务。安装好 Kafka 软件。先启动 ZooKeeper 服务器，然后启动 Kafka 服务器。

2）启动本程序。启动程序有两种方式：第一种是在开发工具（如 Eclipse）中调用 SpringRestApplication 类的 run 命令；第二种方式就是在程序目录下直接运行 cmd 命令 "mvnw clean springboot：run"（或 "mvn clean spring-boot：run"）。

3）通过 API 接口启动 Kafka Streams 服务。CMD 窗口中的命令如下：

```
curl -X POST -H "Content-type: application/json" -d {\"id\":3, \"name \": \"项目 cccc \", \"description \": \"关于项目 cccc 的描述\"} http://localhost:8080/projects/postMessage
```

可得到图 5-19 所示的信息。

● 图 5-19　开发工具 Console 控制台反馈的信息

可以观察到项目中的小写字母都变成了大写字母了。

▶▶ 5.3.2　Quarkus 调用 Kafka 消息流

本案例基于 Quarkus 框架实现分布式消息流的基本功能。该模块以成熟的 Apache Kafka 框架作为分布式消息流平台。通过阅读和分析在 Apache Kafka 上实现分布式消息的生成、发布、广播和消费操作等案例代码，读者可以理解和掌握 Quarkus 框架的分布式消息流和 Apache Kafka 使用。

❶ 编写案例代码

编写案例代码有 3 种方式。

第一种方式是通过代码 UI 来实现，在 Quarkus 官网的脚手架工程中按照指定步骤生成脚手架代码，然后下载文件，引入项目到 IDE 工具中，最后修改程序源码内容。

第二种方式是通过 mvn 来构建程序。这里通过下面的代码创建 Maven 项目来实现。

```
mvn io.quarkus:quarkus-maven-plugin:1.11.1.Final:create ^
  -DprojectGroupId = com. iiit. quarkus. sample  -DprojectArtifactId = 347-sample-quarkus-
kafka-streams ^
  -DclassName=com.iiit.quarkus.sample.reactive.kafka.ProjectResource  -Dpath=/projects ^
  -Dextensions=resteasy-jsonb, quarkus-kafka-streams
```

第三种方式是直接从 Github 上获取代码。

```
git clone https://github.com/rengang66/iiit.quarkus.spring.sample.git
```

该程序位于 "347-sample-quarkus-kafka-streams" 目录中。这是一个 Maven 项目。

然后导入 Maven 工程，在 pom.xml 的<dependencies>内有如下内容。

```
<dependency>
     <groupId>io.quarkus</groupId>
     <artifactId>quarkus-kafka-streams</artifactId>
</dependency>
```

quarkus-kafka-streams 是 Quarkus 扩展了 Kafka 的 Streams 实现。

本程序的应用架构（如图 5-20 所示）表明，外部访问 ProjectResource 资源接口，ProjectResource 调用 ProjectService 服务，ProjectService 服务创建 KafkaProducer 对象来向 Kafka 发送消息流，ProjectService 服务创建 KafkaConsumer 对象来获取 Kafka 的消息流。KafkaProducer 对象和 KafkaConsumer 对象都归属于 Kafka Streams 框架。

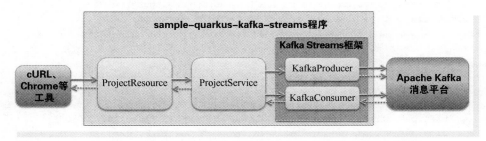

● 图 5-20　347-sample-quarkus-kafka-streams 程序应用架构图

本程序的文件和核心类如表 5-7 所示。

表 5-7　347-sample-quarkus-kafka-streams 程序的文件和核心类

名　　称	类　　型	简　　介
application.properties	配置文件	定义 Kafka Streams 连接和主题等信息
Startup	服务后台类	Kafka Streams 服务，核心类
ProjectResource	资源类	通过 REST 启动 Kafka Streams 服务，提交生产者数据。核心类
ProjectService	服务类	生产和消费 Kafka 的管道中数据并展示，核心类

在本程序中，首先查看配置信息 application.properties 文件。

```
quarkus.kafka-streams.bootstrap-servers=localhost:9092
quarkus.kafka-streams.application-id=streams-wordcount
quarkus.kafka-streams.application-server=localhost:8080
quarkus.kafka-streams.topics=wordcount-input,wordcount-out

kafka-streams.cache.max.bytes.buffering=10240
kafka-streams.commit.interval.ms=1000
kafka-streams.metadata.max.age.ms=500
kafka-streams.auto.offset.reset=earliest
kafka-streams.metrics.recording.level=DEBUG
```

在 application.properties 文件中，配置了与数据库连接的相关参数。

① quarkus.kafka-streams.. bootstrap-servers 表示需要连接的 Kafka 平台的位置。

② quarkus.kafka-streams.application-id 表示当前 kafka-streams 的程序名称。

③ quarkus.kafka-streams.application-server 表示当前 kafka-streams 的服务器位置，也就是本应用程序的位置。

④ quarkus.kafka-streams.topics 表示 kafka-streams 的 Topic（主题）。

下面讲解本程序的 Startup 类、ProjectResource 类和 ProjectService 类的内容。

（1）Startup 类

用 IDE 工具打开 com.iiit.quarkus.sample.kafka.stream.Startup 类文件，代码如下：

```
@Singleton
public class Startup {

    public static final String INPUT_TOPIC = "wordcount-input";
    public static final String OUTPUT_TOPIC = "wordcount-out";

    @Inject  KafkaStreams stream;

    public void Streams() {
        Properties prop = new Properties();
        prop.put(StreamsConfig.APPLICATION_ID_CONFIG,"streams-wordcount");
        prop.put(StreamsConfig.BOOTSTRAP_SERVERS_CONFIG,"localhost:9092");
        prop.put(StreamsConfig.COMMIT_INTERVAL_MS_CONFIG,3000);
        prop.put(StreamsConfig.DEFAULT_KEY_SERDE_CLASS_CONFIG, Serdes.String().getClass());
```

```
prop.put(StreamsConfig.DEFAULT_VALUE_SERDE_CLASS_CONFIG,Serdes.String().getClass());

//构建流构造器
StreamsBuilder builder = new StreamsBuilder();
KTable<String, Long> count = builder.stream(INPUT_TOPIC)
//从 Kafka 中一条一条地取数据
    .flatMapValues(//返回压扁的数据
        (value) -> {  //对数据按空格分隔,返回 list 集合
            String[] split = value.toString().split(" ");
            List<String> strings = Arrays.asList(split);
            return strings;
        }).map((k, v) -> {
    return newKeyValue<String, String>(v, String.valueOf(v.length()));
}).groupByKey().count();

//在控制台输出结果
count.toStream().foreach((k,v)->{System.out.println("key:"+k+" count:"+v
    +"  length:" + k.toString().length());});

count.toStream().map((x,y)->{return new KeyValue<String,String>(x,y.toString());
}).to(OUTPUT_TOPIC);

stream = new KafkaStreams(builder.build(), prop);
final CountDownLatch latch=new CountDownLatch(1);
Runtime.getRuntime().addShutdownHook(new Thread("streams-wordcount-shutdown-hook"){
    @Override
    public void run() {
        stream.close();
        latch.countDown();
    }
});
try {
    //启动 Kafka Streams
    stream.start();
    latch.await();
} catch (InterruptedException e) {
    e.printStackTrace();
}
System.exit(0);
    }
}
```

📖 程序说明:

① 注入 KafkaStreams 对象,这是一个核心的服务类。

② 本程序首先创建 StreamsBuilder 对象,然后 StreamsBuilder 对象从 Kafka 服务器的 "wordcount-input" 主题上一条一条地读取数据,接着将这些数据拆分为一个个的词汇,并对出现的词汇进行统计,最终形成一个词汇和出现次数的 KTable 变量。接着把 KTable 输出到控制台,便于外部观察,同时输出到 Kafka 服务器的 "wordcount-out" 主题上。

③ StreamsBuilder 对象绑定 KafkaStreams 对象,最后启动 Kafka Streams 服务。这样,上述过程持

续不断地进行下去。

（2）ProjectResource 资源类

用 IDE 工具打开 com.iiit.quarkus.sample.kafka.stream.ProjectResource 类文件，代码如下：

```
@Path("/projects")
@ApplicationScoped
@Produces(MediaType.APPLICATION_JSON)
@Consumes(MediaType.APPLICATION_JSON)
public class ProjectResource {
    @Inject ProjectService service;

    @GET
    @Path("/commit")
    public String commit() {service.commit();return "OK";}

    @GET
    @Path("/producer/{content}")
    public String producer(@PathParam("content")  String content) {service.producer
(content);
        return "OK";
    }

    @GET
    @Path("/consumer")
    public String consumer() {service.consumer();return "OK";}

    @GET
    @Path("/startup")
    public String startup() {
        if (! ProjectMain.is_startup){
            service.config();
            ProjectMain.is_startup = true;
        }
        return "OK";
    }
}
```

📖 程序说明：

① ProjectResource 类的功能是与外部交互，方法主要还是基于 REST 的基本操作，只有 GET 方法。通过注入 ProjectService 对象，实现对后端服务的调用。

② ProjectResource 类的 startup 方法调用后台 ProjectService 服务的 config 方法，其目的是通过 ProjectService 服务启动最终的 Kafka Streams 服务。

③ ProjectResource 类的 commit 方法调用后台 ProjectService 服务的 commit 方法，其目的是向 Kafka 服务器生产一批数据。

④ ProjectResource 类的 producer 方法调用后台 ProjectService 服务的 producer 方法，其目的是向 Kafka 服务器生产一个数据。

⑤ ProjectResource 类的 consumer 方法调用后台 ProjectService 服务的 consumer 方法，其目的是启

动 Kafka 服务器的一个消费者。当然，这会进入等待状态。

（3） ProjectService 服务类

用 IDE 工具打开 com.iiit.quarkus.sample.kafka.stream.ProjectService 类文件，代码如下：

```java
@Singleton
public class ProjectService {
    @Inject Startup startup;
    private boolean is_startup = false;

    public void config() {
        if (! is_startup){startup.Streams();is_startup = true;}
    }

    public void producer(String content) {
        Producer<String, String> producer = new KafkaProducer<String, String>(
            getProducerProperties());
        producer.send(new ProducerRecord<String, String>(Startup.INPUT_TOPIC, content));
        System.out.println("Message sent successfully");
        producer.close();
    }

    public void commit() {
        Producer<String, String> producer = new KafkaProducer<String, String>(
            getProducerProperties());
        String tempString = "this is send content;";
        producer.send(new ProducerRecord<String, String>(Startup.INPUT_TOPIC,
tempString));
        System.out.println("Message sent successfully");
        producer.close();
    }

    public void consumer() {
        KafkaConsumer<String, String> kafkaConsumer = new KafkaConsumer<String, String>
(getConsumerProperties());
        kafkaConsumer.subscribe(Arrays.asList(Startup.OUTPUT_TOPIC));
        while (true) {
            ConsumerRecords<String, String> records = kafkaConsumer.poll(Duration.ofMillis
(100));
            for (ConsumerRecord<String, String> record : records) {
                System.out.printf("offset = %d, key = %s, value = %s \n", record.offset
(), record.key(), record.value());            }
        }
    }

    private Properties getProducerProperties(){
        Properties props = new Properties();
        props.put("bootstrap.servers", "localhost:9092");
        props.put("acks", "all");
        props.put("retries", 0);
        props.put("batch.size", 16384);
        props.put("linger.ms", 1);
```

```
        props.put("buffer.memory", 33554432);
        props.put("key.serializer","org.apache.kafka.common.serialization.StringSerializer");
        props.put("value.serializer","org.apache.kafka.common.serialization.StringSeri-
alizer");
        return props;
    }

    private Properties getConsumerProperties(){
        Properties props = new Properties();
        props.put("bootstrap.servers", "localhost:9092");
        props.put("group.id", "test");
        props.put("enable.auto.commit", "true");
        props.put("auto.commit.interval.ms", "1000");
        props.put("session.timeout.ms", "30000");
        props.put("key.deserializer", "org.apache.kafka.common.serialization.String-
Deserializer");
        //props.put("value.deserializer", "org.apache.kafka.common.serialization.Long-
Deserializer");
        props.put("value.deserializer", "org.apache.kafka.common.serialization.String-
Deserializer");
        return props;
    }
}
```

📖 程序说明：

① ProjectService 类是一个控制 Kafka 服务器和 Kafka Streams 服务的管理类。

② ProjectService 类的 config 方法可以启动后台的 Kafka Streams 服务。

③ ProjectService 类的 commit 方法可以创建一个 Kafka 生产者，向 Kafka 服务发送一串数据（或消息）。

④ ProjectService 类的 producer 方法可以创建一个 Kafka 生产者，通过 ProjectResource 传入的数据向 Kafka 服务发送这个数据（或消息）。

⑤ ProjectService 类的 consumer 方法可以创建一个 Kafka 消费者，以订阅模式获取 Kafka 服务器中主题为"wordcount-out"的消息，并在控制台显示出来。

本程序动态运行的序列图（如图 5-21 所示，遵循 UML 2.0 规范绘制）描述外部调用者 Actor、ProjectResource、ProjectService 和 Startup 等对象之间的时间顺序交互关系。

总共有 4 个序列，分别如下。

序列 1 活动：① 外部调用 ProjectResource 资源对象的 GET（startup）方法；②ProjectResource 资源对象的 GET（startup）方法调用 ProjectService 服务类的 config 方法；③ ProjectService 服务类的 config 方法调用 Startup 的 Streams 方法。该方法首先创建 StreamsBuilder 对象，然后 StreamsBuilder 对象从 Kafka 服务器的"wordcount-input"主题上一条一条地读取数据，接着将这些数据拆分为一个个的词汇，并对出现的词汇进行统计，最终形成一个词汇和出现次数的 KTable 变量。接着把 KTable 输出到控制台，便于外部观察。同时输出到 Kafka 服务器的"wordcount-out"主题上。

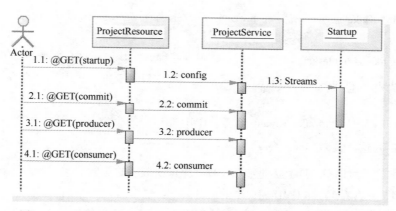

● 图 5-21　347-sample-quarkus-kafka-streams 程序动态运行的序列图

序列 2 活动：① 外部调用 ProjectResource 资源对象的 GET（commit）方法；② ProjectResource 资源对象的 GET（commit）方法调用 ProjectService 服务类的 commit 方法，该 commit 方法创建一个 Kafka 生产者，向 Kafka 服务发送一串数据（或消息）。

序列 3 活动：① 外部调用 ProjectResource 资源对象的 GET（producer）方法；② ProjectResource 资源对象的 GET（producer）方法调用 ProjectService 服务类的 producer 方法，该 producer 方法创建一个 Kafka 生产者，把 ProjectResource 传入的数据向 Kafka 服务发送。

序列 4 活动：① 外部调用 ProjectResource 资源对象的 GET（consumer）方法；② ProjectResource 资源对象的 GET（consumer）方法调用 ProjectService 服务类的 consumer 方法，该 consumer 方法创建一个 Kafka 消费者，以订阅模式获取 Kafka 服务器中主题为 "wordcount-out" 的消息，并在控制台显示出来。

2 验证程序

通过下列几个步骤（如图 5-22 所示）来验证案例程序。

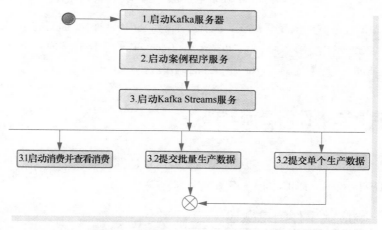

● 图 5-22　347-sample-quarkus-kafka-streams 程序验证流程图

1）首先启动 Kafka 服务。安装好 Kafka 软件。先启动 ZooKeeper 服务器，然后启动 Kafka 服务器。

2）启动 quarkus-sample-kafka 程序。启动应用有两种方式：第一种是在开发工具（如 Eclipse）中调用 ProjectMain 类的 run 命令；第二种方式就是在程序目录下直接运行 cmd 命令"mvnw compile quarkus：dev"。

3）通过 API 接口启动 Kafka Streams 服务。CMD 窗口中的命令如下：

```
curl http://localhost:8080/projects/startup
```

其反馈获取的消息信息，而且还是按照流模式来依次展现的。

4）启动消费并查看消费。CMD 窗口中的命令如下：

```
curl http://localhost:8080/projects/consumer
```

5）通过 API 接口提交批量生产数据。CMD 窗口中的命令如下：

```
curl http://localhost:8080/projects/commit
```

6）通过 API 接口提交单个生产数据。CMD 窗口中的命令如下：

```
curl http://localhost:8080/projects/producer/reng
```

可观察到图 5-23 所示的信息。

```
Message sent successfully
2021-02-05 10:15:22,339 INFO  [org.apa.kaf.cli.pro.KafkaProducer]
key:this count:7  length:4
key:is count:7  length:2
key:send count:7  length:4
key:content; count:7  length:8
key:reng count:9  length:4
offset = 10, key = this, value = 7
offset = 11, key = is, value = 7
offset = 12, key = send, value = 7
offset = 13, key = content;, value = 7
offset = 14, key = reng, value = 9
```

● 图 5-23　开发工具 Console 控制台反馈的信息

由于作者已经做过多次测试提交，故 Console 控制台反馈信息说明提交的字符为 reng，长度为 4，统计出现的次数是 9 次。对于字符串"this is send conent"，已经分解成各个单词并统计其提交的次数。offset 是 Kafka 的参数，表示 Kafka 分区的偏移量。

5.4　响应式事件消息流处理

为了利用能够在不同应用程序之间大规模地交换巨量数据的响应式消息流，Spring 和 Quarkus 开发者需要实现基于 Apache Kafka 的流处理应用程序。

▶▶ 5.4.1　响应式事件消息概述

图 5-24 所示为 Kafka 响应式流拓扑，该拓扑显示了使用 Kafka 的两个消息传递组件。第一个组

件生成存储在 Kafka 主题中的随机数据。第二个组件使用 Kafka 主题中的这些数据，在将转换后的数据结果发送到内存流之前应用转换算法，之后，浏览器客户端使用服务器发送的事件流来使用内存中的流。

● 图 5-24 Kafka 响应式流拓扑

下面分别用 Spring 和 Quarkus 的两个案例来说明其如何实现响应式消息流的处理。

▶▶ 5.4.2 Spring 和 Quarkus 整合响应式事件消息异同

Spring Cloud Stream 是一个在 Spring Boot 和 Spring Integration 之上创建事件驱动微服务的框架。Spring Cloud Stream 支持 Apache Kafka 绑定器，用于 Kafka 集群与开发者提供的应用程序代码（如生产者、消费者）之间的绑定。

Quarkus 提供了基于 Eclipse MicroProfile 响应式消息传递规范的 CDI 扩展，以构建事件驱动的微服务和数据流应用程序。此扩展还支持基于 Eclipse Vert.x Kafka 客户端的 Kafka 连接器，以使用来自 Kafka 的消息并向其写入消息。两者的差别如表 5-8 所示。

表 5-8 Spring 和 Quarkus 的响应式流差别

集成 Kafka 方式	Spring	Quarkus
依赖	spring-cloud-starter-stream-kafka	smallrye-reactivemessaging-kafka
生产者	Spring Cloud Stream Function 和 Binding	@Outgoing annotation
消费者	Spring Cloud Stream Function 和 Binding	@Incoming annotation
管道	Custom in-memory channel	@Channel qualifier
序列化和反序列化	Spring Cloud Stream configurations（例如：spring.cloud.stream.kafka.bindings. generateprice-out-0. producer. configuration. value.serializer = org. apache. kafka. common. serialization. IntegerSerializer spring.cloud.stream.kafka.bindings. priceconverter-in-0.consumer. configuration. value. deserializer = org. apache. kafka.common.serialization. IntegerDeserializer）	MicroProfile configurations（例如：mp.messaging. outgoing. generated-price.value. serializer = org.apache. kafka.common.serialization. IntegerSerializer mp.messaging. incoming.prices.value. deserializer=org.apache. kafka.common.serialization.IntegerDeserializer）

▶▶ 5.4.3 Spring 整合响应式事件消息实现说明

Spring Cloud Stream 框架是一个为微服务应用构建消息驱动能力的框架。它可以基于 Spring Boot

来创建独立的、可用于生产的 Spring 应用程序。Spring Cloud Stream 框架为一些供应商的消息中间件产品提供了个性化的自动化配置实现，并引入了发布-订阅、消费组、分区这 3 个核心概念。

❶ 编写案例代码

本案例基于 Spring 框架实现 Stream 的基本功能。该模块以 Kafka 为消息流服务器，在 Kafka 上实现消息流的生成和消费操作等案例代码。

读者可以从 Github 上复制预先准备好的示例代码。

```
git clone https://github.com/rengang66/iiit.quarkus.spring.sample.git
```

该程序位于 "344-sample-spring-reactive-streams" 目录中。这是一个 Maven 项目。导入 Maven 工程，在 pom.xml 的<dependencies>内有如下内容。

```
<dependency>
    <groupId>org.springframework.cloud</groupId>
    <artifactId>spring-cloud-starter-stream-kafka</artifactId>
</dependency>
```

spring-cloud-starter-stream-kafka 是 Spring Cloud Stream 集成了响应式 Kafka 的实现。

本程序的应用架构（如图 5-25 所示）表明，ProjectInformGenerator 类向 Apache Kafka 消息平台的主题发送消息流，ProjectInformConverter 消息类从 Apache Kafka 消息平台获取消息主题的消息流。外部访问 ProjectController 接口，ProjectController 从 ProjectInformConverter 消息类获取消息流。ProjectController、ProjectInformConverter 和 ProjectInformGenerator 都依赖 spring-cloud-stream-kafka 框架。

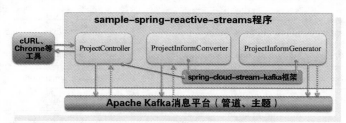

● 图 5-25　344-sample-spring-reactive-streams 程序应用架构图

本程序的文件和核心类如表 5-9 所示。

表 5-9　344-sample-spring-reactive-streams 程序的文件和核心类

名　　称	类　　型	简　　介
application.properties	配置文件	定义 Kafka 连接和管道、主题等信息
ProjectInformGenerator	数据生成类	生成数据并发送到 Kafka 的管道中，核心类
ProjectInformConverter	数据转换类	消费 Kafka 的管道中数据并广播，核心类
ProjectController	控制类	外部调用消费 ProjectInformConverter 数据并通过 REST 方式来获取，核心类

对于 Spring 开发者，关于 ProjectInformGenerator、ProjectInformConverter、ProjectController 等类的

功能和作用就不详细介绍了。

2 验证程序

通过下列几个步骤来验证案例程序。

1）首先启动 Kafka 服务。安装好 Kafka，先启动 ZooKeeper，然后启动 Kafka，在 Kafka 上创建一个 projectdatas 主题。

```
call % curdir% \bin \windows \kafka-topics.bat --create --zookeeper localhost:2181 --
replication-factor 1 --partitions 1 --topic projectdatas
```

2）启动本程序。启动程序有两种方式：第一种是在开发工具（如 Eclipse）中调用 SpringRestApplication 类的 run 命令；第二种方式就是在程序目录下直接运行 cmd 命令 "mvnw clean spring-boot：run"（或 "mvn clean spring-boot：run"）。

此时可以在开发工具中看到图 5-26 所示的界面，消息数据已经被发送和接收了。

```
SpringKafkaStreamsApplication [Java Application] C:\Program Files\Java8\jre8\bin\javaw.exe (2021年11月29日 下午2:42:59)
uststore.certificates = null
uststore.location = null
uststore.password = null
uststore.type = JKS
deserializer = class org.apache.kafka.common.serialization.ByteArrayDeserializer

43:22.897  INFO 14912 --- [pool-5-thread-1] o.a.kafka.common.utils.AppInfoParser    : Kafka versi
43:22.897  INFO 14912 --- [pool-5-thread-1] o.a.kafka.common.utils.AppInfoParser    : Kafka commi
43:22.897  INFO 14912 --- [pool-5-thread-1] o.a.kafka.common.utils.AppInfoParser    : Kafka start
43:22.917  INFO 14912 --- [pool-5-thread-1] org.apache.kafka.clients.Metadata       : [Consumer c
43:22.943  INFO 14912 --- [pool-5-thread-1] o.a.k.c.c.internals.AbstractCoordinator : [Consumer c
==发送项目数据, 41
==发送项目数据, 55
==发送项目数据, 16
==发送项目数据, 34
==发送项目数据, 47
==发送项目数据, 35
==发送项目数据, 93
==发送项目数据, 65
==发送项目数据, 88
==发送项目数据, 32
==发送项目数据, 94
```

● 图 5-26　运行反馈界面

3）通过 API 接口显示消息获取的内容。CMD 窗口中的命令如下：

```
curl http://localhost:8080/projects/stream
```

其反馈获取的消息信息如图 5-27 所示，而且还是按照流模式来依次展现的。

也可以在浏览器上输入如下内容：

http://localhost:8080/projects/kafka

● 图 5-27　反馈获取的消息信息

▶▶ 5.4.4　Quarkus 整合响应式事件消息实现说明

SmallRye Reactive Messaging 框架是 Microprofile Reactive Messaging 规范的具体实现。

SmallRye Reactive Messaging 框架（如图 5-28 所示）是一个使用 CDI 构建事件驱动、数据流和事件源应用程序的开发框架。该框架允许开发者的应用程序使用各种消息传递技术（如 Apache

Kafka、AMQP 或 MQTT）进行交互。它提供了一个灵活的编程模型，将 CDI 和事件驱动连接起来。

SmallRye Reactive Messaging 框架在 Quarkus 中使用，引入一些事件驱动的词汇和概念。这些概念基本与 Microprofile Reactive Messaging 规范的概念一致。

图 5-29 展示了这些概念的关系。

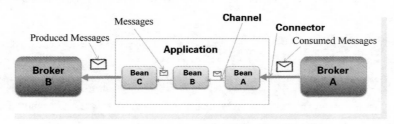

● 图 5-28　SmallRye Reactive Messaging 框架

首先，整体介绍整个消息的处理流程。图 5-28 中，Broker A（消息代理 A）和 Broker B（消息代理 B）代表某个远程代理或各种消息传输层的组件。Application 是一个应用程序。Application 由 Bean A、Bean B、Bean C 等多个 Bean 构成。Broker A 通过 Connector（连接器）发送 Messages（消息）给 Application（应用程序）。对于 Application 而言，它是消息的消费者，所以这个消息也就是 Consumed Messages。在 Application 内部，消息从 Bean A 通过 Channel（管道）传递到 Bean B，然后到 Bean C。Application 又通过 Connector（连接器）发送 Messages 给 Broker B。对于 Application 而言，它是消息的生产者，所以这个消息也就是 Produced Messages。

这个消息流程虽然比较简单，但总体上把所涉及的概念基本描述清楚了。

其次，说明 Messages（消息）内容。Messages 是 Payload（有效负载）封装的信封，在响应式消息传递中由消息类表示。Messages 既可以在 Application、Broker A 和 Broker B 之间接收、处理和发送，也可以在 Application 内部接收、处理和发送。

每条消息都包含<T>类型的有效负载。可以使用 message.getPayload（）：

```
String payload = message.getPayload();
Optional<MyMetadata> metadata = message.getMetadata(MyMetadata.class);
```

消息也可以包含元数据。使用元数据是用附加数据扩展消息的一种方法。它可以是与 messagebroker 相关的元数据（如 Kafka Message Metadata），也可以包含操作数据（如跟踪元数据）或与业务相关的数据。检索元数据会得到一个虚拟值，因为该值可能不存在。元数据还可影响出站调度（消息将如何发送到代理）。

再次，来看看 Channel（管道）的作用及功能。在图 5-28 中的 Application 的内部，消息通过 Channel 传输。Channel 是由名称标识的虚拟目的地。消息将 Bean 组件连接到它们读取的 Channel 和它们填充的 Channel 中。而此时的消息实际上就是变成了一个 SmallRye 响应式流，即消息通过通道在 Bean 组件之间流动。这里引入了 Streams（流）概念。为什么消息会变成 Reactive Streams 呢？这是因为 SmallRye 在实现消息传递的过程中创建了遵循订阅和请求协议的 Streams 并实现了背压。所以这些 Streams 都是 Reactive Streams（响应流）。

最后介绍 Connector（连接器）。Connector 是一段应用程序连接到代理的代码，实现了应用程序与消息传递代理或事件主干进行交互，而且这种交互是使用非阻塞 I/O 来实现的。Connector 的功能包括：订阅、轮询、接收来自代理的消息并将其传播到应用程序，向代理发送、写入、调度应用程序提供的消息。

Connector 配置为将传入消息映射到特定 Channel（由应用程序使用），并收集发送到特定 Channel 的传出消息。这些收集的消息被发送到外部代理。每个 Connector 都专用于特定的技术。例如，Kafka 连接器只处理 Kafka。

当然，开发者也不一定需要 Connector。当 Application 不使用 Connector 时，一切都发生在内存中，响应流是通过链接方法创建的。每个链都是一个响应流，并强制执行背压协议。不使用 Connector 时，需要确保链是完整的，这意味着它以消息源开始，以接收器结束。换句话说，需要从 Application 内部生成消息（使用只有 @Outgoing 的方法或发射器），并从 Application 内部使用消息（使用只有 @Incoming 的方法或使用非托管流）。

下面简单介绍 SmallRye Reactive Messaging 的应用代码。

在应用 SmallRye Reactive Messaging 框架时，开发者可以使用 MicroProfile Reactive Messaging 规范提供的 @Incoming 和 @Outgoing 来注解应用程序 Bean 的方法。带有 @Incoming 注解的方法将使用来自 Channel 的消息。带有 @Outgoing 注解的方法则将消息发布到 Channel。同时带有 @Incoming 和 @Outgoing 注解的方法是消息处理器，它使用来自 Channel 的消息，对消息进行一些转换，然后将消息发布到另一个 Channel。

以下代码是 @incoming 注解的示例，其中，my-channel 代表通道，并且为发送到 my-channel 的每条消息调用该方法。

```
@Incoming("my-channel")
public CompletionStage<Void> consume(Message<String> message) {
    return message.ack();
}
```

以下代码是 @Outgoing 注解的示例，其中，my-channel 是目标通道，并且为每个使用者请求调用该方法。

```
@Outgoing("my-channel")
public Message<String> publish() {
    return Message.of("hello");
}
```

可以使用 org. eclipse. microprofile. reactive. messaging. Message#of（T）来创建简单的 org. eclipse. microprofile. reactive. messaging. Message。

然后将这些带注解的方法转换为与响应式流兼容的发布者、订阅者和处理者，并使用 Channel 将它们连接在一起。Channel 是不透明的字符串，指示使用消息的哪个源或目标。

图 5-29 所示为分配给 Method A（方法 A）、Method B（方法 B）、Method C（方法 C）的注解 @Outgoing 和 @Incoming，以及它们如

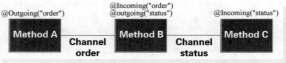

● 图 5-29　使用管道连接在一起的注解的图

何使用 channel（在这种情况下为"order"和"status"）连接在一起。

Channel 的类型有两种：内部 Channel 和外部 Channel。内部 channel 在应用程序本地。此时，来自同一应用程序的多个 Bean 构成了一个处理链。外部 Channel 连接到远程代理或消息传输层，如 Apache Kafka。外部 Channel 由 Connector 使用 Connector API 来进行管理。内部 Channel 和外部 Channel 都支持多步骤处理。

Connector 作为扩展，可管理与特定传输技术的通信。SmallRye Reactive Messaging 框架可实现一些非常流行和常用的远程代理（如 Apache Kafka）预先配置的 Connector。不过，开发者也可以创建自己的 Connector。因为 MicroProfile Reactive Messaging 规范提供了一个 SPI 来实现 Connector。这样，MicroProfile Reactive Messaging 就不会限制开发者使用哪种消息代理。Open Liberty 就支持基于 Kafka 的消息传输。

通过 Applicatioin 配置，可将特定 Channel 映射到远程接收器或消息源。需要注意的是，虽然可能会提供各种方法来实现配置映射，但是必须支持将 MicroProfile Config 作为配置源。在 Open Liberty 中，可以在 MicroProfile Config 读取的任何位置设置配置属性，例如，Open Liberty 的 bootstrap.properties 文件中的系统属性，或者 Open Liberty 的 server.env 文件中的环境变量，以及其他自定义配置源。

① 案例介绍和编写案例代码

本案例基于 Quarkus 框架实现分布式消息流的基本功能。该模块以成熟的 Apache Kafka 框架作为分布式消息流平台。通过阅读和分析在 Apache Kafka 上实现分布式消息的生成、发布、广播和消费操作等案例代码，读者可以理解和掌握 Quarkus 框架的分布式消息流和 Apache Kafka 的使用。本案例的后台消息平台采用 Kafka 软件。

编写案例代码有 3 种方式。

第一种方式是通过代码 UI 来实现，在 Quarkus 官网的脚手架工程中按照指定步骤生成脚手架代码，然后下载文件，引入项目到 IDE 工具中，最后修改程序源码内容。

第二种方式是通过 mvn 来构建程序。这里通过下面的代码创建 Maven 项目来实现。

```
mvn io.quarkus:quarkus-maven-plugin:1.11.1.Final:create ^
  -DprojectGroupId = com. iiit. quarkus. sample   -DprojectArtifactId = 345-sample-quarkus-
reactive-streams ^
  -DclassName = com. iiit. quarkus. sample. reactive. kafka. ProjectResource   -Dpath =/
projects ^
  -Dextensions=resteasy-jsonb,quarkus-smallrye-reactive-messaging-kafka
```

第三种方式是直接从 Github 上获取代码。

```
git clone https://github.com/rengang66/iiit.quarkus.spring.sample.git
```

该程序位于"345-sample-quarkus-reactive-streams"目录中。这是一个 Maven 项目。

然后导入 Maven 工程，在 pom.xml 的\<dependencies\>内有如下内容。

```
<dependency>
```

```
        <groupId>io.quarkus</groupId>
        <artifactId>quarkus-resteasy</artifactId>
</dependency>
<dependency>
        <groupId>io.quarkus</groupId>
        <artifactId>quarkus-resteasy-jsonb</artifactId>
</dependency>
<dependency>
        <groupId>io.quarkus</groupId>
        <artifactId>quarkus-smallrye-reactive-messaging-kafka</artifactId>
</dependency>
```

quarkus-smallrye-reactive-messaging-kafka 是 Quarkus 扩展了 Smallrye 的 Kafka 实现。

本程序的应用架构（如图 5-30 所示）表明，ProjectInformGenerator 类遵循 Microprofile Reactive Messaging 规范，通过 Channel 向 Apache Kafka 消息平台的主题发送消息流，ProjectInformConverter 消息类遵循 Microprofile Reactive Messaging 规范，从 Apache Kafka 消息平台获取消息主题的消息流，然后 ProjectInformConverter 又通过 Channel 向 Apache Kafka 消息平台的主题广播消息流。外部访问 ProjectResource 资源接口，ProjectResource 遵循 Microprofile Reactive Messaging 规范，从 Apache Kafka 消息平台获取广播的消息流。ProjectResource、ProjectInformConverter 和 ProjectInformGenerator 都依赖 Microprofile Reactive Messaging 规范实现的 SmallRye Reactive Messaging 框架。

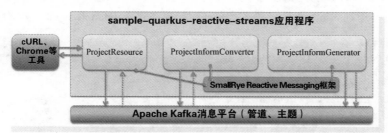

● 图 5-30　345-sample-quarkus-reactive-streams 程序应用架构图

本程序的文件和核心类如表 5-10 所示。

表 5-10　345-sample-quarkus-reactive-streams 程序的文件和核心类

名　　称	类　　型	简　　介
application.properties	配置文件	定义 Kafka 连接和管道、主题等信息
ProjectInformGenerator	数据生成类	生成数据并发送到 Kafka 的管道中，核心类
ProjectInformConverter	数据转换类	消费 Kafka 的管道中数据并广播，核心类
ProjectResource	资源类	消费 Kafka 的管道中数据并通过 REST 方式来提供，核心类

在本程序中，首先查看配置文件 application.properties。

```
kafka.bootstrap.servers=localhost:9092
mp.messaging.outgoing.generated-inform.connector=smallrye-kafka
mp.messaging.outgoing.generated-inform.topic=informs
mp.messaging.outgoing.generated-inform.value.serializer=org.apache.kafka.common.
serialization.StringSerializer
```

```
mp.messaging.incoming.inform.connector=smallrye-kafka
mp.messaging.incoming.inform.topic=informs
mp. messaging. incoming. inform. value. deserializer = org. apache. kafka. common.
serialization.StringDeserializer
```

在 application.properties 文件中，配置了 Microprofile Reactive Messaging 规范的相关参数。

① kafka.bootstrap.servers 表示连接的 Kafka 的位置。

② mp.messaging.outgoing.generated-inform.connector 表示输出 Channel "generated-inform" 的类型。

③ mp.messaging.outgoing.generated-inform.topic 表示输出 Channel "generated-inform" 的主题。

④ mp. messaging. outgoing. generated-inform. value. serializer 表示对 generated-inform 消息的序列化处理。

⑤ mp.messaging.incoming.inform.connector 表示输入 Channel "inform" 的类型。

⑥ mp.messaging.incoming.inform.topic 表示输入 Channel "inform" 的主题。

⑦ mp.messaging.incoming.inform.value.deserializer 表示对 inform 消息的反序列化处理。

下面讲解本程序的 ProjectInformGenerator 类、ProjectInformConverter 类、ProjectResource 类的内容。

（1）ProjectInformGenerator 类

用 IDE 工具打开 com.iiit.quarkus.sample.reactive.kafka.ProjectInformGenerator 类文件，代码如下：

```
@ApplicationScoped
public class ProjectInformGenerator{

    @Outgoing("generated-inform")
    public Multi<String> generate() {
        int count = 100;
        String name = "这是项目信息 :";
        return Multi.createFrom().ticks().every(Duration.ofSeconds(1))
            .onItem().transform(n ->{String inform = String.format("各位 %s - %d", name, n);
                return inform;})
            .transform().byTakingFirstItems(count);
    }
}
```

📖 程序说明：

① 输出 Channel "generated-data" 按照数据流模式生产数据。

② 按照数据流模式，每间隔 1s 发送一次数据。

（2）ProjectInformConverter 类

用 IDE 工具打开 com.iiit.quarkus.sample.reactive.kafka.ProjectInformConverter 类文件，代码如下：

```
@ApplicationScoped
public class ProjectInformConverter {
    @Incoming("inform")
    @Outgoing("data-stream")
    @Broadcast
```

```
@Acknowledgment(Acknowledgment.Strategy.PRE_PROCESSING)
public String process(String inform) {
    LOGGER.info("接收并转发的数据:" + inform);
    return inform;
}
}
```

📖 程序说明：

① 获取输入 Channel "receive-data" 的数据。由于输入 Channel "receive-data" 和输出 Channel "generated-data" 有相同的主题，故输出 Channel "generated-data" 的数据会被输入 Channel "receive-data" 所接收。

② 输出 Channel "data-stream" 按照数据流模式生产数据，数据以广播方式发出。

（3）ProjectResource 类

用 IDE 工具打开 com.iiit.quarkus.sample.rest.json.ProjectResource 类文件，代码如下：

```
@Path("/projects")
@ApplicationScoped
@Produces(MediaType.APPLICATION_JSON)
@Consumes(MediaType.APPLICATION_JSON)
public class ProjectResource {

    @Inject
    @Channel("data-stream")
    Publisher<String> informs;

    @GET
    @Path("/kafka")
    @Produces(MediaType.SERVER_SENT_EVENTS)
    @SseElementType("text/plain")
    public Publisher<String>kafkaStream() {
        LOGGER.info("最终获得的数据:" + informs.toString());
        return informs;
    }
}
```

📖 程序说明：

① ProjectResource 类的方法主要还是基于 REST 的基本操作，按照流模式获取消息的内容。

② 注入了 Publisher<String>发布者，从 Channel "data-stream" 获取广播的订阅信息。

用通信图（遵循 UML 2.0 规范）来表述本程序的业务场景，如图 5-31 所示。

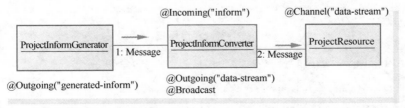

● 图 5-31   sample-quarkus-reactive-streams 程序通信图

消息的处理过程说明如下：

①应用程序启动，会调用 ProjectInformGenerator 对象的 generate 方法，该方法按照 1s 的频率向输出 Channel "generated-inform" 的 informs 主题发送消息。

②ProjectInformConverter 对象通过输入 Channel "inform"，获取到 informs 主题的消息，然后通过输出 Channel "data-stream" 发出广播。

③ProjectResource 对象通过 Channel "data-stream" 获取消息。

❷ 验证程序

通过下列几个步骤（如图 5-32 所示）来验证案例程序。

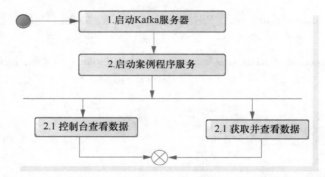

● 图 5-32　345-sample-quarkus-reactive-streams 程序验证流程图

1）首先启动 Kafka 服务。安装好 Kafka，先启动 ZooKeeper，然后启动 Kafka。

2）启动本程序。启动应用有两种方式：第一种是在开发工具（如 Eclipse）中调用 ProjectMain 类的 run 命令；第二种方式就是在程序目录下直接运行 cmd 命令 "mvnw compile quarkus：dev"。

可以在开发工具界面中看到图 5-33 所示的界面，此时消息数据已经被发送和接收了。

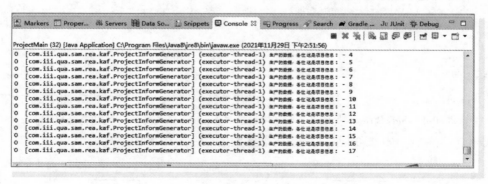

● 图 5-33　运行反馈界面

3）通过 API 接口显示消息的获取内容。CMD 窗口中的命令如下：

```
curl http://localhost:8080/projects/kafka
```

其反馈获取的消息如图 5-34 所示，而且还是按照流模式来依次展现的。

也可以在浏览器上输入如下内容：

```
http://localhost:8080/projects/kafka
```

```
data: 各位 这是项目信息. : - 74
data: 各位 这是项目信息. : - 75
data: 各位 这是项目信息. : - 76
data: 各位 这是项目信息. : - 77
data: 各位 这是项目信息. : - 78
data: 各位 这是项目信息. : - 79
data: 各位 这是项目信息. : - 80
data: 各位 这是项目信息. : - 81
data: 各位 这是项目信息. : - 82
data: 各位 这是项目信息. : - 83
```

● 图 5-34　反馈获取的消息

5.5　本章小结

本章展示了 Spring 和 Quarkus 在消息流和消息中间件方面的许多相似性和差异，从 4 个部分来进行讲解。

■ 首先介绍两个框架在 JMS 消息处理方面的异同，包含两个框架的案例源码、讲解和验证。

■ 然后讲述两个框架在事件消息开发方面的异同，包含两个框架的案例源码、讲解和验证。

■ 其次讲述两个框架在调用 Apache Kafka 消息流方面的异同，包含两个框架的案例源码、讲解和验证。

■ 最后讲述两个框架在响应式事件消息流处理方面的异同，包含两个框架的案例源码、讲解和验证。

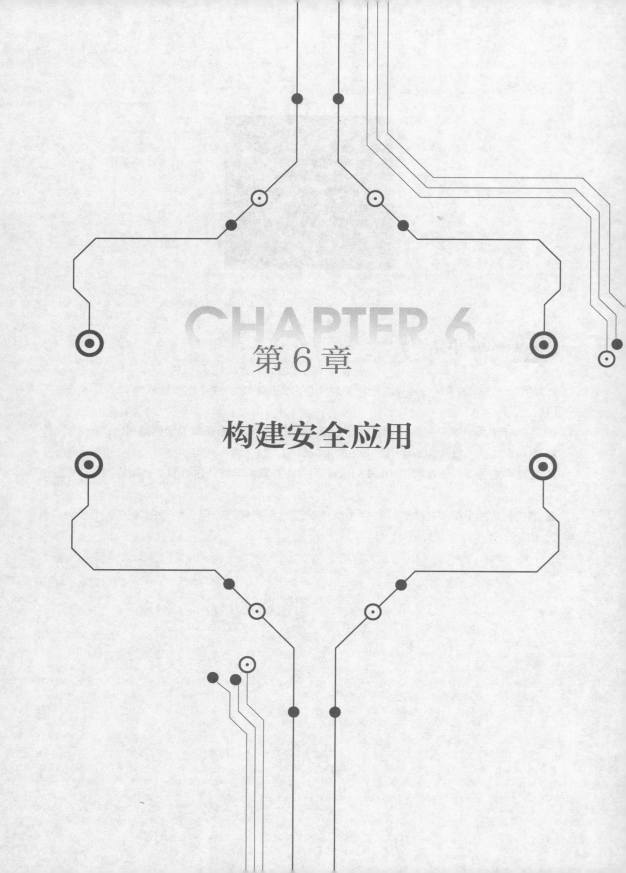

CHAPTER 6

第 6 章

构建安全应用

在微服务架构中，一个应用会被拆分成若干个微应用。每个微服务实现原来单体应用中一个模块的业务功能，故对每个微服务的访问请求都需要进行服务授权。微服务授权包含认证（Authentication）和授权（Authorization）两部分。认证解决的是调用方身份识别的问题，授权解决的是调用是否被允许的问题。

6.1 微服务 Security 方案概述

DavidBorsos 在伦敦的微服务大会上做了相关安全内容的演讲，并评估了 4 种面向微服务系统的身份验证方案。分别是单点登录（SSO）方案、分布式 Session 方案、客户端 Token 方案和客户端 Token 与 API 网关结合的方案。

❶ 单点登录

对于单点登录（Single Sign On，SSO）方案，用户只需要登录一次就可以访问所有相互信任的应用系统。该方案的优点是只需登录一次，用户登录状态是不透明的，可防止攻击者从状态中推断任何有用的信息。方案的缺点是在多个微服务应用中会产生大量非常琐碎的网络流量和重复的工作。

❷ 分布式 Session 方案

分布式 Session 方案是指在分布式架构下，用户登录认证成功后，将关于用户认证的信息存储在共享存储中，且通常将用户会话作为 Key 来实现简单分布式哈希映射。当用户访问微服务时，用户数据可以从共享存储中获取。本方案的优点是用户登录状态不透明且高可用和可扩展。其缺点是共享存储需要有保护机制，增加了方案的复杂度。

❸ 客户端 Token 方案

对于客户端 Token（令牌）方案，令牌在客户端生成，由身份验证服务进行签名，并且必须包含足够的信息，以便可以在所有微服务中建立用户身份。令牌会附加到每个请求上，为微服务提供用户身份验证。这种解决方案的安全性相对较好。本方案的优点如下。

- 服务端无状态。Token 机制在服务端不需要存储 Session 信息，因为 Token 自身包含了所有用户的相关信息。
- 性能较好。因为在验证 Token 时不用再去访问数据库或者远程服务进行权限校验，自然可以提升性能。
- 支持移动设备。
- 支持跨程序调用，Cookie 是不允许垮域访问的，而 Token 则不存在这个问题。但本方案中，身份验证注销是一个大问题，要缓解这种情况，可以使用短期令牌或频繁检查认证服务等。

❹ 客户端 Token 与 API 网关结合

客户端 Token 与 API 网关结合的方案要求外部的所有请求都通过 API 网关，从而有效地隐藏了内部微服务。在请求时，API 网关将原始用户令牌转换为内部会话 ID 令牌。这种方案虽然库支持程度比较好，但实现起来比较复杂。

6.2 Quarkus Security 和 Spring Security 异同

本节介绍 Quarkus 和 Spring 在 Security 方面的异同。

▶▶ 6.2.1 Spring 框架的 Security 架构简介

Spring 安全架构的两个主要区域是"认证"和"授权"（或者访问控制）。这两个主要区域是 Spring Security 的两个目标。"认证"是建立一个声明的主题的过程（"主体"一般是指用户、设备或一些可以在应用程序中执行操作的其他系统）。"授权"指确定主体是否允许在应用程序执行一个操作的过程。这个概念是通用的，而不只在 Spring Security 中。

在身份验证层，Spring Security 支持多种认证模式。这些验证绝大多数要么由第三方提供，要么由相关的标准组织。另外，Spring Security 提供自己的一组认证功能。无论何种身份验证机制，Spring Security 都提供一套授权功能。这里有 3 个主要的热点区域：授权 Web 请求、授权方法是否可以被调用和授权访问单个域对象的实例。为了能了解这些差异，认识 Servlet 规范网络模式下安全的授权功能、EJB 容器管理的安全性和文件系统的安全性，Spring Security 在这些重要的区域提供授权功能。

▶▶ 6.2.2 Quarkus 框架的 Security 架构简介

Quarkus Security 为开发者提供多套体系结构、多种身份验证和授权机制以及其他工具，以便使其 Quarkus 构建应用程序时产生良好的质量安全性。

HttpAuthenticationMechanism 是 Quarkus HTTP 安全体系的主要入口。

Quarkus Security Manager 使用 HttpAuthenticationMechanism 从 HTTP 请求中提取身份验证凭据，并委托给 IdentityProvider 以完成这些凭证到 SecurityIdentity 的转换。例如，凭证可能随 HTTP 授权标头、客户端 HTTPS 证书或 Cookie 一起提供。

IdentityProvider 验证身份验证凭证，并将其映射到 SecurityIdentity，后者包含用户名、角色、原始身份验证凭证和其他属性。每个经过身份验证的资源都可以注入一个 SecurityIdentity 实例来获取身份信息。在其他一些上下文中，如果有相同信息（或其余部分），就同时进行处理，如用于 JAX-RS 的 SecurityContext 或用于 JWT 的 JsonWebToken。IdentityProvider 将 HttpAuthenticationMechanism 提供的身份验证凭证转换为 SecurityIdentity。

Quarkus 框架也支持一些外部的安全性扩展，如 OIDC、OAuth 2.0、SmallRye JWT、LDAP 等，具有特定于支持身份验证流的内联 IdentityProvider 实现。例如，Quarkus OIDC 使用自己的 IdentityProvider 将令牌转换为 SecurityIdentity。

如果使用基础和基于表单 HTTP 的身份验证机制，则必须添加一个 IdentityProvider，IdentityProvider 可以将用户名和密码转换为 SecurityIdentity。

6.3　Spring Security 解决方案

Spring Security 解决的方案主要两个，一个是 Apache Shiro 框架，还有一个是 Spring 本身提供的可以二次开发的 Spring Security 框架。下面简介这两个方案的实现方式。

▶▶6.3.1　Spring 的 Apache Shiro 案例讲解

❶ Apache Shiro 框架简介

Apache Shiro 框架是一个功能强大且易于使用的 Java 安全框架，具有执行身份验证、授权、加密和会话管理的功能。借助 Shiro 中易于理解的 API，开发者可以快速轻松地保护任何应用程序——从最小的移动应用程序到最大的 Web 和企业应用程序。

Apache Shiro 框架有 3 个核心组件，即 Subject、SecurityManager 和 Realm，如图 6-1 所示。

- Subject：代表了当前用户的安全操作，SecurityManager 则管理所有用户的安全操作。所有的 Subject 实例都被绑定到一个 SecurityManager 中，如果外部和一个 Subject 交互，则所有的交互动作都会被转换成 Subject 与 SecurityManager 的交互。

- SecurityManager：SecurityManager 是 Apache Shiro 框架的核心，支持典型的 Facade 模式，Apache Shiro 框架通过 SecurityManager 来管理内部组件实例，并通过 SecurityManager 来提供安全管理的各种服务。

● 图 6-1　Apache Shiro 框架组件

- Realm：Realm 充当了 Apache Shiro 框架与应用安全数据间的"桥梁"或者"连接器"。也就是说，当对用户执行认证（登录）和授权（访问控制）验证时，Apache Shiro 框架会从应用配置的 Realm 中查找用户及其权限信息。

Apache Shiro 框架的 SecurityManager 决定了在 Shiro 中如何使用 Realm 来读取身份和权限方面的数据，然后组装成 Subject 实例。SecurityManager 执行与安全相关的操作并管理该应用的所有用户的状态。在 Apache Shiro 框架的 SecurityManager 的默认实现中，这些操作和状态包括用户认证、权限控制、回话管理、缓存管理、Realm 的协调调度、事件传播、"Remember Me"服务、创建 Subject、退出登录。

❷ 编写案例代码

本案例说明 Spring Boot 框架基于 Apache Shiro 框架等实现的安全功能。

读者可以从 Github 上复制预先准备好的示例代码。

```
git clone https://github.com/rengang66/iiit.quarkus.spring.sample.git
```

该程序位于"350-sample-spring-security-shiro"目录中。这是一个 Maven 项目。然后导入 Maven 工程，在 pom.xml 的<dependencies>内有如下内容。

```xml
<dependency>
    <groupId>org.apache.shiro</groupId>
    <artifactId>shiro-spring</artifactId>
    <version>1.3.2</version>
</dependency>
```

shiro-spring 是 Spring 集成了 Apache Shiro 框架的 Security 实现。

本程序的应用架构（如图 6-2 所示）表明，外部访问 SecurityController 接口，SecurityController 资源负责外部的访问安全认证，ShiroConfig 实现安全认证的配置类。SecurityController 和 ShiroConfig 依赖 shiro-spring 框架。

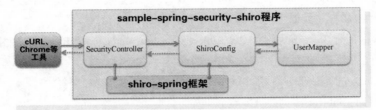

● 图 6-2　350-sample-spring-security-shiro 程序应用架构图

本程序的文件和核心类如表 6-1 所示。

表 6-1　350-sample-spring-security-shiro 程序的文件和核心类

名　称	类　型	简　介
application.properties	配置文件	定义了一些安全配置信息
schema.sql	数据库模型文件	初始化数据库模型
data.sql	SQL 文件	初始化数据
ShiroConfig	配置文件	Shiro 的配置类
ResultMap	配置文件	结果的反馈对象
CustomRealm	配置文件	映射到 Shiro 的 Realm
LoginController	Controller 类	登录的接口类
SecurityController	Controller 类	认证的接口类
UserMapper	映射文件	MyBatis 的 ORM 映射文件

对于 Spring 开发者，关于 SecurityController、ShiroConfig 等类的功能和作用就不详细介绍了。

❸ 验证程序

通过下列几个步骤来验证案例程序。

1）启动程序。启动程序有两种方式：第一种是在开发工具（如 Eclipse）中调用 SpringRestApplication 类的 run 命令；第二种方式就是在程序目录下直接运行 cmd 命令"mvnw clean spring-boot：run"（或"mvn clean spring-boot：run"）。

2）通过 API 接口显示授权情况。在 CMD 窗口中输入以下命令：

```
curl -X POST -F "username=reng" -F "password=12345" http://localhost:8080/login
curl -X POST -F "username=user" -F "password=12345" http://localhost:8080/login
curl http://localhost:8080/guest/enter
curl http://localhost:8080/guest/getMessage
curl -i -X  GET -G --data-urlencode "username=reng" --data-urlencode "password=12345"
http://localhost:8080/admin/getMessage
   curl -X  GET -G --data-urlencode "username=user" --data-urlencode "password=12345"
http://localhost:8080/user/getMessage
```

根据反馈结果，查看是否达到了验证效果。

▶▶ 6.3.2　Spring Security 案例讲解

❶ Spring Security 框架介绍

Spring Security 框架是一种功能强大且高度可定制的身份验证和访问控制框架，是保护基于 Spring 的应用程序的事实标准。Spring Security 框架为 Java 应用程序提供了身份验证和授权。其在安全性方面可以非常容易地进行扩展以满足定制需求。

Spring Security 框架特征：①对身份验证和授权可进行全面和可扩展的支持；②针对会话固定、单击劫持、跨站点请求伪造等攻击提供保护；③Servlet API 集成；④与 Spring Web MVC 的可选集成。

Spring Security 框架包含 4 个主要的组件，即 Spring Security Filter（安全过滤器）、Security Context Holder（运行身份管理器）、Authentication Manager（认证管理器）、Access Decision Manager（访问决策管理器），如图 6-3 所示。

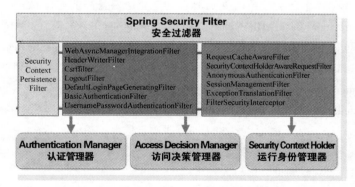

● 图 6-3　Spring Security 主要组件图

Spring Security 框架主要的组件说明如下：

（1）Security Context Holder

Security Context Holder 即 Security Context 运行身份管理器，它持有安全上下文（Security Context）的信息，保存当前用户、是否通过认证和当前用户拥有的角色等信息。而 Security Context 持有和保存 Authentication 对象及其他可能需要的安全信息。Authentication 是 Spring Security 方式的认证主体。该认证主体对象主要包含用户的详细信息（User Details）和用户鉴权时所需的信息，如用户提交的用户名和密码、Remember-me Token 或者 digest hash 值等。User Details 是构建 Authentication 对象必需的信息。User Details 接口规范了用户详细信息所拥有的字段，如用户名、密码、账号等。而 User Details Service 通过 userName 构建 User Details 对象，开发者通过 loadUserByUsername 根据 userName 获取 User Details 对象，在这里可以基于自身业务进行自定义的实现，如通过数据库、XML、缓存获取等创建 User Details，传递 String 类型的用户名（或者证书 ID 或其他）等。

（2）Spring Security Filter

Spring Security 框架会在 Spring 容器中注册一系列的 Filter，这些 Filter 会构成一个 Filter 链，Filter 链上的任何一个 Filter 在检测到满足条件的 URL 请求时，就会执行其定义的处理过程。

（3）Authentication Manager

Authentication Manager 是 Spring Security 框架的认证组件，Authentication Manager 可以包含多个 Authentication Provider。Authentication Provider 是用来进行认证操作的认证类，开发者可以通过调用 Authentication Provider 类的 authenticate 方法来进行认证操作。Provider Manager 对象为 Authentication Manager 接口的实现类。

（4）Access Decision Manager

Access Decision Manager 即 AffirmativeBased，实现了访问决策的相关功能，归属为 Spring Security 框架的授权模型。其中，Access Decision Voter 代表授予访问权限。Granted Authority 是对认证主题的应用层面进行授权，含当前用户的权限信息，通常使用角色表示。在应用程序范围内，Granted Authority 与 Access Decision Manager 进行匹配来决定 Granted Authority 内用户主体的权限。

Spring Security 框架认证时会按照自身职责判定是否是自身需要的信息，basic 的特征就是在请求头中有 "Authorization：Basic eHh4Onh4" 信息。Spring Security 框架认证和授权过程的核心就是一组过滤器链，项目启动后将会自动配置。最核心的就是 Basic Authentication Filter，用来认证用户的身份，在 Spring Security 框架中是过滤器处理的一种认证方式，中间可能还有更多的认证过滤器。最后是 FilterSecurityInterceptor，这里会判定该请求是否能访问 REST 服务，判断的依据是 BrowserSecurityConfig 中的配置，如果被拒绝了，就会抛出不同的异常。Exception Translation Filter 会捕获抛出的错误，然后根据不同的认证方式进行信息的返回提示。

Spring 开发者使用 Spring Security 框架时总共有 4 种方式，从简到深为：

1）全部安全数据都在配置文件里写入。

2）使用数据库。根据 Spring Security 框架默认实现代码设计数据库，即数据库设计已经固定。这种方法不灵活，实用性差。

3）Spring Security 框架支持插入 Filter。开发者可以定制自己的 Filter 来灵活使用。

4）直接修改 Spring Security 框架的源码，但风险非常大。

❷ 编写案例代码

本案例说明 Spring Security 框架的认证和授权功能实现。

读者可以从 Github 上复制预先准备好的示例代码。

```
git clone https://github.com/rengang66/iiit.quarkus.spring.sample.git
```

该程序位于"352-sample-spring-security"目录中。这是一个 Maven 项目。

然后导入 Maven 工程,在 pom.xml 的 <dependencies> 内有如下内容。

```
<dependency>
    <groupId>org.springframework.boot</groupId>
    <artifactId>spring-boot-starter-security</artifactId>
</dependency>
```

spring-boot-starter-security 是 Spring 实现 Spring Security 框架的内容。

本程序的应用架构(如图 6-4 所示)表明,外部访问 Oauth2Controller、SecurityController 资源接口,Oauth2Controller、SecurityController 资源负责外部的访问安全认证。UserDetailsServiceImpl 负责处理认证的角色和用户信息,Oauth2Controller、SecurityController、UserDetailsServiceImpl 和 UserRepository 依赖 Spring Security 框架。

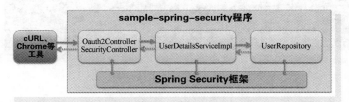

● 图 6-4　352-sample-spring-security 程序应用架构图

本程序的文件和核心类如表 6-2 所示。

表 6-2　352-sample-spring-security 程序的文件和核心类

名　　称	类　　型	简　　介
application.properties	配置文件	定义了一些安全配置信息
Oauth2Controller	控制类	提供 OAuth 2.0 的外部安全访问接口
SecurityController	控制类	提供 Security 用户和角色的外部安全访问接口
UserDetailsServiceImpl	实体类	实现 Spring Security 的用户接口
UserRepository	存储类	提供 User 的存储服务

对于 Spring 开发者,关于 Oauth2Controller、SecurityController、UserDetailsServiceImpl、UserRepository 的功能和作用就不详细介绍了。

❸ 验证程序

通过下列几个步骤来验证案例程序。

1)启动程序。启动程序有两种方式:第一种是在开发工具(如 Eclipse)中调用 SpringRestApplication 类的 run 命令;第二种方式就是在程序目录下直接运行 cmd 命令"mvnw clean spring-boot:run"(或"mvn clean spring-boot:run")。

2）通过浏览器来进行登录操作。在浏览器上输入下列网址：

```
http://localhost:8080/web/annonymous
http://localhost:8080/web/user
http://localhost:8080/web/admin
```

输入用户名（rengang）和密码（123456）可以登录到系统中。

3）获取访问资源文件的授权。可以通过 CMD 来获取 Token，命令如下：

```
curl -X POST http://localhost:8080/oauth/token ^
  --user oauth2_client_id:oauth2_secret ^
  -H "content-type: application/x-www-form-urlencoded" ^
  -d "username=rengang&password=123456&grant_type=password"
```

反馈如图 6-5 所示。

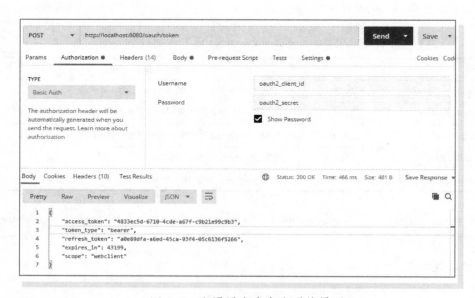

```
C:\Users\reng>curl -X POST http://localhost:8080/oauth/token ^
More? --user oauth2_client_id:oauth2_secret ^
More? -H "content-type: application/x-www-form-urlencoded" ^
More? -d "username=rengang&password=123456&grant_type=password"
{"access_token":"f357eb9c-31f4-4be8-bf5c-bbc96c512e51","token_type":"bearer","re
fresh_token":"cc1293ef-e7ed-4433-98aa-9563dbe62a6c","expires_in":43199,"scope":"
webclient mobileclient"}
```

● 图 6-5　获取访问 Token 信息

也可以通过打开 Postman 软件，输入网址 http://localhost:8080/oauth/token，并配置用户名和密码（界面如图 6-6 所示）。

● 图 6-6　配置用户名和密码的界面

接着配置 grant_type、socpe、username 和 password（界面如图 6-7 所示）等。

然后就可以获取到 Token。前端依据 Token，就可以访问后端的数据。

● 图 6-7　配置 grant_type、socpe、username 和 password 的界面

6.4　Quarkus Security 解决方案

Quarkus Security 解决方案包括 Basic and Form HTTP-based Authentication、TLS 身份验证、OpenId 实现、JWT 令牌、OAuth 2.0 实现、LDAP 身份验证机制等。

▶▶ 6.4.1　Quarkus 安全解决方案概述

Basic and Form HTTP-based Authentication 是 Quarkus 支持身份验证机制的核心，是基础和基于表单 HTTP 的身份验证机制。其 HTTP 基本认证的过程如下：

1）客户端发送 HTTP Request 给服务器。

2）因为 Request 中不包含 Authorization Header，所以服务器会返回一个 401 Unauthozied 给客户端，并且在 Response 的 Header "WWW-Authenticate" 中添加信息。

3）客户端把用户名和密码用 BASE64 加密后，放在 Authorization Header 中发送给服务器，认证成功。

4）服务器将 Authorization Header 中的用户名和密码取出并进行验证，如果验证通过，则将根据请求发送资源给客户端。

Quarkus 提供相互 TLS 身份验证，可以根据用户的 X. 509 证书对其进行身份验证。

quarkus-oidc-extension 提供了一个响应式、可互操作、支持多租户的 OpenId 连接适配器，支持 Bearer 令牌和授权码流身份验证机制。Bearer 令牌机制从 HTTP 授权头中提取令牌。授权码流机制使用 OpenId-Connect 授权码流。它将用户重定向到 IDP 进行身份验证，并在用户被重定向回 Quarkus 后完成身份验证过程，方法是将提供的代码授权信息转换为 ID、访问和刷新令牌。ID 和 Access JWT 令牌通过可刷新 JWK 密钥集进行验证，但 JWT 和不透明（二进制）令牌都可以远程自省。quarkus-oidc Bearer 和授权码流验证机制都使用 SmallRye JWT 将 JWT 令牌表示为 Microprofile JWT 的 org.eclipse.microprofile.jwt.JsonWebToken。

quarkus-smallrye-jwt 提供 Microprofile JWT 实现和更多选项，以验证签名和加密的 JWT 令牌并将其表示为 org.eclipse.microprofile.jwt.JsonWebToken。quarkus-smallrye-jwt 提供了 quarkus-oidc Bearer 令牌身份验证机制的替代方案。它目前只能使用 PEM 密钥或可刷新 JWK 密钥集验证 JWT 令牌。此外，quarkus-smallrye-jwt 还提供了 JWT 生成 API 方法，用于轻松地创建签名、内部签名及加密的 JWT 令牌。

quarkus-elytron-security-oauth2 提供 quarkus-oidc Bearer 令牌身份验证机制的替代方案。它基于 Elytron，主要用于远程不透明令牌。

Quarkus 支持 LDAP 身份验证机制。

❶ Quarkus 全面集成 Keycloak 框架平台

Keycloak 平台是一个由 Red Hat 基金会开发的开源的进行身份认证和访问控制的软件。人们可以非常方便地使用 Keycloa 给应用程序和安全服务添加身份认证。

后面的 OIDC 和 OAuth 2.0 案例都集成了 Keycloak 平台，所以需要简单介绍 Keycloak 平台的安装。

❷ Keycloak 安装

获取 Keycloak 服务器有两种方式：第一种获取方式是通过 Docker 容器来安装及部署，第二种获取方式是直接在本地安装 Keycloak 服务器并进行基本配置。

（1）通过 Docker 来安装及部署

通过 Docker 来安装和部署 Keycloak 服务器，命令如下。

```
docker run --name keycloak -e KEYCLOAK_USER=admin -e KEYCLOAK_PASSWORD=admin ^
    -p 8180:8080 -p 8543:8443 jboss/keycloak
```

执行后出现图 6-8 所示的界面，说明已经启动成功。

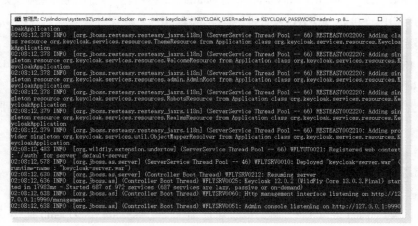

● 图 6-8　Docker 容器的 Keycloak 启动界面

解释说明：Keycloak 服务在 Docker 容器中的名称是 keycloak，用户名为 admin，用户密码为 admin。该服务通过 jboss/keycloak 容器镜像来获取。开启两个端口，其中一个为内部端口 8080 和外部端口 8180，另一个为内部端口 8443 和外部端口 8543。

（2）在 Windows 本地安装 Keycloak

Keycloak 有很多种安装模式，本案例使用最简单的 Standalone 模式。下面简单说明安装步骤：

1）获得 Keycloak。下载最新的 Keycloak 版本并将其解压缩。解压目录如图 6-9 所示。

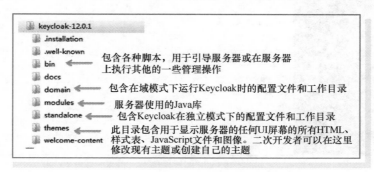

● 图 6-9　Keycloak 安装解压目录

2）修改 Keycloak 服务的参数。默认情况下，Keycloak 在端口 8080 上公开 API 和 Web 控制台。但是，该端口号必须不同于 Quarkus 应用程序端口，因此用端口号 8180 替换 8080。到文件内 \standalone\configuration\ standalone.xml 做修改，如图 6-10 所示。

```
<socket-binding-group name="standard-sockets" default-interface="public" port-offset="${jboss.soc
    <socket-binding name="ajp" port="${jboss.ajp.port:8009}"/>
    <socket-binding name="http" port="${jboss.http.port:8180}"/>
    <socket-binding name="https" port="${jboss.https.port:8443}"/>
    <socket-binding name="management-http" interface="management" port="${jboss.management.http.p
    <socket-binding name="management-https" interface="management" port="${jboss.management.https
    <socket-binding name="txn-recovery-environment" port="4712"/>
    <socket-binding name="txn-status-manager" port="4713"/>
    <outbound-socket-binding name="mail-smtp">
        <remote-destination host="${jboss.mail.server.host:localhost}" port="${jboss.mail.server.
    </outbound-socket-binding>
</socket-binding-group>
```

● 图 6-10　standalone.xml 文件修改图

3）启动 Keycloak 服务。打开一个终端会话并运行来启动 Keycloak 服务，命令为 bin/standalone.sh。

4）启动 Keycloak 管理界面。在浏览器上输入 http：//localhost：8180/auth。在弹出的界面中需要注册 admin 账号。创建完 admin 用户，登录到 admin console，就会跳转到 admin console 的登录页面（http：//localhost：8180/auth/admin/）。以 admin 身份登录，Keyclock 后台管理界面如图 6-11 所示。

管理界面提供的功能非常丰富。可以对 Realm Settings、Clients、Client Scopes Roles、Identity Providers、User Federation、Authentication 等进行配置和定义，还可以对 Groups、Users、Sessions、Events 等进行管理。

一旦服务成功启动，就构建了一个基本的 Keycloak 服务开发环境。

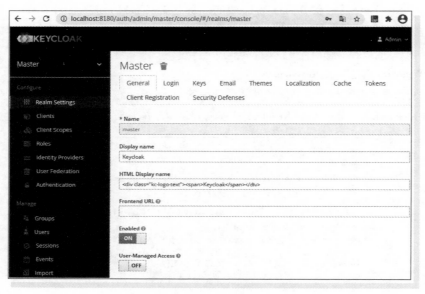

● 图 6-11　Keycloak 后台管理界面图

▶▶ 6.4.2　Quarkus 框架 SSL 安全认证

SSL（Security Socket Layer）是一种广泛运用在互联网上的资料加密协议。SSL 证书（Certificate）像身份证一样可以在互联网上证明自己的身份。

本案例说明 Quarkus 框架基于 SSL 实现的证书安全功能。通过阅读和分析 Quarkus 应用程序如何使用 SSL 等案例代码，读者可以理解和掌握 Quarkus 框架基于 SSL 证书的使用。

❶ 编写案例代码

编写案例代码有 3 种方式。

第一种方式是通过代码 UI 来实现，在 Quarkus 官网的脚手架工程中按照指定步骤生成脚手架代码，然后下载文件，引入项目到 IDE 工具中，最后修改程序源码内容。

第二种方式是通过 mvn 来构建程序。这里通过下面的代码创建 Maven 项目来实现。

```
mvn io.quarkus:quarkus-maven-plugin:1.11.1.Final:create ^
  -DprojectGroupId = com. iiit. quarkus. sample   -DprojectArtifactId = 353-sample-quarkus-
security-ssl ^
  -DclassName=com.iiit.quarkus.sample.jpa.security.PublicResource  -Dpath=/projects ^
  -Dextensions = resteasy-jsonb
```

第三种方式是从 Github 上复制预先准备好的示例代码。

```
git clone https://github.com/rengang66/iiit.quarkus.spring.sample.git
```

该程序位于 "353-sample-quarkus-security-ssl" 目录中。这是一个 Maven 项目。

本程序的应用架构（如图 6-12 所示）表明，外部访问 ProjectResource 资源接口，ProjectResource 资源负责外部的访问安全认证。

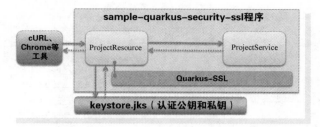

● 图 6-12　353-sample-quarkus-security-ssl 程序应用架构图

本程序的文件及核心类如表 6-3 所示。

表 6-3　353-sample-quarkus-security-ssl 程序的文件和核心类

名　　称	类　　型	简　　介
application.properties	配置文件	定义了一些安全配置信息
keystore.jks	SSL 证书	本程序配置 SSL 证书
ProjectResource	资源类	提供 REST 外部 API 的安全认证接口，无特殊处理
ProjectService	服务类	主要提供数据服务，无特殊处理，本节不做介绍
Project	实体类	POJO 对象，无特殊处理，本节不做介绍

在本程序中，首先查看配置文件 application.properties。

```
quarkus.ssl.native=false
quarkus.http.ssl.certificate.key-store-file=keystore.jks
quarkus.http.ssl.certificate.key-store-file-type=JKS
quarkus.http.ssl.certificate.key-store-password=quarkus-security
quarkus.http.ssl-port=8443
quarkus.http.insecure-requests=redirect
quarkus.http.auth.basic=true
```

在 application.properties 文件中，定义了与数据库连接的配置参数和与安全性相关的配置参数。

① quarkus.ssl.native=false 表示编译为非原生程序。

② quarkus.http.ssl.certificate.key-store-file=keystore.jks 表示安全证书文件 keystore.jks。

③ quarkus.http.ssl.certificate.key-store-file-type=JKS 表明安全认证类型为 JKS。

④ quarkus.http.ssl.certificate.key-store-password=quarkus-security 表示认证证书的密码。

⑤ quarkus.http.ssl-port=8443 表示获取安全性的一些附加信息。

该程序的内容与"312-sample-quarkus-rest"基本相同，就不做解释说明了。

❷ 验证程序

通过下列几个步骤（如图 6-13 所示）来验证案例程序。

1）启动程序。启动应用有两种方式：第一种是在开发工具（如 Eclipse）中调用 ProjectMain 类的 run 命令；第二种方式就是在程序目录下直接运行 cmd 命令"mvnw compile quarkus：dev"。

2）通过 API 接口显示安全认证及处理情况。CMD 窗口中的命令如下：

```
curl -i -X GET https://localhost:8443/projects --insecure
```

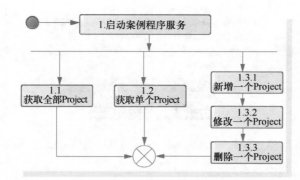

● 图 6-13　353-sample-quarkus-security-ssl 程序验证流程图

其显示内容为通过授权获取的所有项目信息。

3）通过 API 接口显示 admin 的授权情况。CMD 窗口中的命令如下：

```
curl -i -X GET https://localhost:8443/projects/1 --insecure
```

其显示内容为通过授权获取的单个项目信息。

4）通过 API 接口增加数据。CMD 窗口中的命令如下：

```
curl -X POST -H "Content-type: application/json" -d { \"id\":3, \"name \": \"项目 C\", \"
description \": \"关于项目 C 的描述\"} https://localhost:8443/projects --insecure
```

其显示内容为通过授权增加的数据。

5）通过 API 接口修改数据。CMD 窗口中的命令如下：

```
curl -X PUT -H "Content-type: application/json" -d { \"id\":3, \"name \": \"项目 C\", \"
description \": \"项目 C 描述修改内容\"} https://localhost:8443/projects --insecure
```

其显示内容为通过授权修改的数据。

6）通过 API 接口删除数据。CMD 窗口中的命令如下：

```
curl -X DELETE  -H "Content-type: application/json" -d { \"id\":3, \"name \": \"项目 C\", \"
description \": \"关于项目 C 的描述\"} https://localhost:8443/projects --insecure
```

其显示内容为通过授权删除的数据。

❸ Quarkus 的 SSL 属性配置信息

Quarkus 的 SSL 属性配置信息如表 6-4 所示。

表 6-4　Quarkus 的 SSL 属性配置信息

序号	配 置 属 性	描　　述	类　　型	默认值
1	quarkus.http.ssl.certificate.files	使用 PEM 格式的服务器证书路径列表。指定多个文件需要启用 SNI	路径列表	
2	quarkus.http.ssl.certificate.key-files	使用 PEM 格式的服务器证书私钥文件的路径列表。指定多个文件需要启用 SNI。密钥文件的顺序必须与证书的顺序匹配	路径列表	

（续）

序号	配置属性	描 述	类 型	默认值
3	quarkus.http.ssl.certificate.key-store-file	一个可选的密钥存储，它保存证书信息，而不是指定单独的文件	path	
4	quarkus.http.ssl.certificate.key-store-file-type	用于指定密钥存储文件类型的可选参数。如果未给定，那么将根据文件名自动检测类型	string	
5	quarkus.http.ssl.certificate.key-store-provider	用于指定密钥存储文件的提供程序的可选参数。如果未给定，则会根据密钥存储文件类型自动检测提供程序	string	
6	quarkus.http.ssl.certificate.key-store-password	用于指定密钥存储文件的密码的参数。如果未给出，则使用默认值（password）	string	password
7	quarkus.http.ssl.certificate.key-store-key-alias	用于在密钥存储中选择特定密钥的可选参数。禁用SNI 时，如果密钥存储包含多个密钥且未指定别名，则行为未定义	string	
8	quarkus.http.ssl.certificate.key-store-key-password	一个可选参数，用于定义密钥的密码，以防它与密钥存储密码不同	string	
9	quarkus.http.ssl.certificate.trust-store-file	一个可选的信任存储，它保存信任证书的信息	path	
10	quarkus.http.ssl.certificate.trust-store-file-type	用于指定信任存储文件类型的可选参数。如果未给定，那么将根据文件名自动检测类型	string	
11	quarkus.http.ssl.certificate.trust-store-provider	用于指定信任存储文件的提供程序的可选参数。如果未给定，则将根据信任存储文件类型自动检测提供程序	string	
12	quarkus.http.ssl.certificate.trust-store-password	用于指定信任存储文件的密码的参数	string	
13	quarkus.http.ssl.certificate.trust-store-cert-alias	一个可选参数，用于仅信任存储中的一个特定证书（而不是信任存储中的所有证书）	string	
14	quarkus.http.ssl.cipher-suites	该密码适合使用。如果未给出任何值，则选择合理的默认值	list of string	
15	quarkus.http.ssl.protocols	要显式启用的协议列表	list of string	TLSv1.3,TLSv1.2
16	quarkus.http.ssl.sni	启用服务器名称指示（SNI），这是允许服务器使用多个证书的 TLS 扩展。客户端在 TLS 握手期间指明服务器名称，允许服务器选择正确的证书	boolean	false

▶▶ 6.4.3 Quarkus 框架 basic 安全认证

　　本案例说明 Quarkus 框架基于 JPA 和 HTTP Basic Authentication 等实现的安全功能。通过阅读和分析 Quarkus 应用程序如何使用 JPA 访问数据库来存储用户身份等案例代码，读者可以理解和掌握

Quarkus 框架基于 JPA 存储用户身份和 HTTP Basic Authentication 的使用。

❶ 编写案例代码

编写案例代码有 3 种方式。

第一种方式是通过代码 UI 来实现，在 Quarkus 官网的脚手架工程中按照指定步骤生成脚手架代码，然后下载文件，引入项目到 IDE 工具中，最后修改程序源码内容。

第二种方式是通过 mvn 来构建程序。这里通过下面的代码创建 Maven 项目来实现。

```
mvn io.quarkus:quarkus-maven-plugin:1.11.1.Final:create ^
  -DprojectGroupId = com. iiit. quarkus. sample  -DprojectArtifactId = 354-sample-quarkus-security-basic ^
  -DclassName=com.iiit.quarkus.sample.jpa.security.PublicResource  -Dpath=/projects ^
  -Dextensions=resteasy-jsonb,quarkus-hibernate-orm,quarkus-agroal, ^
      quarkus-security-jpa, quarkus-jdbc-h2
```

第三种方式是直接从 Github 上获取代码。

```
git clone https://github.com/rengang66/iiit.quarkus.spring.sample.git
```

该程序位于"354-sample-quarkus-security-basic"目录中。这是一个 Maven 项目。

然后导入 Maven 工程，在 pom.xml 的 \<dependencies\> 内有如下内容。

```
<dependency>
    <groupId>io.quarkus</groupId>
    <artifactId>quarkus-security-jpa</artifactId>
</dependency>
<dependency>
    <groupId>io.quarkus</groupId>
    <artifactId>quarkus-hibernate-orm-panache</artifactId>
</dependency>
<dependency>
    <groupId>io.quarkus</groupId>
    <artifactId>quarkus-jdbc-h2</artifactId>
</dependency>
```

quarkus-security-jpa 是 Quarkus 扩展了 Security 的 JPA 实现。quarkus-hibernate-orm-panache 是 Quarkus 的 ORM 的 Panache 框架。quarkus-jdbc-h2 是 Quarkus 扩展了 H2 数据库的 JDBC 接口实现。

本程序的应用架构（如图 6-14 所示）表明，外部访问 ProjectResource 资源接口，ProjectResource

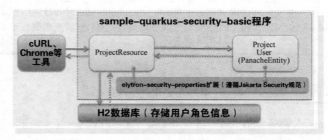

● 图 6-14　354-sample-quarkus-security-basic 程序应用架构图

资源负责外部的访问安全认证，其安全认证信息存储在 H2 数据库中。ProjectResource 资源通过 Project、User（PanacheEntity）获取安全认证信息。ProjectResource 资源、Project、User 依赖 elytron-security-properties 扩展。

本程序的文件和核心类如表 6-5 所示。

表 6-5　354-sample-quarkus-security-basic 程序的文件核心类

名　　称	类　　型	简　　介
application.properties	配置文件	定义了一些安全配置信息
import.sql	配置文件	初始化数据库中的业务数据信息
Startup	数据初始类	初始化数据库中的安全角色和用户信息
User	实体类	继承 PanacheEntity 的 Entity 对象，User 实体类
ProjectResource	资源类	提供 REST 外部 API 的安全认证接口，核心类
Project	实体类	继承 PanacheEntity 的 Entity 对象，Project 实体类

在本程序中，首先查看配置文件 application.properties。

```
quarkus.http.auth.basic=true
quarkus.datasource.db-kind=h2
quarkus.datasource.username=sa
quarkus.datasource.password=
quarkus.datasource.jdbc.url=jdbc:h2:mem:testdb
quarkus.datasource.jdbc.min-size=2
quarkus.datasource.jdbc.max-size=8
quarkus.hibernate-orm.database.generation=drop-and-create
```

在 application.properties 文件中，定义了与数据库连接的配置参数和与安全性相关的配置参数。

① quarkus.http.auth.basic=true 表示需要进入认证。

② quarkus.datasource.db-kind 表示连接的数据库是 H2 数据库。

③ quarkus.datasource.username 和 quarkus.datasource.password 是用户名和密码，也即 H2 数据库的登录角色和密码。

下面讲解本程序的 Startup 类、ProjectResource 类和 User 类的内容。

（1）Startup 类

用 IDE 工具打开 com.iiit.quarkus.sample.security.basic.Startup 类文件，Startup 类的代码如下：

```
@Singleton
public class Startup {
    @Transactional
    public void loadUsers(@Observes StartupEvent evt) {
        User.deleteAll();
        User.add("admin", "admin", "admin");
        User.add("user", "user", "user");
        User.add("reng", "123456", "user");

        Project.persist(new Project("项目 A"));
        Project.persist(new Project("项目 B"));
```

```
        Project.persist(new Project("项目 C"));
    }
}
```

📖 程序说明：

本类实现初始化几个用户，包括 admin、user、reng 等。

（2）ProjectResource 资源类

用 IDE 工具打开 com.iiit.quarkus.sample.security.basic.resource.ProjectResource 类文件，代码如下：

```
@Path("projects")
@ApplicationScoped
@Produces("application/json")
@Consumes("application/json")
public class ProjectResource {

    @GET
    @Produces(MediaType.TEXT_PLAIN)
    @PermitAll
    @Path("public")
    public String publicResource() {return "这是通过 BASIC 方式来获取的访问信息 ";}

    @GET
    @Produces(MediaType.TEXT_PLAIN)
    @RolesAllowed("admin")
    @Path("/admin")
    public String admin() {return "这是通过 admin 身份方式来获取的访问信息 ";}

    @GET
    @Produces(MediaType.TEXT_PLAIN)
    @RolesAllowed({"user", "admin"})
    @Path("/user")
    public String me(@Context SecurityContext securityContext) {
        return "Hello " +securityContext.getUserPrincipal().getName() + "! You are logged in.";
    }

    @GET
    @RolesAllowed({"user"})
    public List<Project> get() {return Project.listAll(Sort.by("name"));}

    @GET
    @Path("/{id}")
    @RolesAllowed({"user"})
    public Project getById(@PathParam("id") Long id) {
        Project entity = Project.findById(id);
        if (entity == null) {
            throw new WebApplicationException("Project with id of " + id + " does not
exist.", 404);
```

```
        }
        return entity;
    }

    @ POST
    @ Transactional
    @ RolesAllowed({"user"})
    public Response add(Project project) {
        project.persist();
        return Response.ok(project).status(201).build();
    }

    @ PUT
    @ Path("{id}")
    @ Transactional
    @ RolesAllowed({"user"})
    public Project update(@ PathParam("id") Long id, Project project) {
        if (project.getName() == null) {
            throw new WebApplicationException("Project Name was not set on request.", 422);
        }
        Project entity = Project.findById(id);
        if (entity == null) {
            throw new WebApplicationException ("Project with id of " + id + " does not
exist.", 404);
        }
        entity.setName(project.getName());
        return entity;
    }

    @ DELETE
    @ Path("{id}")
    @ Transactional
    @ RolesAllowed({"user"})
    public Response delete(@ PathParam("id") Long id) {
        Project entity = Project.findById(id);
        if (entity == null) {
            throw new WebApplicationException ("Project with id of " + id + " does not
exist.", 404);
        }
        entity.delete();
        return Response.status(204).build();
    }

    //处理 Response 的错误情况
    //省略部分代码
    ...
}
```

📖 程序说明：

① ProjectResource 类的作用是与外部进行交互，方法主要还是基于 REST 的 GET 操作。

② ProjectResource 类对外提供的 REST 接口是有安全认证要求的，只有达到安全级别，才能获取对应数据。

③ ProjectResource 类的 publicResource 方法，无安全认证要求，故都能获取数据。

④ ProjectResource 类的 adminResource 方法，需要 admin 角色才能访问，访问用户归属 admin 角色能获取数据。

⑤ ProjectResource 类的 userResource 方法，需要 user 角色才能访问，访问用户归属 user 角色或者拥有 user 角色权限的 admin 角色能获取数据。

（3）User 实体类

用 IDE 工具打开 com.iiit.quarkus.sample.security.basic.domain.User 类文件，代码如下：

```
@Entity
@Table(name = "user_entity")
@UserDefinition
public class User extends PanacheEntity {
    @Username    public String username;
    @Password    public String password;
    @Roles    public String role;

    public static void add(String username, String password, String role) {
        User user = new User();
        user.username = username;
        user.password =BcryptUtil.bcryptHash(password);
        user.role = role;
        user.persist();
    }
}
```

📖 程序说明：

① @Entity 注解：表示 User 对象是一个遵循 JPA 规范的 Entity 对象。

② @Table（name ="test_user"）注解：表示 User 对象映射的关系数据库表是 test_user。

③ @UserDefinition：表示 Quarkus Security Manager 定义该对象是一个用户对象。

④ @Username：表示 Quarkus Security Manager 定义该字段为用户名称。

⑤ @Password：表示 Quarkus Security Manager 定义该字段为用户密码。

❷ 验证程序

通过下列几个步骤（如图 6-15 所示）来验证案例程序。

1）启动程序。启动应用有两种方式：第一种是在开发工具（如 Eclipse）中调用 ProjectMain 类的 run 命令；第二种方式就是在程序目录下直接运行 cmd 命令"mvnw compile quarkus：dev"。

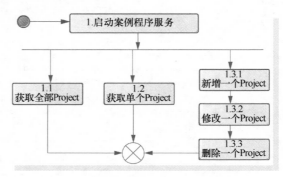

● 图 6-15　354-sample-quarkus-security-basic
程序验证流程图

2）通过 API 接口显示 Public 的授权情况。CMD 窗口中的命令如下：

```
curl -i -X GET http://localhost:8080/projects/public
```

其显示内容为授权通过。

3）通过 API 接口显示 admin 的授权情况。CMD 窗口中的命令如下：

```
curl -i -X GET http://localhost:8080/projects/admin
```

其显示内容为授权不通过。

4）通过 API 接口显示 admin 的授权情况。CMD 窗口中的命令如下：

```
curl -i -X GET -u admin:admin  http://localhost:8080/projects/admin
```

其显示内容为授权通过。

5）通过 API 接口显示 User 的授权情况。CMD 窗口中的命令如下：

```
curl -i -X GET http://localhost:8080/projects /users/reng
```

其显示内容为授权不通过。

6）通过 API 接口显示 User 的授权情况。CMD 窗口中的命令如下：

```
curl -i -X GET -u user:user http://localhost:8080/projects/user
```

其显示内容为授权通过。

还有就是数据的 CRUD 操作，输入下列命令进行操作。

```
curl -i -X GET -u user:user http://localhost:8080/projects
curl -i -X GET -u user:user http://localhost:8080/projects/4
curl -X POST -u user:user -d  {\"name\": \"项目 D \"} -H "Content-Type:application/json"
http://localhost:8080/projects -v
curl -X PUT -u user:user -H "Content-type: application/json" -d { \"name \": \"项目 BBB \"}
http://localhost:8080/projects/7
curl -X DELETE -u user:user http://localhost:8080/projects/7
```

▶▶ 6.4.4　使用 JWT 来加密令牌

JWT（JSON Web Token）是为了在网络应用环境间传递声明而执行的一种基于 JSON 的开放标准（RFC 7519）。JWT 提供一种紧凑的 URL 安全方式，表示要在双方之间传输的声明。

❶ 案例介绍和编写案例代码

本案例基于 Quarkus 框架实现验证应用程序如何利用 MicroProfile JWT（MP JWT）验证 JSON Web 令牌，将其表示为 MP JWT 的 org.eclipse.microprofile.jwt.JsonWebToken，然后使用承载令牌授权和基于角色的访问控制对 Quarkus HTTP 端点进行安全访问。该模块遵循 JWT 规范。通过阅读和分析 Quarkus 使用承载令牌 JWT 的案例代码，读者可以理解和掌握 Quarkus 框架验证 JSON Web 令牌（JWT）的使用。

编写案例代码有 3 种方式。

第一种方式是通过代码 UI 来实现，在 Quarkus 官网的脚手架工程中按照指定步骤生成脚手架代码，然后下载文件，引入项目到 IDE 工具中，最后修改程序源码内容。

第二种方式是通过 mvn 来构建程序。这里通过下面的代码创建 Maven 项目来实现。

```
mvn io.quarkus:quarkus-maven-plugin:1.11.1.Final:create ^
  -DprojectGroupId = com. iiit. quarkus. sample  -DprojectArtifactId = 356-sample-quarkus-
security-jwt ^
  -DclassName=com.iiit.sample.security.jwt.ProjectResource  -Dpath =/projects ^
  -Dextensions=resteasy-jsonb,quarkus-smallrye-jwt
```

第三种方式是直接从 Github 上获取代码。

```
git clone https://github.com/rengang66/iiit.quarkus.spring.sample.git
```

该程序位于 "356-sample-quarkus-security-jwt" 目录中。这是一个 Maven 项目。

然后导入 Maven 工程，在 pom.xml 的<dependencies>内有如下内容。

```
<dependency>
    <groupId>io.quarkus</groupId>
    <artifactId>quarkus-smallrye-jwt</artifactId>
</dependency>
```

quarkus-smallrye-jwt 是 Quarkus 扩展了 Smallrye 的 JWT 服务实现。

本程序的应用架构（如图 6-16 所示）表明，外部访问 ProjectResource 资源接口，ProjectResource 资源负责外部的访问安全认证，通过 ProjectResource 资源的安全认证需要 JWT 加密的令牌。ProjectResource 资源依赖 quarkus-smallrye-jwt 扩展。

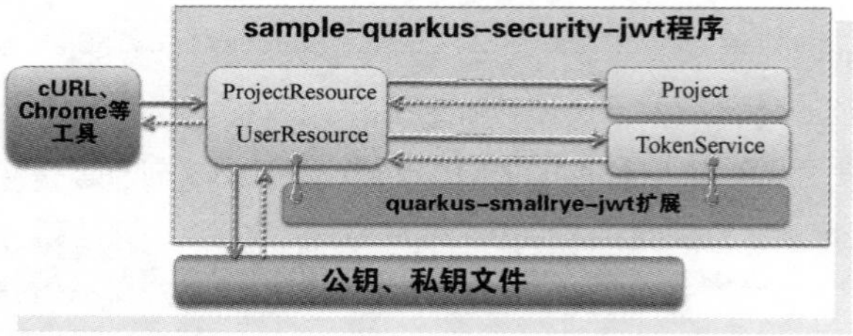

● 图 6-16　356-sample-quarkus-security-jwt 程序应用架构图

本程序的文件和核心类如表 6-6 所示。

表 6-6　sample-quarkus-security-jwt 程序的文件和核心类

名　称	类　型	简　介
TokenService	生成令牌类	提供生成令牌的功能
ProjectResource	资源类	提供 REST 外部 API 接口，主要提供安全认证，核心类
UserResource	资源类	主要提供用户服务，注册用户，核心类
Project	实体类	PanacheEntity 对象，业务数据的 CRUD 操作
User	实体类	PanacheEntity 对象，用户数据的创建操作和获取用户的 Token
Startup	Observes 事件	初始化几个用户

在本程序中，首先查看配置文件 application.properties。

```
mp.jwt.verify.publickey.location=publicKey.pem
mp.jwt.verify.issuer=www.iiit.com
quarkus.smallrye-jwt.enabled=true
```

在 application.properties 文件中，配置了与 JWT 相关的参数。

① mp.jwt.verify.publickey.location 表示公钥文件的存放位置。

② mp.jwt.verify.issuer 表示验证的 issuer。

下面讲解本程序的 TokenService 类、User 类、Startup 类、UserResource 类和 ProjectResource 类的
内容。

（1）TokenService 类

用 IDE 工具打开 com.iiit.quarkus.sample.security.jwt.security.TokenService 类文件，代码如下：

```
@RequestScoped
public class TokenService {
    public String generateUserToken(String email, String username) {
        return generateToken(email, username, Roles.USER);
    }

    public String generateServiceToken(String serviceId, String serviceName) {
        return generateToken(serviceId, serviceName, Roles.SERVICE);
    }

    public String generateToken(String subject, String name, String... roles) {
        try {
            JwtClaims jwtClaims = new JwtClaims();
            jwtClaims.setIssuer("www.iiit.com");
            jwtClaims.setJwtId(UUID.randomUUID().toString());
            jwtClaims.setSubject(subject);
            jwtClaims.setClaim(Claims.upn.name(), subject);
            jwtClaims.setClaim(Claims.preferred_username.name(), name);
            jwtClaims.setClaim(Claims.groups.name(), Arrays.asList(roles));
            jwtClaims.setAudience("using-jwt");
            jwtClaims.setExpirationTimeMinutesInTheFuture(60);

            String token = TokenUtils.generateTokenString(jwtClaims);
            LOGGER.info("TOKEN generated: " + token);
            return token;
        } catch (Exception e) {
            e.printStackTrace();
            throw new RuntimeException(e);
        }
    }
}
```

该程序调用了 TokenUtils 类，用 IDE 工具打开 com. iiit. quarkus. sample. security. jwt. security.
TokenUtils 类文件，代码如下：

```
public class TokenUtils {
    private TokenUtils() {}
    public static String generateTokenString(JwtClaims claims) throws Exception {
        PrivateKey pk = readPrivateKey("/privateKey.pem");
        return generateTokenString(pk, "/privateKey.pem", claims);
    }
```

```java
    private static String generateTokenString (PrivateKey privateKey, String kid,
JwtClaims claims) throws Exception {

        long currentTimeInSecs = currentTimeInSecs();
        claims.setIssuedAt(NumericDate.fromSeconds(currentTimeInSecs));
        claims.setClaim(Claims.auth_time.name(), NumericDate.fromSeconds(currentTime-
InSecs));
        for (Map.Entry<String, Object> entry : claims.getClaimsMap().entrySet()) {
            System.out.printf(" \tAdded claim: %s, value: %s \n", entry.getKey(), entry.
getValue());
        }

        JsonWebSignature jws = new JsonWebSignature();
        jws.setPayload(claims.toJson());
        jws.setKey(privateKey);
        jws.setKeyIdHeaderValue(kid);
        jws.setHeader("typ", "JWT");
        jws.setAlgorithmHeaderValue(AlgorithmIdentifiers.RSA_USING_SHA256);
        return jws.getCompactSerialization();
    }

    public static PrivateKey readPrivateKey(final String pemResName) throws Exception {
        InputStream contentIS = TokenUtils.class.getResourceAsStream(pemResName);
        byte[]tmp = new byte[4096];
        int length =contentIS.read(tmp);
        return decodePrivateKey(new String(tmp, 0, length, "UTF-8"));
    }

    public static PrivateKey decodePrivateKey(final String pemEncoded) throws Exception {
        byte[]encodedBytes = toEncodedBytes(pemEncoded);
        PKCS8EncodedKeySpec keySpec = new PKCS8EncodedKeySpec(encodedBytes);
        KeyFactory kf = KeyFactory.getInstance("RSA");
        return kf.generatePrivate(keySpec);
    }

    //省略部分代码
    ...
}
```

📖 程序说明：

TokenService 类的 generateTokenString 方法可以根据 Jwt.issuer 生成一个用 JWT 加密的令牌。

RSA Public Key PEM（公钥文件）的位置为 META-INF/resources/publicKey.pem，其内容如下：

```
-----BEGIN PUBLIC KEY-----
MIIBIjANBgkqhkiG9w0BAQEFAAOCAQ8AMIIBCgKCAQEAlivFI8qB4D0y2jy0CfEq
...
nQIDAQAB
-----END PUBLIC KEY-----
```

RSA Private Key PEM（私钥文件）的位置为 test/resources/privateKey.pem，其内容如下：

```
-----BEGIN PRIVATE KEY-----
MIIEvQIBADANBgkqhkiG9w0BAQEFAASCBKcwggSjAgEAAoIBAQCWK8UjyoHgPTLa
```

```
...
-----END PRIVATE KEY-----
```

（2）User 实体类

用 IDE 工具打开 com.iiit.quarkus.sample.security.jwt.resource.User 类文件，代码如下：

```java
@Entity
@Table(name = "user_entity")
public class User extends PanacheEntity {
    public String username;
    public String email;
    public String password;

    public static void add(String username, String email, String password) {
        User user = new User();
        user.username = username;
        user.password = password;
        user.email = email;
        user.persist();
    }
}
```

📖 程序说明：

User 类的作用是提供用户的实体，实现存储用户信息到数据库中。

（3）Startup 实体类

用 IDE 工具打开 com.iiit.quarkus.sample.security.jwt.Startup 类文件，代码如下：

```java
@Singleton
public class Startup {
    @Transactional
    public void loadUsers(@Observes StartupEvent evt) {
        User.deleteAll();
        User.add("admin", "admin@sina.com", "admin");
        User.add("user", "user@sina.com", "user");
        User.add("rengang", "rengang@sina.com", "123456");
    }
}
```

📖 程序说明：

Startup 类的作用是初始化 3 个用户，在程序启动时通过 Observes 事件来启动。

（4）UserResource 资源类

用 IDE 工具打开 com.iiit.quarkus.sample.security.jwt.resource.UserResource 类文件，代码如下：

```java
@Path("/users")
@Consumes(MediaType.APPLICATION_JSON)
@Produces(MediaType.APPLICATION_JSON)
public class UserResource {
    @Inject  TokenService service;
```

```
@POST
@Path("/register")
@Transactional
public User register(User user) {user.persist(); return user;}

@GET
@Path("/login")
public String login(@QueryParam("username") String login, @QueryParam("password")
String password) {
    User existingUser = User.find("username", login).firstResult();
    if(existingUser == null ||! existingUser.password.equals(password)) {
        throw new WebApplicationException(Response.status(404).entity("No user found
or password is incorrect").build());
    }
    return service.generateUserToken(existingUser.email, password);
}

@GET
@PermitAll
public List<User> get() {return User.findAll().list();}
}
```

📖 程序说明：

① UserResource 类的作用是与外部进行交互，主要是处理用户注册和用户登录操作。

② UserResource 对象在用户登录后获取 Token，然后通过 Token 调用其他授权操作。

（5）ProjectResource 资源类

用 IDE 工具打开 com.iiit.quarkus.sample.security.jwt.resource.ProjectResource 类文件，代码如下：

```
@Path("projects")
@ApplicationScoped
@Produces("application/json")
@Consumes("application/json")
public class ProjectResource {
    @Context   SecurityContext securityContext;

    @GET
    @Produces(MediaType.TEXT_PLAIN)
    @PermitAll
    @Path("public")
    public String publicResource() {return "这是通用操作,无须授权";}

    @GET
    @Path("/me")
    @RolesAllowed({Roles.USER, Roles.SERVICE})
    public User me() {return User.find("email", securityContext.getUserPrincipal().
getName()).firstResult();}

    @GET
```

```
    @Path("/admin")
    @RolesAllowed(Roles.ADMIN)
    public String adminTest() {return "如果看着这些文字,说明已经授权通过";}

    @GET
    @Produces(MediaType.TEXT_PLAIN)
    @RolesAllowed({"User", "Admin"})
    @Path("user")
    public String me(@ContextSecurityContext securityContext) {
        return "Hello " +securityContext.getUserPrincipal().getName() + "! You are logged
in.";
    }

    @GET
    @Path("/void")
    @DenyAll
    public String nothing() {return "This method should always return 403";}

@GET
    @RolesAllowed({"User"})
    public List<Project> get() {return Project.listAll(Sort.by("name"));}

 @GET
    @Path("{id}")
    @RolesAllowed({"User"})
    public Project getById(@PathParam("id") Long id) {
    Project entity = Project.findById(id);
        if (entity == null) {
            throw new WebApplicationException ("Project with id of " + id + " does not
exist.", 404);
        }
        return entity;
    }

    @POST
    @Transactional
    @RolesAllowed({"User"})
    public Response add(Project project) {
    project.persist();
        return Response.ok(project).status(201).build();
    }

    //省略部分代码
    ...
}
```

📖 程序说明:

① ProjectResource 类的作用是与外部进行交互,方法主要还是基于 REST 的 GET 操作。本程序包括 3 个 GET 方法。

② ProjectResource 类的 serveResource 方法为无授权方法,外部调用可直接获取 Project 数据。

③ ProjectResource 类的 rolesAllowedResource 方法为授权方法，user 和 admin 角色都有权限，外部调用需要有 access_token 才能获取 Project 数据。

④ ProjectResource 类的 rolesAllowedAdminResource 方法为授权方法，只有 admin 角色有权限，外部调用需要有 access_token 才能获取 Project 数据。

⑤ ProjectResource 类的 denyResource 方法为非授权方法，任何角色都无权限，不能获取 Project 数据。

本程序动态运行的序列图（如图 6-17 所示，遵循 UML 2.0 规范绘制）描述外部调用者 Actor、ProjectResource、ProjectService 和 GenerateToken 等对象之间的时间顺序交互关系。

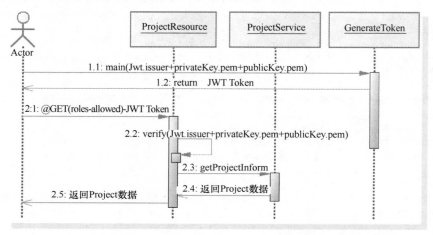

● 图 6-17　sample-quarkus-security-jwt 程序运态运行的序列图

该序列图总共有两个序列，分别如下。

序列 1 活动：① 外部 Actor 向 GenerateToken 类调用获取 JWT 令牌的 maim 方法；② GenerateToken 类返回与令牌相关的 JWT 信息（包括 access_token）。

序列 2 活动：① 外部 Actor 传入参数 JWT Token 并调用 ProjectResource 资源对象的 @GET（roles-allowed）方法；② ProjectResource 资源对象验证 JWT Token 的有效性；③ 当验证成功后，ProjectResource 资源对象调用 ProjectService 服务对象的 getProjectInform 方法；④ ProjectService 服务对象的 getProjectInform 方法返回 Project 数据给 ProjectResource 资源；⑤ ProjectResource 资源对象的 Project 数据返回给外部 Actor。

其他通过令牌来获取资源的访问方法与序列 2 基本相同，就不再重复讲述了。

❷ 验证程序

通过下列几个步骤（如图 6-18 所示）来验证案例程序。

1）启动程序。启动应用有两种方式：第一种是在开发工具（如 Eclipse）中调用 ProjectMain 类的 run 命令；第二种方式就是在程序目录下直接运行 cmd 命令 "mvnw compile quarkus：dev"。

2）获取 JWT。通过下面的命令来获取进行 JWT 处理的令牌。

```
http://localhost:8080/users/login? username=rengang&password=123456
```

可以获得加密的令牌信息，内容如图 6-19 所示。

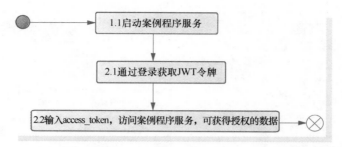

● 图 6-18　sample-quarkus-security-jwt 程序验证流程图

● 图 6-19　获取经过 JWT 加密的令牌信息

可以通过 https://jwt.io/ 查看加密及解密信息（如图 6-20 所示）。

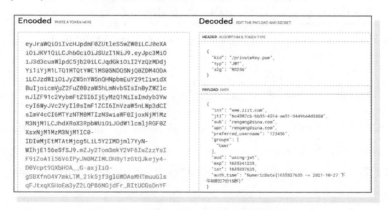

● 图 6-20　JWT 加密及解密信息

在图 6-20 中，左边是加密信息，右边是对应的解密信息。解密信息中，iss 为 www.iiit.com。归属的角色是 User 等。

3）通过 API 接口显示 Public 的授权情况。CMD 窗口中的命令如下：

```
curl -v http://localhost:8080/projects/permit-all
```

反馈显示内容为授权通过。

4）通过 API 接口显示角色的授权情况，可以通过工具 Postman 来验证，这样输入和观察比较方便。

在 Postman 中输入 http://localhost:8080/projects/me，如图 6-21 所示。

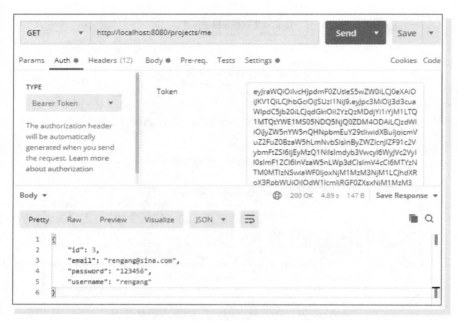

● 图 6-21　通过 JWT 令牌获取的 user 用户授权数据图

▶▶ 6.4.5　采用 Keycloak 实现 OIDC 认证和授权

本案例应用需要比较熟悉的 Keycloak 框架平台，包括创建 Realm、客户端、授权、资源、资源权限、普通用户等操作。

Realm 的中文含义是"域"，可以将 Realm 看作是一个隔离的空间，在 Realm 中可以创建 users 和 applications。

Keycloak 框架平台有两种 Realm 空间类型：一种是 Master Realm，另一种是 Other Realm。Master Realm 是指使用 admin 用户登录进来的 Realm 空间，这个 Realm 是用来创建其他 Realm 的。Other Realm 是由 Master Realm 创建的，admin 可以在 Other Realm 上创建 users 和 applications，而这些 applications 是由 users 所有的。

单击 Add Realm 按钮，进入 Add Realm 界面，输入 Realm 的文件，就可以创建 Realm 了。

如图 6-22 所示，创建了一个名称为 quarkus 的 Realm。

接下来为 quarkus 创建新的 admin 用户，输入用户名，单击 Save 按钮。选择新创建 admin 的 Credentials 页面，输入要创建的密码，单击 Set Password 按钮，此时新创建用户的密码则创建完毕。

接下来使用新创建的用户 admin 来登录 Realm quarkus，登录 URL 为 http://localhost:8180/auth/realms/quarkus/account。输入用户名和密码，进入用户管理页面，如图 6-22 所示。

由于后续要涉及 Keycloak 框架平台的客户端、角色、用户、资源和资源许可等内容，故这里详细介绍 Keycloak 平台，否则读者会看不懂基于此的应用程序源码。如果已经熟悉了 Keycloak 框架平台，可以跳过这部分内容。

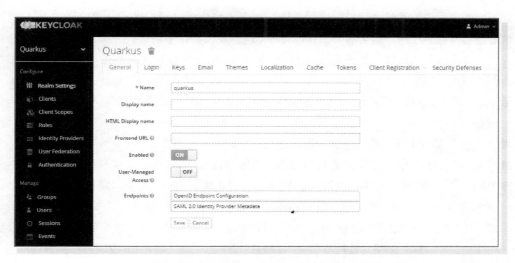

● 图 6-22　Keycloak 的 Quarkus 的 Realm 图

Keycloak 框架平台的资源管理总体架构如图 **6-23** 所示。

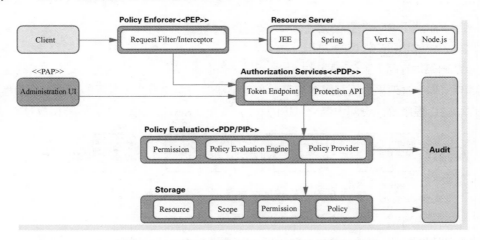

● 图 6-23　Keycloak 框架平台的资源管理架构图

　　Keycloak 框架平台支持细粒度授权策略，并且能够组合不同的访问控制机制，如基于属性的访问控制（**ABAC**）、基于角色的访问控制（**RBAC**）、基于用户的访问控制（**UBAC**）、基于上下文的访问控制（**CBAC**）等。Keycloak 框架通过策略提供程序服务提供的程序接口（**SPI**）来支持自定义访问控制机制（**ACM**）。

　　Keycloak 框架平台基于一组管理 UI 和 RESTful API，并提供了必要的方法来为受保护的资源和作用域创建权限，将这些权限与授权策略相关联，以及在应用程序和服务中强制执行授权决策。

　　资源服务器（为受保护的资源提供服务的应用程序或服务）通常依据某种信息来决定是否应向受保护的资源授予访问权限。对于基于 RESTful 的资源服务器，这些信息通常是从安全令牌中获得的，在每次请求时作为承载令牌发送到服务器。对于依赖会话对用户进行身份验证的 Web 应用程序，该信息通常存储在用户的会话中，并针对每个请求从该会话中检索。

通常，资源服务器只执行基于角色的访问控制（RBAC）的授权决策。虽然角色非常有用并可供应用程序使用，但它们也有一些限制：

- 资源和角色是紧密耦合的，对角色的更改（如添加、删除或更改访问上下文）会影响多个资源。
- 对安全性需求的更改可能意味着对应用程序代码的深刻更改。
- 根据应用程序的大小，角色管理可能会变得困难且容易出错。
- RBAC 不是最灵活的访问控制机制。因为角色并不表明用户身份，也缺乏上下文信息。如果被授予了一个角色，那么至少有一些访问权限。

考虑到用户分布在不同地区、具有不同的本地策略、使用不同的设备以及对信息共享有很高要求的异构环境，Keycloak 框架平台授权服务可以通过以下方式改进应用程序和服务的授权能力：

- 使用细粒度授权策略和不同的访问控制机制保护资源。
- 集中资源、权限和策略管理。
- 集中策略决策点。
- 基于一组基于 REST 方式的授权服务。
- 授权工作流和用户管理的访问。
- 该基础架构有助于避免跨项目的代码复制（和重新部署），并快速适应安全需求的变化。

启用 Keycloak 框架平台授权服务的第一步是创建要转换为资源服务器的客户端应用程序。要创建客户端应用程序及其资源内容，可按图 6-24 所示的 Keycloak 框架平台资源授权过程进行。

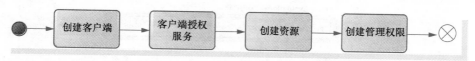

● 图 6-24　Keycloak 框架平台资源授权过程

（1）创建客户端

首先是创建客户端，单击"Clients"选项，出现图 6-25 所示的界面。

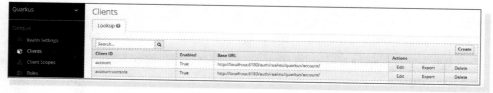

● 图 6-25　Keycloak 框架平台的 Clients 界面

在此界面中单击"Create"按钮。

在弹出的图 6-26 所示的界面中输入客户端的 Client ID 内容为 backend-service。Client Protocol 的内容选择 openid-connect。输入应用程序的 Root URL，这是个可选项，如 http://localhost:8080。

单击"Save"按钮，将创建客户端并打开"Settings"界面，如图 6-27 所示。

● 图 6-26　Keycloak 的创建 Client 的信息界面

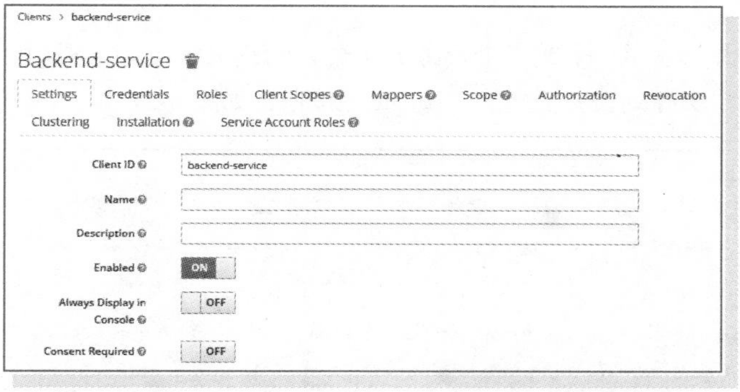

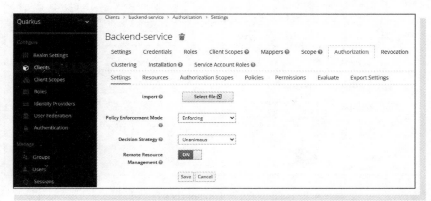

● 图 6-27　Keycloak 的客户端 "Settings" 的信息界面

（2）客户端授权服务

客户端（Clients）启用授权服务，要将 OIDC 客户机应用程序转换为资源服务器并启用细粒度授权，可选择 Access type 为 confidential 并打开 Authorization Enabled 开关，然后单击 "Save" 按钮。

将此客户端显示为一个新的授权选项卡。切换到 "Authorization" 选项卡，如图 6-28 所示。

● 图 6-28　Keycloak 的客户端 "Authorization" 选项卡

"Authorization" 选项卡包含子选项卡，这些子选项卡涵盖了实际保护应用程序资源所必须遵循的不同步骤。下面是对每一个选项卡的简要描述。

■ Settings（设置）：资源服务器的常规设置。

■ Resources（资源）：在此页面可以管理应用程序的资源。

■ Authorization Scopes（授权范围）：在此页面可以管理作用域。

■ Policies（政策）：在此页面可以管理授权策略，并定义授权必须满足的条件。

■ Permissions（权限）：在此页面可以通过将受保护的资源和作用域与人们创建的策略链接来管理它们的权限。

■ Evaluate（评估）：在此页面中可以模拟授权请求，并查看已定义的权限和授权策略的评估结果。

■ Export Settings（导出设置）：导出设置页面可以将授权设置导出到一个 JSON 文件。

（3）创建资源

可以通过创建资源来表示一个或多个资源的集合，而定义它们的方式对于管理权限至关重要。要创建新资源，可单击资源列表右上角的 "Create" 按钮，如图 6-29 所示。

● 图 6-29　Resources（资源）列表图

在 Keycloak 中，定义了不同类型的资源所共有的一小部分信息，如图 6-30 所示。

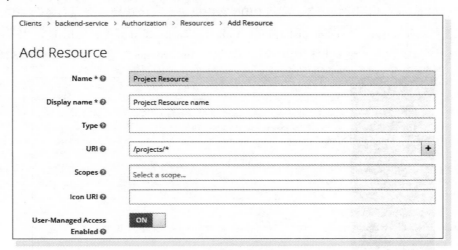

● 图 6-30　资源（Resources）信息图

资源（Resources）配置信息部分内容如下。

■ Name（名称）：此资源可读且唯一的名称。

- **Type**（类型）：唯一标识一个或多个资源集类型的字符串。类型是用于对不同资源实例进行分组的字符串。
- **URI**：描述资源的位置/地址。对于 HTTP 资源，URI 通常是用于服务这些资源的相对路径。
- **Scopes**（范围）：要与资源关联的一个或多个作用域。

如图 6-30 所示，在资源（Resources）配置信息中，创建一个名称为 Project Resource 的资源，其 URI 为 "/projects/ *"。

（4）创建管理权限

权限将要保护的对象与必须评估以决定是否应授予访问权限的策略相关联。创建要保护的资源和要用于保护这些资源的策略后，可以开启管理权限。要管理权限，可在编辑资源服务器时切换到 "Permissions" 选项卡。可以创建权限来保护两种主要类型的对象：资源、范围。可以从权限列表右上角的下拉列表中选择要创建的权限类型。

要创建新的基于资源的权限，可在权限列表右上角的下拉列表中选择 "Resource-Based"（如图 6-31 所示）。

- 图 6-31　Permission 权限列表及其创建 "Resource-Based" 资源导向图

图 6-32 所示为添加资源权限的信息图。

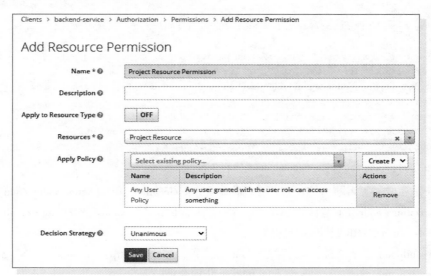

- 图 6-32　添加资源权限（Add Resource Permission）的信息图

资源权限（Resource Permission）部分配置信息如下（这里只列出了相关的内容）。

■ Name（名称）：权限的可读且唯一的名称。

■ Apply to Resource Type（应用资源类型）：指定是否将权限应用于具有给定类型的所有资源。选择此字段时，系统将提示输入要保护的资源类型。

■ Resources（资源）：定义一组要保护的一个或多个资源。

■ Apply Policy（应用策略）：定义一组要与权限关联的一个或多个策略。要关联策略，可以选择现有策略，也可以通过选择要创建的策略类型来创建新策略。

如图 6-32 所示，在资源权限（Resource Permission）配置信息中，创建一个名称为 Project Resource Permission 的资源权限，其授权是可以访问资源的权限。

完成上述步骤后，可以通过以下命令查看：

```
curl -X GET  http://localhost:8180/auth/realms/quarkus/.well-known/uma2-configuration
```

或在浏览器上输入网址来查看：

http://localhost:8180/auth/realms/quarkus/.well-known/uma2-configuration

其反馈如下内容：

```
{"issuer":"http://localhost:8180/auth/realms/quarkus",
 " authorization _ endpoint ":" http://localhost: 8180/auth/realms/quarkus/protocol/
openid-connect/auth",
  " token _ endpoint ":" http://localhost: 8180/auth/realms/quarkus/protocol/openid-
connect/token",
  " introspection _ endpoint ":" http://localhost: 8180/auth/realms/quarkus/protocol/
openid-connect/token/introspect",
  " userinfo _ endpoint ":" http://localhost: 8180/auth/realms/quarkus/protocol/openid-
connect/userinfo",
 "end_session_endpoint":"http://localhost:8180/auth/realms/quarkus/protocol/openid-
connect/logout",
 " jwks _ uri ":" http://localhost: 8180/auth/realms/quarkus/protocol/openid-connect/
certs",
 "check_session_iframe":"http://localhost:8180/auth/realms/quarkus/protocol/openid-
connect/login-status-iframe.html",
 " grant_ types_ supported": [" authorization_ code"," implicit"," refresh_ token","
password"," client_ credentials" ],
 " response_ types_ supported": [" code"," none"," id_ token"," token"," id_ token
token"," code id_ token"," code token"," code id_ token token" ],
 " subject_ types_ supported": [" public"," pairwise" ]
```

这里对上述代码进行解释：

① issuer 是生成并签署断言的一方。其名称是 http://localhost:8180/auth/realms/quarkus。

② authorization_endpoint 是认证的入口，在这里是 http://localhost:8180/auth/realms/quarkus/protocol/openid-connect/auth。即此网址是登录入口。

③ token_endpoint 表示外部访问获取 Token 的位置，这里是 http://localhost:8180/auth/realms/quarkus/protocol/openid-connect/token。即此网址是获取令牌的入口。

④ introspection _ endpoint 表示验证令牌的位置，这里是 http://localhost:8180/auth/realms/quarkus/protocol/openid-connect/token/introspect。即此网址可以验证令牌的有效性。

⑤ grant_types_supported 是指授权支持类型，有 authorization_code、implicit、refresh_token、password、client_credentials 这 5 种，分为授权码模式、简化模式、刷新令牌模式、密码模式、客户端模式。

这样就构建了一个基本的认证和授权的开发环境。

❶ 案例介绍

本案例演示 Quarkus 应用程序如何使用开源的 Keycloak 认证授权服务器的功能。通过阅读和理解基于 Keycloak 框架平台的承载令牌访问受保护资源的代码，读者可以了解 Quarkus 框架在 Keycloak 框架平台的使用。

Quarkus 框架的 quarkus-keycloak-authorization 扩展基于 quarkus-oidc，并提供一个策略执行器。该策略执行器根据 Keycloak 管理的权限强制访问受保护的资源，并且当前只能与 Quarkus OIDC 服务应用程序一起使用。quarkus-keycloak-authorization 扩展提供了基于资源访问控制的灵活的动态授权功能。

❷ 编写案例代码

编写案例代码有 3 种方式。

第一种方式是通过代码 UI 来实现，在 Quarkus 官网的脚手架工程中按照指定步骤生成脚手架代码，然后下载文件，引入项目到 IDE 工具中，最后修改程序源码内容。

第二种方式是通过 mvn 来构建程序。这里通过下面的代码创建 Maven 项目来实现。

```
mvn io.quarkus:quarkus-maven-plugin:1.11.1.Final:create ^
  -DprojectGroupId = com. iiit. quarkus. sample  -DprojectArtifactId = 358-sample-quarkus-security-oidc ^
  -DclassName=com.iiit.sample.security.keycloak.authorization  -Dpath=/projects ^
-Dextensions=oidc,keycloak-authorization,resteasy-jackson
```

此命令生成一个 Maven 项目，导入 Keycloak 扩展，它是用于 Quarkus 应用程序的 Keycloak 适配器的实现并提供所有必要的功能，以与 Keycloak 服务器集成并执行承载令牌授权。

第三种方式是直接从 Github 上获取代码。

```
git clone https://github.com/rengang66/iiit.quarkus.spring.sample.git
```

该程序位于 "358-sample-quarkus-security-oidc" 目录中。这是一个 Maven 项目。

然后导入 Maven 工程，在 pom.xml 的<dependencies>内有如下内容。

```
<dependency>
    <groupId>io.quarkus</groupId>
    <artifactId>quarkus-keycloak-authorization</artifactId>
</dependency>
<dependency>
    <groupId>io.quarkus</groupId>
    <artifactId>quarkus-oidc</artifactId>
</dependency>
```

quarkus-keycloak-authorization 是 Quarkus 扩展了 Keycloak 的 Authorization 实现。quarkus-oidc 是

Quarkus 扩展了 Keycloak 的 OpenId Connect 实现。

本程序的应用架构（如图 6-33 所示）表明，外部访问 ProjectResource 资源接口，ProjectResource 资源负责外部的访问安全认证，其安全认证信息存储在 Keycloak 认证服务器中。ProjectResource 资源访问 Keycloak 认证服务器获取安全认证信息。ProjectResource 资源依赖 quarkus-keycloak-authorizatio 和 quarkus-oidc 扩展。

● 图 6-33　358-sample-quarkus-security-oidc 程序应用架构图

本程序的文件和核心类如表 6-7 所示。

表 6-7　358-sample-quarkus-security-oidc 的文件和核心类

名　　　称	类　　型	简　　　介
application.properties	配置文件	提供 Keycloak 服务配置信息
ProjectResource	资源类	提供实现 Quarkus 的 Keycloak 服务认证过程，核心类
ProjectService	服务类	主要提供数据服务，无特殊处理，本节不做介绍
Project	实体类	POJO 对象，无特殊处理，本节不做介绍

在本程序中，首先查看配置文件 application.properties。

```
quarkus.oidc.auth-server-url=http://localhost:8180/auth/realms/quarkus
quarkus.oidc.client-id=backend-service
quarkus.oidc.credentials.secret=secret
quarkus.http.cors=true
quarkus.keycloak.policy-enforcer.enable=true
```

在 application.properties 文件中，配置了 quarkus.oidc 的相关参数。

① quarkus.oidc.auth-server-url 表示 OIDC 认证授权服务器的位置，即 OpenID 连接（OIDC）服务器的基本 URL，例如 https://host：port/auth。这里需要提示一下，如果使用 Keycloak OIDC 服务器，则应确保基本 URL 采用"https://host：port/auth/realms/｛realm｝"格式，其中，｛realm｝必须替换为 Keycloak 领域的名称。

② quarkus.oidc.client-id 表示应用程序的 client-id。每个应用程序都有一个 client-id。

③ quarkus.oidc.credentials.secret 是用于"client_secret_basic"身份验证方法的 Client Secret。

④ quarkus.http.cors＝true 表示授权可以跨域访问。

⑤ quarkus.keycloak.policy-enforcer.enable＝true 表示 Keycloak 认证策略全程启用。

下面讲解本程序的 ProjectResource 类的内容。

用 IDE 工具打开 com.iiit.quarkus.sample.security.oidc.service.ProjectResource 类文件，代码如下：

```
@Path("/projects")
public class ProjectResource {
    @Inject   SecurityIdentity keycloakSecurityContext;
    @Inject   ProjectService service;

    @GET
    @Path("/api/public")
    @Produces(MediaType.APPLICATION_JSON)
    @PermitAll
    public String serveResource() {return service.getProjectInform();}

    @GET
    @Path("/api/admin")
    @Produces(MediaType.APPLICATION_JSON)
    public String manageResource() {return service.getProjectInform();}

    @GET
    @Path("/api/users/user")
    @Produces(MediaType.APPLICATION_JSON)
    public User getUserResource() {return new User(keycloakSecurityContext);}

    public static class User {
        private final String userName;
        User(SecurityIdentity securityContext) {
            this.userName =securityContext.getPrincipal().getName();
        }
        public String getUserName() {return userName;}
    }
}
```

📖 程序说明：

① ProjectResource 类的作用是与外部进行交互，方法主要还是基于 REST 的 GET 操作。本程序包括 3 个 GET 方法。

② ProjectResource 类的 serveResource 方法为授权方法，外部调用需要有 access_token 才能获取 Project 数据。授权方式为客户端模式（Client Credentials）。

③ ProjectResource 类的 manageResource 方法为授权方法，外部调用需要有 access_token 才能获取 Project 数据。授权方式为客户端模式（Client Credentials）。

④ ProjectResource 类的 getUserResource 方法为授权方法，外部调用需要有 access_token 才能获取 User 对象数据。授权方式为客户端模式（Client Credentials）。

本程序动态运行的序列图（如图 6-34 所示，遵循 UML 2.0 规范绘制）描述外部调用者 Actor、ProjectResource、ProjectService 和 Keycloak 等对象之间的时间顺序交互关系。

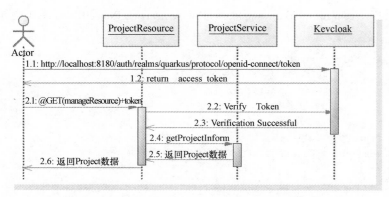

● 图 6-34 358-sample-quarkus-security-oidc 案例的序列图

该序列图总共有两个序列，分别如下。

序列 1 活动：① 外部 Actor 向 Keycloak 服务器调用获取令牌的方法；② Keycloak 服务器返回所有与令牌相关的信息（包括 access_token）。

序列 2 活动：① 外部 Actor 传入参数 access_token 并调用 ProjectResource 资源对象的 @GET（manageResource）方法；② ProjectResource 资源对象向 Keycloak 服务器调用验证令牌的方法；③ 当验证成功后，返回成功信息；④ ProjectResource 资源对象调用 ProjectService 服务对象的 getProjectInform 方法；⑤ ProjectService 服务对象的 getProjectInform 方法返回 Project 数据给 ProjectResource 资源；⑥ ProjectResource 资源对象返回 Project 数据给外部 Actor。

其他通过令牌来获取资源的访问方法与序列 2 基本相同，就不再重复讲述了。

❸ 验证程序

本程序验证流程如图 6-35 所示。

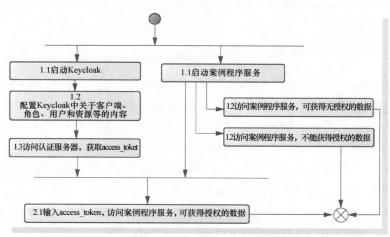

● 图 6-35 358-sample-quarkus-security-oidc 程序验证流程图

下面详细说明各个过程。

（1）启动 Keycloak 服务器

在 Windows 操作系统下，在 CMD 窗口中运行> ... \ bin \ standalone. bat 即可启动服务器。

（2）配置 Keycloak 服务器

1）切换 Realms 到 Quarkus 中。在程序内部有一个 config 目录，该目录有一个 quarkus-realm.json 文件，创建 Realms 时可以导入。

2）到 Quarkus 的 Client 模块，确认 client-id 是否有 backend-service。如果没有，则新增一个 Client 为 backend-service。

3）到 Quarkus 的 Roles 模块，查看其角色。确认有无 admin 角色，如果没有，则创建角色 admin 并拥有所有权限。

4）到 Quarkus 的 User 模块，查看其用户。确认有无 admin 用户，如果没有，则创建用户 admin 并映射到 admin 角色上。

5）到 Quarkus 的 Client 模块的 backend-service 客户端，查看其有无 ProjectResource 资源。如果没有，则创建资源 ProjectResource 并设置其 URI 为 "/projects/ * "。

6）到 Quarkus 的 Client 模块的 backend-service 客户端，查看资源权限。查看其有无 ProjectResource Permission 资源权限。如果没有，则创建资源权限 Project Resource Permission，并设置其权限可以访问任何资源。

（3）获取客户端访问的令牌

CMD 窗口中的命令如下：

```
curl -X POST http://localhost:8180/auth/realms/quarkus/protocol/openid-connect/token ^
--user backend-service:secret ^
-H "content-type: application/x-www-form-urlencoded" ^
-d "username=admin&password=admin&grant_type=password"
```

获取的令牌内容如图 6-36 所示。

{"access_token":"eyJhbGciOiJSUzI1NiIsInR5cCIgOiAiSldUIiwia2lkIiA6ICJZjZklBRE5feHhDSm1Waid5Tii QTlhFRXZNVUdzMnI2OEN4dG1oRUROelhVIn0.eyJleHAiOjE2MTEyMjQiNjksImlhdCI6MTYxMTE4ODU2OSwianRpIjoiOTNmMzU2YVQtMWY2YS00NTliLWI3YTctNmZlNWUjYjQxYTdhIiwiaXNzIjoiaHROcDovL2xvУ2FsaG9zdDo4MTguL2FidGvmVhbG1zL3F1YXJrdXMiLCJzdWIiOiJhZjEzNGNhYiimNDFjLTQ2NzUtYjE0MS05yMDVmOTc1ZGI2NzkiLCJ0eXAiOiJCZWFyZXIiLCJhenAiOiJiYWNrZW5kLXNlcnZpY2UiLCJzZXNzaW9uX3N0YXRlIjoiN2U3NjcyNGYtMzMxYS00YjdlLTgxZjMtYjBlBlIjoiZW1haWwgcHJvZmlsZSIsImVtYWlsX3ZlcmlmaWVkIjpmYWxzZSwicHJlZmVycmVkX3VzZXJuYWllIjoiYWRtaW4ifQ.YZ--DYS3pryzcAAtcbGhkoi0oX1d9sCcCwJPhv2nB6IPJzUZi4UmryhtIfQckDVhPSaKSg6QzLBqN1COhrAz97Wt5Ug9RNsieV41aZh2Dt4dZIra5CX4YWVJovmfOZyuxvfkdcEnWOhzAv12XoZWIbH-oU-HWf60Ft9uow8rIR1OFe8XcZN-xRRGlavwzCqHIqAfphraAqbIj5Uh86ZIYd2fP5zNOP3XK5CHfraBdxWIsB-IsMJJlgcvDOa39KDtIBUNUwarhObtPWYnrb9hQqNDdbx2KEsyk5jiIewKnfOI3cDi_uEChpuOPnutmS5SqIG9-nL8VtGxK0dX4f0I3w","expires_in":36000,"refresh_expires_in":1800,"refresh_token":"eyJhbGciOiJIUzI1NiIsInR5cCIgOiAiSldUIiwia2lkIiA6ICI5NmFmZDAwZS04NWNmLTRkMzUtYjE4ZS0wNjFkMmgxM2Q4M4ZQ4YjIifQ.eyJleHAiOjE2MTExOTAzNjksImlhdCI6MTYxMTE4ODU2OSwianRpIjoiMjdhYzc1N2EtMVQ5Ny00OTE2LThiMmMtYjI1ZmY2YTZ8Bmzjq3IiwiaXNzIjoiaHROcDovL2xvY2FsaG9zdDo4MTguL2FidGvmVhbG1zL3F1YXJrdXMiLCJhdWQiOiJodHRwOi8vvbG9jYWxob3N0OjgwODAvYXV0aC9yZWFsbXMvcXVhcmt1cyIsInN1YiI6ImFmMTM0Y2FiLWI0ZjRjLTQ2NzUtYjE0MS05yMDVmOTM1ZGI2NzkiLCJ0eXAiOiJSZWZyZXNoIiwiYXpwIjoiYmFja2VuZC1zZXJ2aWNlIiwic2Vzc2lvbl9zdGF0ZSI6IjdlNzY3MjRmLTMzMWEtNGI3ZS04MWYzLWIwYjBlIiwic2NvcGUiOiJlbWFpbCBwcm9maWxlIn0._XG-fND5gUaYpPMdhpzf22NgfS0aL6-CcX0Ftwfe2RY","token_type":"Bearer","not-before-policy":0,"session_state":"7e76724f-331a-4b7e-81f3-b}

● 图 6-36　获取的令牌内容

在图 6-36 所示的字符中，access_token 和 expires_in 之间的内容就是 access_token。access_token

内容较长，处理起来稍微有些烦琐。注意，这些字符之间不能有空格。

（4）启动 quarkus-sample-security-keycloak 程序

启动应用有两种方式：第一种是在开发工具（如 Eclipse）中调用 ProjectMain 类的 run 命令；第二种方式就是在程序目录下直接运行 cmd 命令"mvnw compile quarkus：dev"。

（5）通过 API 接口显示 Public 的授权情况

在 CMD 窗口的命令如下：

```
curl -i -X GET http://localhost:8080/api/public
```

其显示内容为授权未通过。

（6）通过 access_token 访问授权服务

CMD 窗口中的命令如下：

```
curl -v -X GET  http://localhost:8080/api/users/me ^
  -H "Authorization: Bearer " $access_token
```

其中，$access_token 是获得的 access_token。

为了方便操作和便于观察，采用 Postman 来验证和查看。

在 Postman 中输入 http://localhost:8080/projects/api/admin，在 TYPE 选择"Bearer Token"，然后把上述获取的令牌信息复制到 Token 中。然后单击 Send 按钮，反馈如图 6-37 所示。

通过 Bearer Token 授权模式，并输入 Token，可以获取到授权的数据，如图 6-37 所示。/api/admin 端点受 RBAC（基于角色的访问控制）保护，其中只有授予 admin 角色的用户才能访问。在这个端点上，使用@RolesAllowed 注解声明性地强制访问约束。

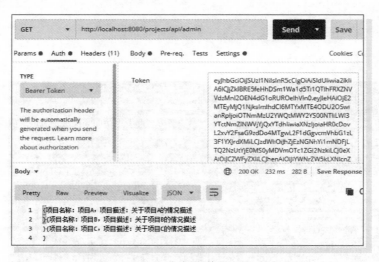

● 图 6-37 通过令牌获取授权数据图

在 Postman 中输入 http://localhost:8080/projects/api/users/user，在 TYPE 选择"Bearer Token"，然后把获取的令牌信息复制到 Token 中。然后单击 Send 按钮，反馈如图 6-38 所示。

通过 Bearer Token 授权模式，并输入 Token，可以获取到授权的数据，如图 6-38 所示。任何具有有效令牌的用户都可以访问/api/users/me 端点。作为响应，它返回一个 JSON 文档，其中包含有关用户的详细信息，这些详细信息是从令牌上携带的信息中获得的。

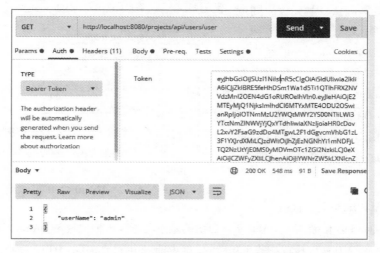

● 图 6-38 通过令牌获取有关用户数据图

▶▶ 6.4.6 采用 Keycloak 实现 OAuth 2.0 认证和授权

OAuth 2.0 协议是一种开放的协议，为桌面程序或者基于 B/S 的 Web 应用提供了一种简单的、标准的方式去访问需要用户授权的 API 服务。OAuth 2.0 协议关注客户端开发者的简易性，要么允许组织在资源拥有者和 HTTP 服务商之间被批准的交互动作代表用户，要么允许第三方应用代表用户获得访问的权限。

OAuth 2.0 协议授权主要在 4 个角色中进行，如表 6-8 所示。

表 6-8   OAuth 2.0 授权角色表

序 号	角色名称	功 能 描 述
1	客户端	客户端是代表资源所有者对资源服务器发出访问受保护资源请求的应用程序
2	资源拥有者	指对资源具有授权能力的人
3	资源服务器	资源所在的服务器
4	授权服务器	为客户端应用程序提供不同的 Token，可以和资源服务器在一个服务器上，也可以单独在服务器上

OAuth 2.0 的授权流程如图 6-39 所示。

1）用户打开客户端以后，客户端要求用户给予授权。

2）用户同意给予客户端授权。

3）客户端使用上一步获得的授权，向认证服务器申请令牌。

4）认证服务器对客户端进行认证以后，若确认无误，则同意发放令牌。

5）客户端使用令牌，向资源服务器申请获取资源。

6）资源服务器确认令牌无误，同意向客户端开放资源。

对于 OAuth 2.0 Token 认证的客户端授权模式，客户端必须得到用户的授权（Authorization Grant），才能获得令牌（Access Token）。OAuth 2.0 协议定义了 4 种授权方式：授权码（Authorization Code）模式、简化（Implicit）模式、密码模式、客户端模式。

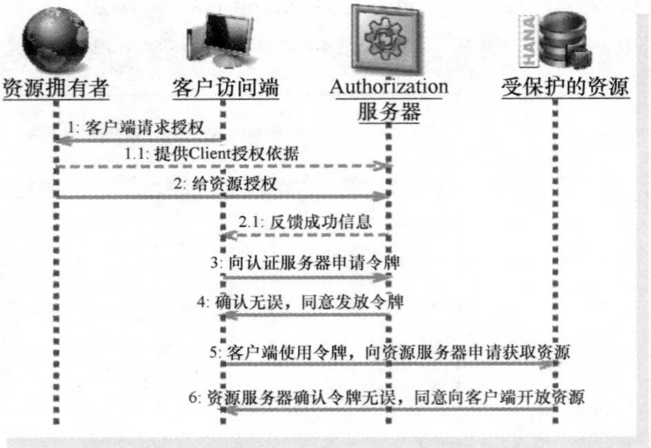

● 图 6-39　OAuth 2.0 授权流程图

❶ 案例介绍和编写案例代码

本案例基于 Quarkus 框架实现 OAuth 2.0 协议的基本功能。该模块遵循 OAuth 2.0 协议。通过阅读和理解使用 OAuth 2.0 协议授权和基于角色的访问控制提供对 Quarkus HTTP 端点的安全访问等案例代码，读者可以了解 Quarkus 框架的 OAuth 2.0 协议的使用。本案例需要安装和配置 Keycloak 开源认证和授权软件。

编写案例代码有 3 种方式。

第一种方式是通过代码 UI 来实现，在 Quarkus 官网的脚手架工程中按照指定步骤生成脚手架代码，然后下载文件，引入项目到 IDE 工具中，最后修改程序源码内容。

第二种方式是通过 mvn 来构建程序。这里通过下面的代码创建 Maven 项目来实现。

```
mvn io.quarkus:quarkus-maven-plugin:1.11.1.Final:create ^
  -DprojectGroupId = com. iiit. quarkus. sample   -DprojectArtifactId = 357-sample-quarkus-
security-oauth2 ^
  -DclassName=com.iiit.sample.security.oauth2.ProjectResource  -Dpath =/projects ^
  -Dextensions =resteasy-jsonb,quarkus-elytron-security-oauth2
```

第三种方式是直接从 Github 上获取代码。

```
git clone https://github.com/rengang66/iiit.quarkus.spring.sample.git
```

该程序位于"357-sample-quarkus-security-oauth2"目录中。这是一个 Maven 项目。

然后导入 Maven 工程，在 pom.xml 的<dependencies>内有如下内容。

```
<dependency>
    <groupId>io.quarkus</groupId>
    <artifactId>quarkus-elytron-security-oauth2</artifactId>
    </dependency>
```

quarkus-elytron-security-oauth2 是 Quarkus 扩展了 Elytron 的 Oauth 2.0 实现。

本程序的应用架构（如图 6-40 所示）表明，外部访问 ProjectResource 资源接口，ProjectResource 资源负责外部的访问安全认证，其安全认证信息存储在 Keycloak 认证服务器中。通过 ProjectResource

资源的安全认证需要支持 OAuth 2.0 的令牌。ProjectResource 资源依赖 elytron-security-oauth2 扩展。

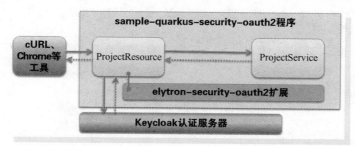

● 图 6-40　357-sample-quarkus-security-oauth2 程序应用架构图

本程序的文件和核心类如表 6-9 所示。

表 6-9　357-sample-quarkus-security-oauth2 程序的文件和核心类

名　　称	类　　型	简　　介
application.properties	配置文件	提供 Quarkus 的 OAuth 2.0 认证的配置信息
ProjectResource	资源类	提供实现 Quarkus 的 OAuth 2.0 认证过程，核心说明类
ProjectService	服务类	主要提供数据服务，无特殊处理，本节不做介绍
Project	实体类	POJO 对象，无特殊处理，本节不做介绍

在本程序中，首先查看配置文件 application.properties。

```
quarkus.oauth2.client-id=oauth2_client_id
quarkus.oauth2.client-secret=oauth2_secret
quarkus.oauth2.role-claim=WEB
quarkus.oauth2.introspection-url=http://localhost:8900/auth/oauth/token? grant_type=
client_credentials
```

在 application.properties 文件中，配置了 quarkus.oauth2 的相关参数。

① quarkus.oauth2.client-id 表示 Oauth2 的客户端名称。

② quarkus.oauth2.client-secret 表示 Oauth2 的客户端密码。

③ quarkus.oauth2.role-claim 表示范围。

④ quarkus.oauth2.introspection-url 定义获取令牌的验证信息。

下面讲解本程序的 ProjectResource 类的内容。

用 IDE 工具打开 com.iiit.quarkus.sample.security.oauth2.ProjectResource 类文件，代码如下：

```
@Path("/projects")
public class ProjectResource {
    @Inject ProjectService service;

    @GET
    @Path("permit-all")
    @Produces(MediaType.TEXT_PLAIN)
    @PermitAll
    public String serveResource(@Context SecurityContext ctx) {
        Principal caller =ctx.getUserPrincipal();
```

```
        String name = caller == null ? "anonymous" : caller.getName();
        String helloReply = String.format("hello + %s, isSecure: %s, authScheme: %s",
name, ctx.isSecure(),
            ctx.getAuthenticationScheme());
        System.out.println(helloReply);
        LOGGER.info(helloReply);
        return service.getProjectInform();
    }


    @GET
    @Path("roles-allowed")
    @RolesAllowed({"admin"})
    @Produces(MediaType.TEXT_PLAIN)
    public String rolesAllowedResource(@Context SecurityContext ctx) {
        Principal caller =ctx.getUserPrincipal();
        String name = caller == null ? "anonymous" : caller.getName();
        String helloReply = String.format("hello + %s, isSecure: %s, authScheme: %s",
name, ctx.isSecure(),
            ctx.getAuthenticationScheme());
        System.out.println(helloReply);
        LOGGER.info(helloReply);
        return service.getProjectInform();
    }
}
```

📖 程序说明：

① ProjectResource 类的作用是与外部进行交互，方法主要还是基于 REST 的 GET 操作。

② ProjectResource 类的 serveResource 方法为无授权方法，外部调用直接获取 Project 数据。

③ ProjectResource 类的 rolesAllowedResource 方法为授权方法，user 和 admin 角色都有权限，外部调用需要有 access_token 才能获取 Project 数据。授权方式为密码模式。

本程序动态运行的序列图（如图 6-41 所示，遵循 UML 2.0 规范绘制）描述外部调用者 Actor、ProjectResource、ProjectService 和 Keycloak 等对象之间的时间顺序交互关系。

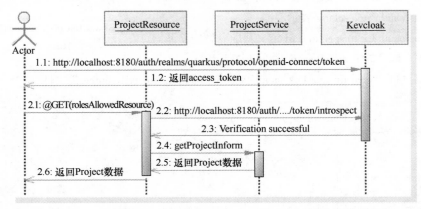

● 图 6-41　357-sample-quarkus-security-oauth2 程序的序列图

该序列图总共有两个序列，分别如下。

序列 1 活动：① 外部 Actor 向 Keycloak 服务器调用获取令牌的方法；② Keycloak 服务器返回所有与令牌相关的信息（包括 access_token）。

序列 2 活动：① 外部 Actor 传入参数 access_token 并调用 ProjectResource 资源对象的 @GET（rolesAllowedResource）方法；② ProjectResource 资源对象向 Keycloak 服务器调用验证令牌的方法；③ 当验证成功后，返回成功信息；④ ProjectResource 资源对象调用 ProjectService 服务对象的 getProjectInform 方法；⑤ ProjectService 服务对象的 getProjectInform 方法返回 Project 数据给 ProjectResource 资源；⑥ ProjectResource 资源对象返回 Project 数据给外部 Actor。

其他通过令牌来获取资源的访问方法与序列 2 基本相同，就不再重复讲述了。

❷ 验证程序

该程序验证流程如图 6-42 所示。

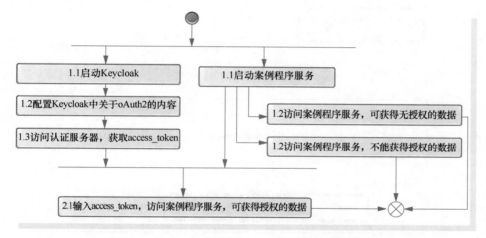

- 图 6-42　357-sample-quarkus-security-oauth2 程序验证流程

下面详细说明各个过程。

（1）启动 Keycloak 开源认证和授权服务器

在 Windows 操作系统下，在 CMD 窗口中运行> ... \ bin \ standalone.bat 即可启动服务器。

（2）初始化配置

Keycloak 平台配置[10]如下：

首先是切换 Realms 到 Quarkus 下，然后进入 Quarkus 的 Clients。

这里需要创建一个具有给定名称的 client-id。设置这个名称是 oauth2_client_id。在授权过程中使用客户端凭据。在"Access Type"部分选择"confidential"并启用"Direct Access Grants"，这个选项非常重要。参数设置如图 6-43 所示。

然后切换到"Credentials"选项卡，复制 Secret，如图 6-44 所示。

接下来配置 Quarkus OAuth 2.0 到 Keycloak 的连接。使用 Keydrope 公开的两个 HTTP 端点 token_endpoint 和 introspection_endpoint。可以通过下面的命令来查阅 token_endpoint 和 introspection_endpoint 的映射地址：curl -X GET　http://localhost:8180/auth/realms/quarkus/.well-known/uma2-configuration。

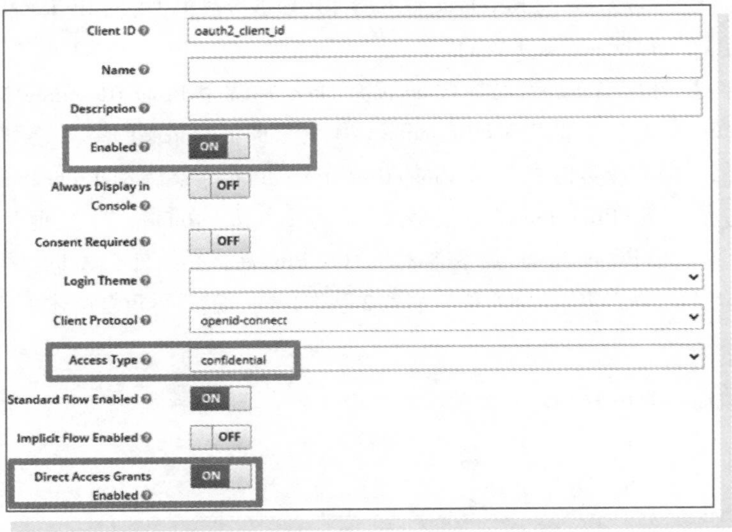

● 图 6-43　Clients 参数配置图

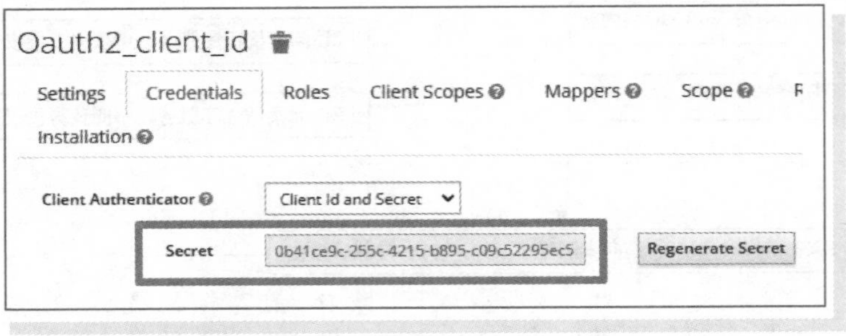

● 图 6-44　Credentials 选项卡图

或在浏览器上输入以下网址来查看 token_endpoint 和 introspection_endpoint 的映射地址：

http：//localhost：8180/auth/realms/quarkus/.well-known/uma2-configuration。

反馈内容如下：

```
{"issuer":"http://localhost:8180/auth/realms/quarkus",
 " authorization _ endpoint ":" http://localhost: 8180/auth/realms/quarkus/protocol/
openid-connect/auth",
  " token _ endpoint ":" http://localhost: 8180/auth/realms/quarkus/protocol/openid-
connect/token",
  " introspection _ endpoint ":" http://localhost: 8180/auth/realms/quarkus/protocol/
openid-connect/token/introspect",
...
```

token_endpoint 的映射位置是 http：//localhost：8180/auth/realms/quarkus/protocol/openid-connect/token，访问其能生成新的访问令牌。

introspection_endpoint 的映射位置是 http：//localhost：8180/auth/realms/quarkus/protocol/openid-connect/token/introspect，用于检索令牌的活动状态。换句话说，可以使用它来验证访问或刷新令牌。

Quarkus OAuth 2.0 模块需要 3 个配置属性，分别是 client-id、client-secret 和 introspection-url。quarkus.oauth2.role-claim 属性负责设置用于加载角色的声明的名称。角色列表是内省端点返回的响应的一部分。下面查看 Keydrope 本地实例集成的配置属性的最终列表，配置文件的信息要与之保持一致。

```
quarkus.oauth2.client-id=oauth2_client_id
quarkus.oauth2.client-secret=0b41ce9c-255c-4215-b895-c09c52295ec5
quarkus.oauth2.introspection-url=http://localhost:8180/auth/realms/quarkus/protocol/
openid-connect/token/introspect
quarkus.oauth2.role-claim=realm_access.roles
```

在 Keycloak 上创建一个测试用户，用户是 admin，密码也是 admin。验证的案例只用这一个用户。用户列表如图 6-45 所示。

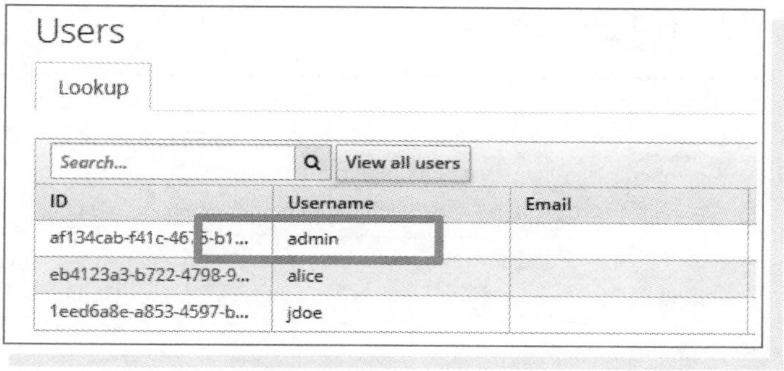

● 图 6-45　用户列表图

当然还需要定义角色。图 6-46 所示为使用的角色。这里采用的是 admin 角色。

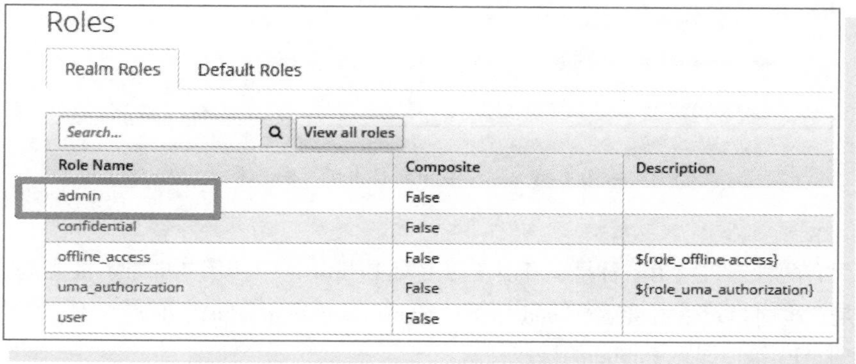

● 图 6-46　角色列表图

在 Admin 页面中打开"Role Mappings"选项卡，可以把用户 admin 归属到角色 admin 中，如图 6-47 所示。

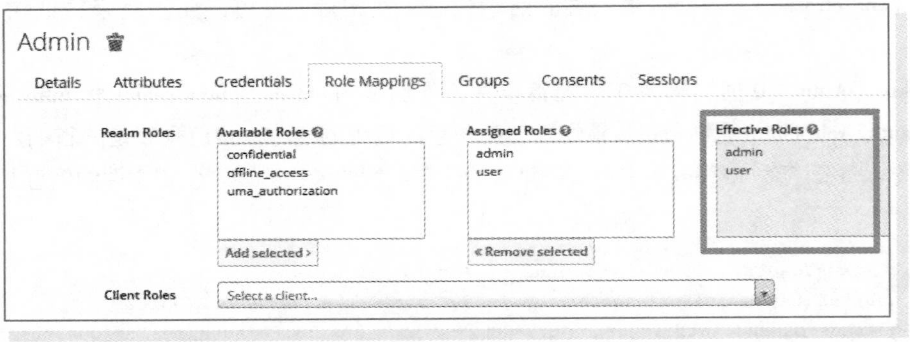

● 图 6-47　用户 admin 归属到角色 admin 图

　　在进行测试之前，还需要做一件事，就是必须编辑负责显示角色列表的客户端范围。为此，转到"Client Scopes"部分，然后找到 Roles 作用域。编辑之后，应该切换到"Mappers"选项卡。最后需要找到并编辑"Realm Roles"条目。字段"Token Claim Name"的值应与 quarkus.oauth2.role-claim 属性值一致。在图 6-48 中加以强调。

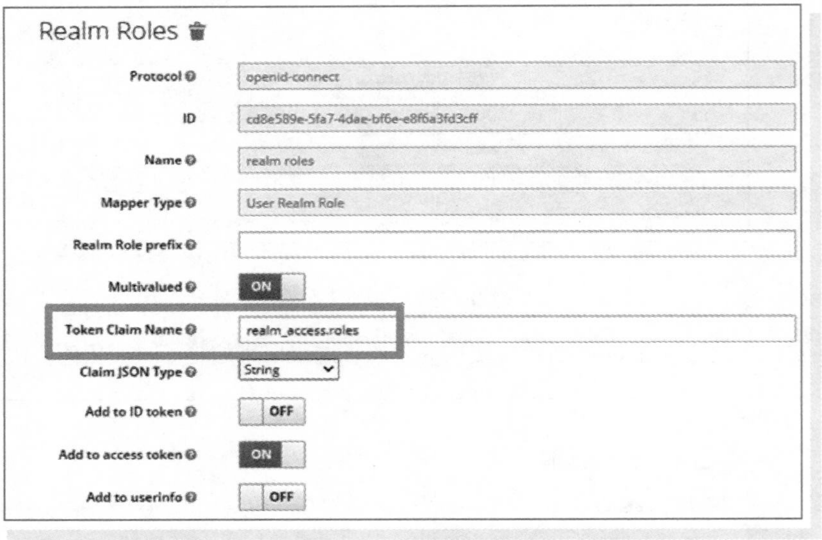

● 图 6-48　"Realm Roles"条目图

　　(3) 启动程序

　　启动应用有两种方式：第一种是在开发工具（如 Eclipse）中调用 ProjectMain 类的 run 命令；第二种方式就是在程序目录下直接运行 cmd 命令"mvnw compile quarkus：dev"。

　　(4) 通过 API 接口显示 Public 的授权情况

　　CMD 窗口中的命令如下：

```
curl -i -X GET http://localhost:8080/api/public
```

其显示内容为授权通过。

（5）获取 access_token

CMD 窗口中的命令如下：

```
curl -X POST http://localhost:8180/auth/realms/quarkus/protocol/openid-connect/token ^
--useroauth2 _ client _ id: 0b41ce9c-255c- 4215-b895-c09c52295ec5  ^-H " content-type:
application/x-www-form-urlencoded" ^
-d "username=admin&password=admin&grant_type=password"
```

获取的 access_token 如图 6-49 所示。

{"access_token":"eyJhbGciOiJSUzI1NiIsInR5cCIgOiAiSldUIiwia2lkIiA6ICJjZklBRE5feHh
DSm1Wa1d5Ti1QTIhFRXZNVUdzMnI2OEN4dG1oRUROe1hVIn0.eyJIeHAiOjE2MTEyMTY0MzEsImlhdCI
6MTYxMTIxNjEzMSwianRpIjoiNDRmOWI2NDAtMGR1Y100YTFhLWJmNjUtMThkYmY5NzhhMzUmIiwiaXN
zIjoiaHR0cDovL2xvY2FsaG9zdDo4MTgwL2F1dGgvcmVhbGG1zL3F1YXJrdXMiLCJzdWIiOiJhZjEzNGN
hYi1mNDFjLTQ2NzUtYjE0MS0yMDU0mOTc1ZGI2N2kiLCJ0eXAiOiJCZWFyZXIiLCJhenAiOiJvYXV0aDJ
fY2xpZW50X2lkIiwic2Vzc2lvbl9zdGF0ZSI6ImNiZjc0NDAwLWYyZGEtNGQ3NS04MDcyLTc3NjY0Zjd
lZGQ3NyIsImFjciI6IjEiLCJyZWFsbU9hY2Nlc3MiOnsicm9sZXMiOlsiVWRtaW4iLCJ1c2VyIi9LCJ
yZ29wZSI6ImUtVYlsIHByb2ZpbGGUiLCJlbWFpbF92ZXJpZmllZCI6ZmFsc2UsInByZWZlcnJlZF91c2
ybmFtZSI6ImFkbWluIn0.HyYR7VaWutc3oS5ZvCFQ-pjnOgtLWaPYC3SNOsjbZuZ6FiN3OYJ9GgjH85j
iistYv3yN-K6DyJRj72rSJZx1NUodt7r4CpWQ2GA9kUSIrvaYooOkf5wFKDHwvfes4llLu80XXprd_4r
uFt9PchGIYLSza7G1hnS79quxgiJnF2PZOmFLG5417ZsZ9SDHtWXOU0uoI5U6531Her0cYOx8N79fPPA
CcuB6rNfAfzdt3Ts5GpgG0FU2Ph7HswkeIjbUaQsPkaw_jt006230WfO8TDJ3q7IwzPe0eKZ0LU_iuun
PNP_8QvZoahkN-xUpkIXnCJtSxBU4rdoMnK-Gjdflyg","expires_in":300,"refresh_expires_i
n":1800,"refresh_token":"eyJhbGciOiJIUzI1NiIsInR5cCIgOiAiSldUIiwia2lkIiA61CI5NmF

● 图 6-49　获取的 access_token

（6）通过 access_token 访问服务

CMD 窗口中的命令如下：

```
curl -v -X GEThttp://localhost:8080/projects/roles-allowed ^
  -H "Authorization: Bearer " $access_token
```

其中，$access_token 是获得的 access_token，使用用户 admin 来获取。

也可以在 Postman 中验证。在 Postman 上输入 http://localhost:8080/projects/roles-allowed，在
TYPE 选择 "Bearer Token"，然后把上述获取的令牌信息复制到 Token 中，然后单击 Send 按钮，如
图 6-50 所示。

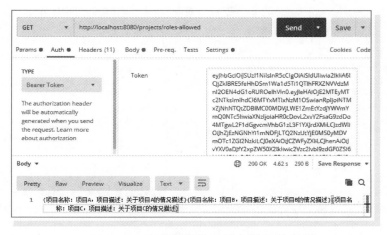

● 图 6-50　通过令牌获取用户授权数据图

图 6-69 反馈表明已经授权并获得了数据。

6.5 本章小结

本章展示了 Spring 和 Quarkus 在安全方面的许多相似性和差异，从 4 个部分来进行讲解。

■ 首先介绍微服务 Security 方案概述。

■ 然后讲述 Spring Security 和 Quarkus Security 的异同。

■ 其次讲述 Spring Security 解决方案，分别是 Apache Shiro 案例和 Spring Security 案例的安全认证应用，包含案例的源码、讲解和验证。

■ 最后讲述 Quarkus Security 的解决方案，分别是 Quarkus 框架 SSL 安全认证、Quarkus 框架 basic 安全认证、使用 JWT 来加密令牌、采用 Keycloak 实现 OIDC 认证和授权、采用 Keycloak 实现 Oauth 2.0 认证和授权，包含案例的源码、讲解和验证。

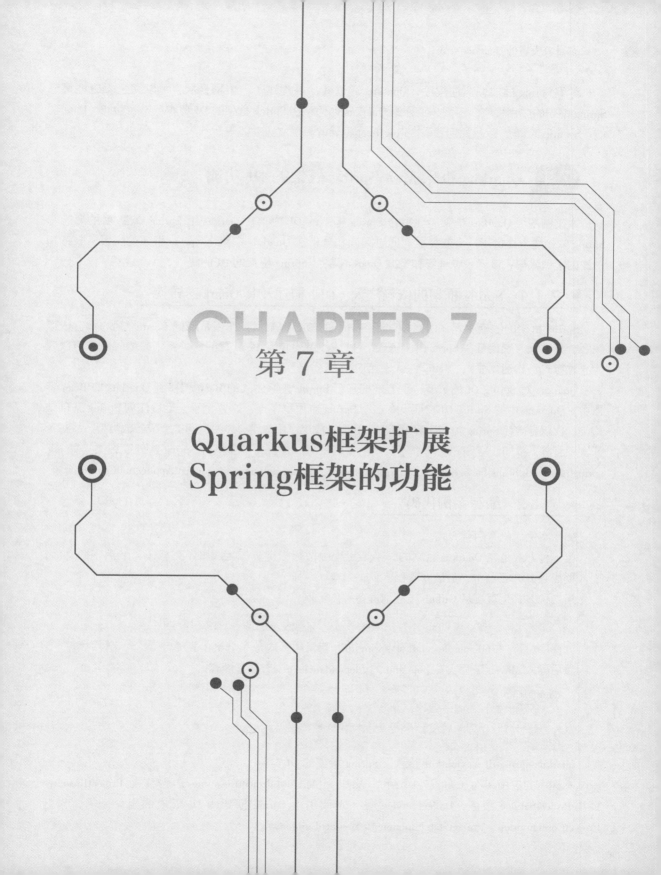

CHAPTER 7

第 7 章

Quarkus框架扩展
Spring框架的功能

对于 Spring 框架编写的程序，Quarkus 通过其扩展构建了一个耦合层，可以完全无缝地集成 Spring 框架的应用程序。下面分别介绍 Quarkus 如何整合 Spring 框架的 DI 功能、Web 功能、Data 功能、Security 功能，以及如何获取 Spring Boot 框架的属性文件功能等。

7.1 Quarkus 框架整合 Spring 框架的 DI 功能

本案例基于 Quarkus 框架实现整合 Spring 框架的 DI 功能。Quarkus 以 Spring DI 扩展的形式为 Spring 依赖注入提供了一个兼容层。通过阅读和分析在 Quarkus 中整合 Spring 框架的配置、服务和资源的案例代码，读者可以理解和掌握 Quarkus 整合 Spring 框架的 DI 的使用。

▶▶ 7.1.1 Spring 框架的依赖注入（DI）概述及其 Quarkus 转换

Spring 框架的依赖注入（DI）模块是 Spring 的核心框架，其作用是降低 Bean 之间的耦合依赖关系。其实现方式就是在 Spring 框架配置文件或注解中定义 Bean 之间的关系。其依赖注入可以分为 3 种方式：构造器注入、setter 注入、接口注入。

Quarkus 对 Spring DI 的扩展，主要是把基于 Spring 注解注入的 Bean 转移到 Quarkus 的 Bean 容器中。Quarkus 中的 Spring DI 扩展没有启动 Spring 应用程序上下文，也不会运行任何 Spring 基础结构类，仅仅是转移 Spring 类和注解来读取元数据，或用作用户代码方法返回类型或参数类型。故对于开发者而言，添加任意 Spring 库都不会产生任何效果。此外，不会执行 Spring 基础设施类（如 org.springframework.beans.factory.config.beanpstoprocessor、org.springframework.context.ApplicationContext 等）。

▶▶ 7.1.2 编写案例代码

编写案例代码有两种方式。

第一种方式是在 Quarkus 官网的脚手架工程中按照指定步骤生成脚手架代码，然后下载文件，引入项目到 IDE 工具中，最后修改程序源码内容。

第二种方式是直接从 Github 上获取准备好的示例代码。

```
git clone https://github.com/rengang66/iiit.quarkus.spring.sample.git
```

该程序位于"360-sample-quarkus-spring-di"目录中。这是一个 Maven 项目。

然后导入 Maven 工程，在 pom.xml 的<dependencies>内有如下内容。

```
<dependency>
    <groupId>io.quarkus</groupId>
    <artifactId>quarkus-spring-di</artifactId>
</dependency>
```

quarkus-spring-di 是 Quarkus 整合了 Spring 框架的 DI 实现。

本程序的应用架构（如图 7-1 所示）表明，外部访问 ProjectResource 资源接口，ProjectResource 调用 ProjectService 服务，ProjectService 服务则调用由 Spring 框架的 DI 形成的组件服务，包括 ProjectConfiguration、ProjectStateFunction 和 MessageBuilder 等。

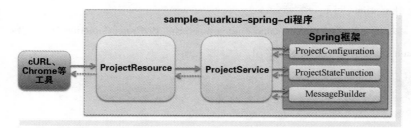

● 图 7-1　360-sample-quarkus-spring-di 程序应用架构图

本程序的文件和核心类如表 7-1 所示。

表 7-1　360-sample-quarkus-spring-di 程序的文件和核心类

名　　称	类　　型	简　　介
ProjectConfiguration	配置类	基于 Spring 框架模式提供配置功能
ProjectFunction	接口	基于 Spring 框架模式提供接口
ProjectStateFunction	组件类	基于 Spring 框架模式提供组件实现接口
MessageBuilder	服务类	基于 Spring 框架模式提供信息服务
ProjectResource	资源类	提供 REST 外部 API 接口
ProjectService	服务类（组件类）	基于 Spring 框架模式提供数据服务，是本应用的核心处理类
Project	实体类	POJO 对象，无特殊处理，本节不做介绍

在本程序中，首先查看配置文件 application.properties。

```
project.message = Project Message Content
project.changeitem = abc
```

这是两个基本配置，用于后续验证中的数据获取情况。

下面分别说明 ProjectConfiguration、ProjectFunction、ProjectStateFunction、MessageBuilder、ProjectResource、ProjectService 的功能和作用。

（1）ProjectConfiguration 配置类

用 IDE 工具打开 com.iiit.quarkus.sample.integrate.spring.di.ProjectConfiguration 类文件，本配置类定义了一个实现 ProjectFunction 接口的配置。ProjectConfiguration 代码如下：

```
@Configuration
public class ProjectConfiguration {
    @Bean(name = "projectCapitalizeFunction")
    public ProjectFunction capitalizer() {
        return String::toUpperCase;
    }
}
```

📖 程序说明：

ProjectConfiguration 的 @Configuration 注解（Spring 框架专用注解）表明其主要作用是作为 Bean 定义的源，同时允许通过调用同一类中的其他 @Bean 方法来定义 Bean 之间的依赖关系。

（2）ProjectFunction 接口

用 IDE 工具打开 com.iiit.quarkus.sample.integrate.spring.di.ProjectFunction 接口文件，本接口定义了一个实现 Function<String，String>的接口。代码如下：

```
public interfaceProjectFunction extends Function<String, String> {
}
```

📖 程序说明：

ProjectFunction 接口是继承 Function<String，String>的一个函数。

（3）ProjectStateFunction 组件类

用 IDE 工具打开 com.iiit.quarkus.sample.integrate.spring.di.ProjectStateFunction 类文件，代码如下：

```
@Component("projectStateFunction")
public class ProjectStateFunction implements ProjectFunction {
    @Override
    public String apply(String isTrue) {
        if (Boolean.valueOf(isTrue)) return "false";
        return "true";
    }
}
```

📖 程序说明：

① ProjectStateFunction 类实现了 ProjectFunction 接口，表明 ProjectStateFunction 类是一个方法类。

② ProjectStateFunction 类的@Component（Spring 框架专用注解）表明 ProjectStateFunction 类是一个组件 Bean，Spring 框架的 Bean 容器中可以通过名称"projectStateFunction"进行调用，或者说在 Spring 运行框架的 Bean 容器中有一个名称为"projectStateFunction"的 Bean。

③ ProjectStateFunction 类的 apply 方法是 Function 必须实现的一个方法。该方法的功能是进行 true 或 false 的转换，类似开关按钮。当外部输入 true 时，方法就返回 false；当外部输入 false 时，方法就返回 true。

（4）MessageBuilder 服务类

用 IDE 工具打开 com.iiit.quarkus.sample.integrate.spring.di.MessageBuilder 类文件，代码如下：

```
@Service
public class MessageBuilder {
    @Value("${project.message}")
    String message;
    public String getMessage() {
        return message;
    }
}
```

📖 程序说明：

① MessageBuilder 类的类注解@Service（Spring 框架自定义注解）表明 MessageBuilder 类是一个业务逻辑服务 Bean。

② MessageBuilder 类的值注解@Value（Spring 框架专用注解）表明定义的变量需要从配置文件中

获取。@Value 功能类似于 Quarkus 的@ConfigProperty 注解。区别在于，Quarkus 的@ConfigProperty 注解遵循的是 Eclipse MicroProfile 规范。而@Value 是 Spring 框架自定义的注解实现。

（5） ProjectResource 资源类

用 IDE 工具打开 com.iiit.quarkus.sample.integrate.spring.di.ProjectResource 类文件，代码如下：

```
@Path("/projects")
@ApplicationScoped
@Produces(MediaType.APPLICATION_JSON)
@Consumes(MediaType.APPLICATION_JSON)
public class ProjectResource {
    @Autowired  ProjectService service;

    //省略部分代码
    ...

    @GET
    @Path("/getstate/{id}")
    public Response getState(@PathParam("id")  int id) {
        Project project = service.getProjectStateById(id);
        if (project == null) {
            return Response.status(Response.Status.NOT_FOUND).build();
        }
        return Response.ok(project).build();
    }

    @GET
    @Path("/message")
    public Response getMessage() {return Response.ok(service.getMessage()).build();}

    @GET
    @Path("/change")
    public Response getChange() {return Response.ok(service.getChange()).build();}
}
```

📖 程序说明：

① ProjectResource 类的作用是与外部进行交互，方法主要还是基于 REST 的 GET 操作。本程序包括 3 个 GET 方法。

② ProjectResource 类的@Autowired 注解（Spring 框架专用注解）表明要注入一个 Bean。@Autowired注解功能类似于 Quarkus 的@Inject 注解。区别在于，Quarkus 的@Inject 注解遵循的是 Java 规范，而@Autowired 注解是 Spring 框架自定义的注解实现。

（6） ProjectService 服务类

用 IDE 工具打开 com.iiit.quarkus.sample.integrate.spring.di.ProjectService 类文件，代码如下：

```
@Service
public class ProjectService {

    @Autowired
    @Qualifier("projectStateFunction")
```

```
    ProjectFunction projectState;

    @Autowired
    @Qualifier("projectCapitalizeFunction")
    ProjectFunction capitalizerStringFunction;

    @Autowired  MessageBuilder  messageBuilder;
    @Value("${project.changeitem}")  String changItem;
    private Map<Integer, Project>projectMap = new HashMap<>();

    public ProjectService() {
        projectMap.put(1, new Project(1, "项目 A", "关于项目 A 的情况描述"));
        projectMap.put(2, new Project(2, "项目 B", "关于项目 B 的情况描述"));
        projectMap.put(3, new Project(3, "项目 C", "关于项目 C 的情况描述"));
    }

    //省略部分代码
    ...

    public Project getProjectStateById(Integer id) {
        Project project = projectMap.get(id);
        String isTrue = String.valueOf(project.state);
        project.state = Boolean.valueOf(projectState.apply(isTrue));
        return project;
    }

    public String getMessage(){return messageBuilder.getMessage();}
    public String getChange(){return capitalizerStringFunction.apply(changItem);}
}
```

📖 程序说明：

① ProjectService 类的类注解@Service（Spring 框架自定义注解）表明 ProjectService 类是一个业务逻辑服务 Bean。

② ProjectService 类的值注解@Qualifier（"projectCapitalizeFunction"）表明 Spring 框架容器中的 Bean 是 "projectCapitalizeFunction"，这是一个具有唯一名称的 Bean。这里的@Qualifier（全称是@org.springframework.beans.factory.annotation.Qualifier）是 Spring 框架自定义注解。Quarkus 也有同样名称的注解，其全称是@javax.inject.Qualifier，遵循的是 Java 规范。这里不要混淆。

③ ProjectService 类主要展现了 Quarkus 框架如何把 Spring 框架的 DI 功能整合起来，包括@Service、@Qualifier、@Autowired、@Value、@Component 等。

▶▶ 7.1.3 验证程序

通过下列几个步骤（如图 7-2 所示）来验证案例程序。

（1）启动程序

启动应用有两种方式：第一种是在开发工具（如 Eclipse）中调用 ProjectMain 类的 run 命令；第二种是在程序目录下直接运行 cmd 命令 "mvnw compile quarkus：dev"。

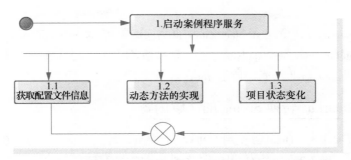

● 图 7-2　360-sample-quarkus-spring-di 程序验证流程图

（2）通过 API 接口来获取配置文件信息

CMD 窗口中的命令如下：curl http://localhost:8080/projects/message

其反馈内容如下：

```
Project Message Content
```

这正是配置文件中的 project.message 属性定义，即说明了正确地获取了配置文件的信息。

（3）通过 API 接口来验证动态方法的实现

CMD 窗口中的命令如下：

curl http://localhost:8080/projects/change

其反馈内容如下：

```
ABC
```

这正是配置文件中的 project.changeitem 属性的大写，即说明了正确地获取了配置文件的小写字母信息，然后通过 ProjectConfiguration 配置类定义的"projectCapitalizeFunction" Bean，把该内容转换为大写字母。

（4）通过 API 接口来验证项目状态变化

显示项目 1 的列表内容，可观察其 state 的值。

CMD 窗口中的命令如下：

curl http://localhost:8080/projects/1/

其反馈所有项目 1 的内容，内容如下。

```
{"description":"关于项目 A 的情况描述","id":1,"name":"项目 A","state":true}
```

其 state 的值为 true。

然后在 CMD 窗口中输入如下命令：

curl http://localhost:8080/projects/getstate/1。

其反馈内容如下：

```
{"description":"关于项目 A 的情况描述","id":1,"name":"项目 A","state":false}
```

其反馈所有项目 1 的内容，其 state 的值为 false，这说明已经做了改变。

当然，当再输入命令 curl http://localhost:8080/projects/getstate/1 时，又会发现 state 的值为

true。

这说明 ProjectService 对象的 getProjectStateById 方法调用 ProjectStateFunction 类的 apply 方法是成功的。而 ProjectStateFunction 类的 apply 方法的作用就是实现一个开关功能，即当输入为 true 时，返回值是 false，当输入为 false 时，返回值是 true。

▶▶ 7.1.4 Quarkus 转换 Spring 的注解内容

关于 Bean 依赖项注入，Quarkus 使用 CDI 规范的依赖项注入机制（称为 ArC）替换了 Spring DI 的 Bean 依赖项注入。表 7-2 所示为 Quarkus 转换 Spring 的注解及说明。

表 7-2 **Quarkus 转换 Spring 的注解及说明**

序　号	Spring 注解	CDI/MicroProfile	说　　明
1	@Autowired	@Inject	用 CDI 标准的@Inject 注解来替换 Spring 框架@Autowired，在应用程序中可以互换
2	@Qualifier	@Named	用 CDI 标准的@Named 注解来替换@Autowired，在应用程序中可以互换
3	@Value	@ConfigProperty	MicroProfile 标准的@ConfigProperty 不像 Spring 框架@Value 那样支持表达式语言，但是使用了典型用例，这样更易于处理
4	@Component	@Singleton	默认情况下，Spring 原型注解@Component 对应的是个单例 Bean，为 CDI 标准的@Singleton
5	@Service	@Singleton	默认情况下，Spring 原型注解@Service 对应的是个单例 Bean，为 CDI 标准的@Singleton
6	@Repository	@Singleton	默认情况下，Spring 原型注解@Repository 对应的是个单例 Bean，为 CDI 标准的@Singleton
7	@Configuration	@ApplicationScoped	在 CDI 中，生产者 Bean 不限于应用程序范围，它也可以是 @Singleton或@Dependent
8	@Bean	@Produces	—
9	@Scope		CDI 没有与 Spring 框架的@Scope 注解一对一映射的注解。根据 @Scope 的值，可以使用 @ Singleton、@ ApplicationScoped、@SessionScoped、@RequestScoped、@Dependent 其中之一
10	@ComponentScan		CDI 没有与 Spring 框架的@ComponentScan 注解一对一映射的注解。Quarkus 在启动时并不遍历所有的 Bean，因为 Quarkus 在构建时执行所有类路径扫描
11	@Import		CDI 没有与 Spring 框架的@Import 注解一对一映射的注解

7.2 Quarkus 框架整合 Spring 框架的 Web 功能

本案例基于 Quarkus 框架实现整合 Spring 框架的 Web 功能。Quarkus 框架以 Spring Web 扩展的形式为 Spring Web 提供了一个兼容层。通过阅读和分析在 Quarkus 整合 Spring Web 框架的 Controller 和 Services 的案例代码，读者可以理解和掌握 Quarkus 整合 Spring 框架 Web 的使用。

▶▶ 7.2.1　Spring Web 框架

Spring Web 框架是以请求为驱动的，围绕 Servlet 设计，将请求发给控制器，然后通过模型对象、分派器来展示请求结果视图。其核心类是 DispatcherServlet，这是一个 Servlet，顶层是实现的 Servlet 接口。

Quarkus 框架的 Web 扩展目前支持 Spring Web 提供的一部分功能。Quarkus 框架支持与 Web 控制器相关的更多功能（主要是@RestController，而不是@Controller）。

Quarkus 框架支持的 Spring Web 框架的注解包括@RestController、@RequestMapping、@GetMapping、@PostMapping、@PutMapping、@DeleteMapping、@PatchMapping、@RequestParam、@RequestHeader、@Matrix Variable、@PathVariable、@CookieValue、@RequestBody、@ResponseStatus、@ExceptionHandler、@Rest ControllerAdvice 等。

Controller 方法可返回 Primitive types（基本数据类型）、String 类型的对象，以及可以由 JSON 序列化的 POJO 对象、org.springframework.http.ResponseEntity 对象等。

Controller 方法除了可以使用 javax 中适当的 Spring Web 注解的方法参数之外，还支持 javax. servlet.http.HttpServletRequest 和 javax.servlet.http.HttpServletResponse。但是，为了使其正常工作，用户需要添加 quarkus-undertow 依赖项。

异常处理程序方法返回类型包括 org.springframework.http.ResponseEntity 和 java.util.Map。

异常处理程序方法参数类型如下。

1）异常参数：声明为一般异常或更具体的异常。如果注解本身没有通过其 value 方法缩小异常类型的范围，则也可以作为映射提示。

2）请求/响应对象（通常来自 Servlet API）。可以选择任何特定的请求/响应类型，如 ServletRequest/HttpServletRequest。要使用 Servlet API，需要添加 quarkus-undertow 依赖项。

▶▶ 7.2.2　编写案例代码

编写案例代码有两种方式。

第一种方式是在 Quarkus 官网的脚手架工程中按照指定步骤生成脚手架代码，然后下载文件，引入项目到 IDE 工具中，最后修改程序源码。

第二种方式是直接从 Github 上获取准备好的示例代码。

```
git clone https://github.com/rengang66/iiit.quarkus.spring.sample.git
```

该程序位于 "362-sample-quarkus-spring-web" 目录中。这是一个 Maven 项目。

然后导入 Maven 工程，在 pom.xml 的<dependencies>内有如下内容。

```
<dependency>
    <groupId>io.quarkus</groupId>
    <artifactId>quarkus-spring-web</artifactId>
</dependency>
```

quarkus-spring-web 是 Quarkus 整合了 Spring 框架的 Web 实现，无配置文件信息。

本程序的应用架构（如图 7-3 所示）表明，外部访问基于 Spring Web 框架的 ProjectController 接口，ProjectController 接口调用 ProjectService 服务，两者无缝地协同在一起。

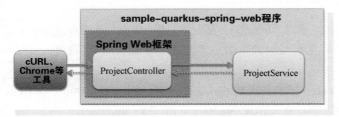

• 图 7-3　362-sample-quarkus-spring-web 程序应用架构图

本程序的核心类如表 7-3 所示。

表 7-3　362-sample-quarkus-spring-web 程序的核心类

名　　　称	类　　　型	简　　　介
ProjectController	控制类	采用 Spring Web 架构方式提供 REST 外部 API 接口，是本应用的核心处理类
ProjectService	服务类（组件类）	提供数据服务，无特殊处理，本节不做介绍
Project	实体类	POJO 对象，无特殊处理，本节不做介绍

下面说明 ProjectController 的功能和作用。

用 IDE 工具打开 com.iiit.quarkus.sample.integrate.spring.web.ProjectController 类文件，代码如下：

```
@RestController
@RequestMapping("/projects")
public class ProjectController {
    private final ProjectService service;
    public ProjectController(ProjectService service1) {this.service = service1;}

    @GetMapping()
    public List<Project> list() {return service.getAllProject();}

    @GetMapping("/{id}")
    public Response get(@PathVariable(name = "id")  int id) {
        Project project = service.getProjectById(id);
        if (project == null) {
            return Response.status(Response.Status.NOT_FOUND).build();
        }
        return Response.ok(project).build();
    }

    @POST
    @RequestMapping("/add")
    public Response add(@RequestBody Project project) {
        if (project == null) {
            return Response.status(Response.Status.NOT_FOUND).build();
        }
        service.add(project);
```

```
            return Response.ok(project).build();
    }


    //省略部分代码
    ...

}
```

📖 程序说明：

① ProjectController 类主要与外部进行交互，其方法主要还是基于 REST 的基本操作，包括 GET、POST、PUT 和 DELETE。

② ProjectController 类完全基于 Spring Web 框架来实现的。

③ ProjectController 类注入了 ProjectService 对象。这是采用 Quarkus 框架的注入方式实现的。

④ 本应用证明，前端可以是 Spring 框架的 Web，后台服务可以是 Quarkus 框架。在这种前端为 Spring Web 框架、后端为 Quarkus 框架的模式下，两个框架可以无缝衔接。

▶▶ 7.2.3　验证程序

通过下列几个步骤（如图 7-4 所示）来验证案例程序。

（1）启动程序

启动程序有两种方式：第一种是在开发工具（如 Eclipse）中调用 ProjectMain 类的 run 命令；第二种是在程序目录下直接运行 cmd 命令"mvnw compile quarkus：dev"。

（2）通过 API 接口显示全部 Project 的 JSON 列表内容

CMD 窗口中的命令如下：

```
curl http://localhost:8080/projects
```

其反馈所有 Project 的 JSON 列表

（3）通过 API 接口显示项目 1 的内容

CMD 窗口中的命令如下：

```
curl http://localhost:8080/projects/1/
```

其反馈"项目 1"的内容。

（4）通过 API 接口增加一条 Project 数据

按照 JSON 格式增加一条 Project 数据，CMD 窗口中的命令如下：

```
    curl -X POST -H "Content-type: application/json" -d { \"id\":4, \"name \": \"项目 D\", \"description\":\"关于项目 D 的描述\"} http://localhost:8080/projects/add
```

（5）通过 API 接口修改一条 Project 数据

按照 JSON 格式修改一条 Project 数据，CMD 窗口中的命令如下：

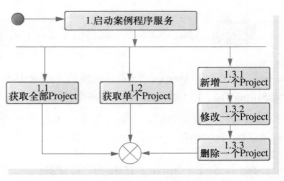

● 图 7-4　362-sample-quarkus-spring-web
程序验证流程图

```
curl -X PUT -H "Content-type: application/json" -d {\"id\":4, \"name\": \"项目 D\", \"
description\":\"关于项目 D 的描述的修改\"} http://localhost:8080/projects/update
```

根据反馈结果，可以看到已经对项目 D 的描述进行了修改。注意：这里采用的是 Windows 格式。

（6）通过 API 接口删除一条 Project 数据

按照 JSON 格式修改一条 Project 数据，CMD 窗口中的命令如下：

```
curl -X DELETE  -H "Content-type: application/json" -d {\"id\":3,\"name\": \"项目 C\", \"
description\":\"关于项目 C 的描述\"} http://localhost:8080/projects/delete
```

根据反馈结果，可以看到已经删除了项目 C 的内容。

▶▶ 7.2.4　原理说明

Quarkus 中的 Spring 支持不会启动 Spring 应用程序上下文，也不会运行任何 Spring 基础结构类。Spring 类和注解仅用于读取元数据或用作用户代码方法返回类型或参数类型，所以添加任意 Spring 库不会产生任何效果。此外，Spring 基础设施类（如 org. springframework. beans. factory. config. BeanPostProcessor）也不会执行。

7.3　Quarkus 框架整合 Spring 框架的 Data 功能

本案例基于 Quarkus 框架实现整合 Spring Data 框架的功能。Quarkus 以 Spring Data 扩展的形式为 Spring Data JPA 存储库提供了一个兼容层。通过阅读和分析 Quarkus 整合 Spring Data 框架的 JPA 实现数据的查询、新增、删除、修改（CRUD）操作案例代码，读者可以理解和掌握 Quarkus 整合 Spring Data 的使用。

▶▶ 7.3.1　Spring Data 框架介绍

Spring Data 框架是一款基于 Spring 框架实现的数据访问框架，旨在提供一致的数据库访问模型，同时保留不同数据库底层数据存储的特点。

Spring Data 框架最核心的概念就是 Repository。Repository 是一个抽象的接口，用户通过该接口来实现数据的访问。Spring Data JPA 框架提供了关系型数据库访问的一致性，Repository 组件包括 CrudRepository 和 PagingAndSortingRepository 两类。其中，CurdRepository 接口的内容如下。

```
public interface CrudRepository<T, ID extends Serializable>extends Repository<T, ID> {
    <S extends T> S save(Sentity);
    <S extends T>Iterable<S> save(Iterable<S>entities);
    T findOne(ID id);
    boolean exists(ID id);
    Iterable<T> findAll();
    Iterable<T> findAll(Iterable<ID> ids);
    long count();
    void delete(ID id);
```

```
    void delete(Tentity);
    void delete(Iterable<? extends T> entities);
    void deleteAll();
}
```

　　CrudRepository 接口实现了 save、delete、count、exists 等方法。继承这个接口时，需要两个模板参数，即 T 和 ID，T 就是实体类（对应数据库表），ID 就是主键。

　　Quarkus 目前支持 Spring Data JPA 功能的子集，这是非常有用和常用的功能。这种支持的一个重要部分是，所有存储库的生成都在构建时完成，从而确保所有受支持的功能在本机模式下正常工作。此外，开发者在构建时知道他们的存储库方法名是否可以转换为正确的 JPQL 查询。这也意味着，如果一个方法名提示应该使用一个不属于实体的字段，那么开发者将在构建时收到相关错误提示。

▶▶ 7.3.2 编写案例代码

　　编写案例代码有两种方式。

　　第一种方式是在 Quarkus 官网的脚手架工程中按照指定步骤生成脚手架代码，然后下载文件，引入项目到 IDE 工具中，最后修改程序源码内容。

　　第二种方式是直接从 Github 上获取准备好的示例代码。

```
git clone https://github.com/rengang66/iiit.quarkus.spring.sample.git
```

　　该程序位于 "364-sample-quarkus-spring-data" 目录中。这是一个 Maven 项目。

　　然后导入 Maven 工程，在 pom.xml 的<dependencies>内有如下内容。

```
<dependency>
    <groupId>io.quarkus</groupId>
    <artifactId>quarkus-spring-data-jpa</artifactId>
</dependency>
<dependency>
    <groupId>io.quarkus</groupId>
    <artifactId>quarkus-jdbc-postgresql</artifactId>
</dependency>
```

quarkus-spring-data-jpa 是 Quarkus 整合了 Spring 框架的 JPA 实现。

　　本程序的应用架构（如图 7-5 所示）表明，外部访问 ProjectResource 资源接口，ProjectResource 调用基于 Spring Data 框架的 ProjectRepository 服务，ProjectRepository 服务依赖 Spring Data 框架。

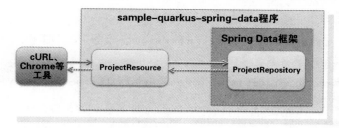

● 图 7-5　364-sample-quarkus-spring-data 程序应用架构图

本程序的文件和核心类如表 7-4 所示。

表 7-4　364-sample-quarkus-spring-data 程序的文件和核心类

名　　称	类　　型	简　　介
application.properties	配置文件	定义数据库配置信息
ProjectResource	资源类	提供 REST 外部 API 接口，无特殊处理
ProjectRepository	服务类	提供数据服务
Project	实体类	POJO 对象，无特殊处理，本节不做介绍

在本程序中，首先查看配置文件 application.properties。

```
quarkus.datasource.db-kind=postgresql
quarkus.datasource.username=quarkus_test
quarkus.datasource.password=quarkus_test
quarkus.datasource.jdbc.url=jdbc:postgresql://localhost/quarkus_test
quarkus.datasource.jdbc.max-size=8
quarkus.datasource.jdbc.min-size=2

quarkus.hibernate-orm.database.generation=drop-and-create
quarkus.hibernate-orm.log.sql=true
quarkus.hibernate-orm.sql-load-script=import.sql
```

在 application.properties 文件中，配置了与数据库连接的相关参数。

① quarkus.datasource.db-kind 表示连接的数据库是 PostgreSQL。

② quarkus.datasource.username 和 quarkus.datasource.password 是用户名和密码，也即 PostgreSQL 的登录角色和密码。

③ quarkus.datasource.jdbc.url 定义数据库的连接位置信息。其中，jdbc:postgresql://localhost/quarkus_test 中的 quarkus_test 是连接 PostgreSQL 的数据库。

④ quarkus.hibernate-orm.database.generation=drop-and-create 表示将重新删除和创建相关表。

⑤ quarkus.hibernate-orm.sql-load-script=import.sql 的含义是初始化表数据。

import.sql 的内容如下。

```
insert into iiit_projects(id, name) values (1,'项目 A');
insert into iiit_projects(id, name) values (2,'项目 B');
insert into iiit_projects(id, name) values (3,'项目 C');
insert into iiit_projects(id, name) values (4,'项目 D');
insert into iiit_projects(id, name) values (5,'项目 E');
```

import.sql 主要实现了 iiit_projects 表的初始化数据。

下面分别说明 ProjectRepository 服务类、ProjectResource 资源类的功能和作用。

（1）ProjectRepository 服务类

用 IDE 工具打开 com.iiit.quarkus.sample.integrate.spring.data.ProjectRepository 类文件，代码如下：

```
public interface ProjectRepository extends CrudRepository<Project, Long> {
    List<Project>findByDescription(String description);
}
```

程序说明：

① ProjectRepository 接口继承了 CrudRepository。CrudRepository 是一个抽象的接口，开发者可以通过该接口来实现数据的 CRUD 操作。

② Spring Data JPA 提供了关系型数据库访问的一致性。

（2）ProjectResource 资源类

用 IDE 工具打开 com.iiit.quarkus.sample.integrate.spring.data.ProjectResource 类文件，代码如下：

```java
@Path("/projects")
public class ProjectResource {
    private static final Logger LOGGER = Logger.getLogger(ProjectResource.class);
    private final ProjectRepository projectRepository;
    public ProjectResource(ProjectRepository projectRepository) {
        this.projectRepository = projectRepository;
    }

    @GET
    @Produces("application/json")
    public Iterable<Project> findAll() {return projectRepository.findAll();}

    @GET
    @Produces("application/json")
    @Path("/{id}")
    public Project findById(@PathParam Long id) {
        Optional<Project> optional = projectRepository.findById(id);
        Project project = null;
        if (optional.isPresent()) {
            project = optional.get();
        }
        return project;
    }

    @DELETE
    @Path("/{id}")
    public void delete(@PathParam long id) {projectRepository.deleteById(id);}

    @POST
    @Path("/add")
    @Produces("application/json")
    @Consumes("application/json")
    public Project create(Project project) {
        Optional<Project> optional = projectRepository.findById(project.getId());
        if (! optional.isPresent()) {
            return projectRepository.save(project);
        throw new IllegalArgumentException("Project with id " + project.getId()+ " exists");
    }

    @PUT
    @Path("/update")
    @Produces("application/json")
```

```
    @Consumes("application/json")
    public Project changeColor(Project project) {
        Optional<Project> optional =projectRepository.findById(project.getId());
        if (optional.isPresent()) {
            return projectRepository.save(project);
        }
        throw new IllegalArgumentException("No Project with id " + project.getId()+ " exists");
    }
}
```

📖 程序说明：

① ProjectResource 类的方法主要还是基于 REST 的基本操作，包括 GET、POST、PUT 和 DELETE。

② ProjectResource 类注入了 ProjectRepository 对象。这是采用 Quarkus 框架的注入方式实现的。

③ 本应用证明，前端可以是 Quarkus 框架，后台服务可以是 Spring Data JPA 框架。在这种前端为 Quarkus 框架、后端为 Spring Data JPA 框架的模式下，两个框架可以无缝衔接。

▶▶ 7.3.3 验证程序

通过下列几个步骤（如图 7-6 所示）来验证案例程序。

（1）启动程序

启动程序有两种方式：第一种是在开发工具（如 Eclipse）中调用 ProjectMain 类的 run 命令；第二种方式就是在程序目录下直接运行 cmd 命令 "mvnw compile quarkus：dev"。

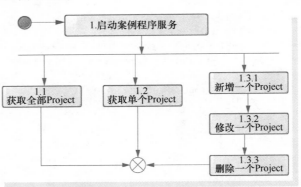

（2）通过 API 接口显示全部 Project 的 JSON 列表内容

CMD 窗口中的命令如下：

```
curl http://localhost:8080/projects
```

其反馈所有 Project 的 JSON 列表。

● 图 7-6　364-sample-quarkus-spring-data 程序验证流程图

（3）通过 API 接口显示项目 1 的列表内容

CMD 窗口中的命令如下：

curl http：//localhost：8080/projects/1/。

其反馈项目 1 的内容。

（4）通过 API 接口增加一条 Project 数据

按照 JSON 格式增加一条 Project 数据，CMD 窗口中的命令如下：

```
    curl -X POST -H "Content-type: application/json" -d { \"id\":6, \"name \": \"项目 F \", \"
description\":\"关于项目 F 的描述 \"} http://localhost:8080/projects/add
```

（5）通过 API 接口修改一条 Project 数据

按照 JSON 格式修改一条 Project 数据，CMD 窗口中的命令如下：

```
curl -X PUT -H "Content-type: application/json" -d { \"id \":6, \"name \": \"项目 F \", \"
description \": \"关于项目 F 的描述的修改\"} http://localhost:8080/projects/update
```

根据反馈结果，可以看到已经对项目 D 的描述进行了修改。

（6）通过 API 接口删除一条 Project 数据

按照 JSON 格式修改一条 Project 数据，CMD 窗口中的命令如下：

```
curl -X DELETE http://localhost:8080/projects/5
```

根据反馈结果，可以看到已经删除了项目 C 的内容。

▶▶ 7.3.4　扩展说明

① Quarkus 框架支持 Spring Data JPA 的特性

以下内容描述了 Quarkus 框架支持的 Spring Data JPA 的重要特性。

1）自动实现存储库（Automatic Repository）生成。

2）自动实现扩展以下任何 Spring 数据存储库的接口。

■ org.springframework.data.repository.Repository。

■ org.springframework.data.repository.CrudRepository。

■ org.springframework.data.repository.PagingAndSortingRepository。

■ org.springframework.data.jpa.repository.JpaRepository。

生成的存储库（Repository）也被注册为 Bean，以便将这些 Repository 注入任何其他 Bean 中。此外，更新数据库的方法会自动用@Transactional 注解。

（1）存储库（Repository）定义的微调

存储库定义的微调允许用户定义的存储库（Repository）接口从任何受支持的 Spring 数据存储库接口中挑选方法，而无须扩展这些接口。例如，当存储库（Repository）需要使用来自 Crudepository 的一些方法，但不希望公开所述接口的方法的完整列表时，这一点特别有用。

例如，如果希望 PersonRepository 不扩展 CrudePository，但希望使用所述接口中的 save 和 findById 方法，那么 PersonRepository 看起来是这样的：

```
package org.acme.spring.data.jpa;
import org.springframework.data.repository.Repository;
public interface PersonRepository extends Repository<Person, Long> {
    Person save(Person entity);
    Optional<Person>findById(Person entity);
}
```

（2）使用存储库片段自定义单个存储库

存储库可以通过附加功能来丰富，也可以覆盖受支持的 Spring 数据存储库方法的默认实现。

存储库（Repository）代码的定义如下：

```
public interface PersonFragment {
    List<Person>findAll();
```

```
    void makeNameUpperCase(Person person);
}
```

该接口代码的具体实现如下：

```
import java.util.List;
import io.quarkus.hibernate.orm.panache.runtime.JpaOperations;
public class PersonFragmentImpl implements PersonFragment {
    @Override
    public List<Person>findAll() {
        //在这里处理业务
        return (List<Person>)JpaOperations.findAll(Person.class).list();
    }

    @Override
    public void makeNameUpperCase(Person person) {
        person.setName(person.getName().toUpperCase());
    }
}
```

那么实际使用的 **PersonRepository** 代码如下：

```
public interface PersonRepository extends JpaRepository<Person, Long>, PersonFragment {
}
```

❷ 派生查询方法

遵循 Spring Data 约定的存储库（Repository）接口的方法可以自动实现（除非它们属于后面列出的不受支持的情况之一）。这意味着以下方法都可正常运行：

```
public interface PersonRepository extends CrudRepository<Person, Long> {
    List<Person>findByName(String name);
    Person findByNameBySsn(String ssn);
    Optional<Person> findByNameBySsnIgnoreCase(String ssn);
    boolean existsBookByYearOfBirthBetween(Integer start, Integer end);
    List<Person>findByName(String name, Sort sort);
    Page<Person> findByNameOrderByJoined(String name,Pageable pageable);
    List<Person> findByNameOrderByAge(String name);
    List<Person> findByNameOrderByAgeDesc(String name,Pageable pageable);
    List<Person> findByAgeBetweenAndNameIsNotNull(intlowerAgeBound, int upperAgeBound);
    List<Person> findByAgeGreaterThanEqualOrderByAgeAsc(int age);
    List<Person> queryByJoinedIsAfter(Date date);
    Collection<Person> readByActiveTrueOrderByAgeDesc();
    Long countByActiveNot(boolean active);
    List<Person>findTop3ByActive(boolean active, Sort sort);
    Stream<Person>findPersonByNameAndSurnameAllIgnoreCase(String name, String surname);
}
```

用户定义查询可以实现@Query 注解中包含的用户提供的查询。例如，以下各项的使用：

```
public interface MovieRepository extends CrudRepository<Movie, Long> {
    Movie findFirstByOrderByDurationDesc();
```

```
    @Query("select m from Movie m where m.rating = ? 1")
    Iterator<Movie> findByRating(String rating);

    @Query("from Movie where title = ? 1")
    Movie findByTitle(String title);

    @Query("select m from Movie m where m.duration > :duration and m.rating = :rating")
    List<Movie> withRatingAndDurationLargerThan(@Param("duration") int duration, @
Param("rating") String rating);

    @Query("from Movie where title like concat('%', ? 1, '%')")
    List<Object[]> someFieldsWithTitleLike(String title, Sort sort);

    @Modifying
    @Query("delete from Movie where rating = :rating")
    void deleteByRating(@Param("rating") String rating);

    @Modifying
    @Query("delete from Movie where title like concat('%', ? 1, '%')")
    Long deleteByTitleLike(String title);

    @Modifying
    @Query("update Movie m set m.rating = :newName where m.rating = :oldName")
    int changeRatingToNewName(@Param("newName") String newName, @Param("oldName") String
oldName);

    @Modifying
    @Query("update Movie set rating = null where title =? 1")
    void setRatingToNullForTitle(String title);

    @Query("from Movie order by length(title)")
    Slice<Movie>orderByTitleLength(Pageable pageable);
}
```

所有使用@Modifying 注解的方法将自动使用@Transactional 注解。

❸ 命名策略

Hibernate ORM 使用物理命名策略和隐式命名策略来映射属性名称。如果希望使用 Spring Boot 的默认命名策略，则需要设置以下属性：

```
    quarkus.hibernate-orm.physical-naming-strategy = org.springframework.boot.orm.jpa.
hibernate.SpringPhysicalNamingStrategy
    quarkus.hibernate-orm.implicit-naming-strategy = org.springframework.boot.orm.jpa.
hibernate.SpringImplicitNamingStrategy
```

❹ Quarkus 当前不支持的 Spring Data 的功能

■ org.springframework.data.repository.query.QueryByExampleExecutor 接口。如果调用其中任何一个，将引发运行时异常。

■ QueryDSL 支持。不会尝试生成任何 QueryDSL 相关存储库的实现。

■ 为代码库中的所有存储库接口自定义基本存储库。在 Spring Data JPA 中，通过注册一个扩展

org.springframework.data.jpa.repository.support.SimpleJpaRepository 类来实现自定义基本存储库。然而，在 Quarkus 中根本不使用 SimpleParepository 这个类（因为所有必要的管道都是在构建时完成的）。将来可能会为 Quarkus 添加类似的支持。

■ 使用 java.util.concurrent.Future 和将其扩展为存储库方法返回类型的类。

■ 使用@Query 时的本机查询和命名查询。

■ 通过 EntityInformation 的实体状态检测策略。

Quarkus 团队正在探索各种替代方案，以弥合 JPA 和响应式编程之间的差距。

7.4 Quarkus 框架整合 Spring 框架的 Security 功能

本案例基于 Quarkus 框架实现整合 Spring 框架的 Security 功能。Quarkus 框架以 Spring 安全扩展的形式为 Spring Security 提供了一个兼容层。通过阅读和分析 Quarkus 框架整合 Spring 框架的 Security 功能的案例代码，读者可以理解和掌握 Quarkus 框架整合 Spring 框架的 Security 功能的使用。

▶▶ 7.4.1 Spring Security 框架介绍

Spring Security 框架是一个专注于为 Java 应用程序提供身份验证和授权的框架。Spring Security 框架可以很容易地被扩展以满足定制需求。

Quarkus 的 Spring Security 扩展支持 Spring 安全功能。Quarkus 目前仅支持 Spring Security 所提供功能的一个子集，但计划提供更多功能。更具体地说，Quarkus 支持基于角色的授权模式的安全相关功能（主要是@Secured，而不是@RolesAllowed）。

▶▶ 7.4.2 编写案例代码

编写案例代码有两种方式。

第一种方式是在 Quarkus 官网的脚手架工程中按照指定步骤生成脚手架代码，然后下载文件，引入项目到 IDE 工具中，最后修改程序源码内容。

第二种方式是直接从 Github 上获取准备好的示例代码。

```
git clone https://github.com/rengang66/iiit.quarkus.spring.sample.git
```

该程序位于"366-sample-quarkus-spring-security"目录中。这是一个 Maven 项目。

然后导入 Maven 工程，在 pom.xml 的<dependencies>内有如下内容。

```
<dependency>
    <groupId>io.quarkus</groupId>
    <artifactId>quarkus-spring-web</artifactId>
</dependency>
<dependency>
    <groupId>io.quarkus</groupId>
    <artifactId>quarkus-spring-security</artifactId>
```

```
    </dependency>
    <dependency>
      <groupId>io.quarkus</groupId>
      <artifactId>quarkus-elytron-security-properties-file</artifactId>
    </dependency>
```

quarkus-spring-security 是 Quarkus 整合
了 Spring 框架的 Security 实现。

本程序的应用架构如图 7-7 所示。

本程序应用架构表明，外部访问基于 Spring
Security 框架的 ProjectController 接口，Project-
Controller 接口调用 ProjectService 服务。

本程序的文件和核心类如表 7-5 所示。

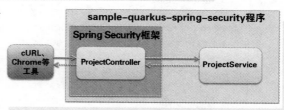

● 图 7-7　366-sample-quarkus-spring-security
程序应用架构图

表 7-5　366-sample-quarkus-spring-security 程序的文件和核心类

名　　称	类　　型	简　　介
application.properties	配置文件	定义应用程序安全等配置信息
ProjectController	资源类	提供 REST 外部 API 接口，本案例核心角色
ProjectService	服务类	提供数据服务，本节不做介绍
Project	实体类	POJO 对象，无特殊处理，本节不做介绍

在本程序中，首先查看配置文件 application.properties。

```
quarkus.security.users.embedded.enabled=true
quarkus.security.users.embedded.plain-text=true
quarkus.security.users.embedded.users.reng=password
quarkus.security.users.embedded.roles.reng=admin,user
quarkus.security.users.embedded.users.test=test
quarkus.security.users.embedded.roles.test=user
```

在 application.properties 文件中，定义了与安全相关的配置参数。

① quarkus.security.users.embedded.enabled=true：表示启动内部安全设置。

② quarkus.security.users.embedded.plain-text=true：表示安全信息的输出格式。

③ quarkus.security.users.embedded.users.reng=password：表示用户及其密码。

④ quarkus.security.users.embedded.roles.reng=admin,user：表示用户归属的角色。

下面说明 ProjectController 类的功能和作用。

用 IDE 工具打开 com.iiit.quarkus.sample.integrate.spring.security.ProjectController 类文件，代码如下：

```
@RestController
@RequestMapping("/projects")
public class ProjectController {
    private static final Logger LOGGER = Logger.getLogger(ProjectController.class);
    private final ProjectService service;
    public ProjectController(ProjectService service1) {this.service = service1;}
```

```
@Secured("admin")
@GetMapping
public List<Project> list() {return service.getAllProject();}

@Secured("user")
@GetMapping("/{id}")
public Response get(@PathVariable(name = "id")  int id) {
    Project project = service.getProjectById(id);
    if (project == null) {
        return Response.status(Response.Status.NOT_FOUND).build();
    }
    return Response.ok(project).build();
}

//省略部分代码
...
}
```

📖 程序说明：

① ProjectController 类主要与外部进行交互，其方法主要还是基于 REST 的基本操作，包括 GET、POST、PUT 和 DELETE。ProjectController 类完全基于 Spring MVC 框架来实现。关于具体实现内容，可参阅 Spring MVC 框架的相关资料。

② ProjectController 类的方法注解@Secured（Spring 框架自定义注解）表明该方法需要认证。

▶▶ **7.4.3 验证程序**

通过下列几个步骤来验证案例程序。

（1）启动程序

启动程序有两种方式：第一种是在开发工具（如 Eclipse）中调用 ProjectMain 类的 run 命令；第二种是在程序目录下直接运行 cmd 命令 "mvnw compile quarkus：dev"。

（2）通过 API 接口来验证程序

为了显示所有项目的 JSON 列表内容，在浏览器中输入网址：http：//localhost：8080/projects。由于有安全限制，因此会弹出对话框来输入用户名及密码，如图 7-8 所示。

● 图 7-8　弹出对话框来输入用户名及密码

输入用户名为 reng，密码为 password，即可获取访问信息。

基于 reng 用户，可以访问 http://localhost:8080/projects/1 等，因为 reng 用户的角色是 admin 和 user。也可以用 test 用户（密码也是 test）登录来访问，但 test 用户只能访问 http://localhost:8080/projects/1，而不能访问 http://localhost:8080/projects，因为 test 用户只是 user 角色。

▶▶ 7.4.4 扩展说明

Quarkus 支持的 Spring 安全注解，包括@Secured 和@PreAuthorize。Quarkus 支持 Spring Security 的@PreAuthorize 注解的一些最常用功能。支持的表达式如下。

（1）hasRole

要测试当前用户是否具有特定角色，可以在@PreAuthorize 内使用 hasRole 表达式。

例如，@PreAuthorize（"hasRole('admin')"）、@PreAuthorize（"hasRole（@roles.USER）"），其中的角色是一个 Bean，可以这样定义：

```
import org.springframework.stereotype.Component;
@Component
public class Roles {
    public final String ADMIN = "admin";
    public final String USER = "user";
}
```

（2）hasAnyRole

与 hasRole 相同，用户可以使用 hasAnyRole 检查登录用户是否具有任何指定的角色。

例如，@PreAuthorize（"hasAnyRole（'admin'）"）、@PreAuthorize（"hasAnyRole（@roles.USER, 'view'）"）等。

（3）permitAll

将@PreAuthorize("permitAll()") 添加到方法，将确保任何用户（包括匿名用户）都可以访问该方法。将其添加到类中，将确保该类中所有未使用任何其他 Spring 安全性注解进行注解的公共方法都可以访问。

（4）denyAll

将@PreAuthorize("denyAll()")添加到方法，将确保任何用户都无法访问该方法。将它添加到类中，将确保该类中所有未使用任何其他 Spring 安全性注解进行注解的公共方法都不会被任何用户访问。

（5）isAnonymous

当使用@PreAuthorize("isAnonymous()")注解 Bean 方法时，只有当前用户是匿名的（即未登录的用户），才能访问该方法。

（6）isAuthenticated

当使用@PreAuthorize("isAuthenticated()")注解 Bean 方法时，只有当当前用户是登录用户时，才能访问该方法。本质上，该方法仅对匿名用户不可用。

（7）#paramName == authentication.principal.username

此语法允许用户检查安全方法的参数（或参数字段）是否等于登录的用户名。

此用例的示例包括：

```
public class Person {
    private final String name;
    public Person(String name) {this.name = name;}
    public String getName() {return name;}
}


@Component
public class MyComponent {
    @PreAuthorize("#username == authentication.principal.username")
    public void doSomething(String username, String other){}
    @PreAuthorize("#person.name == authentication.principal.username")
    public void doSomethingElse(Person person){}
}
```

如果当前登录的用户与 username 方法参数相同，则可以执行 doSomething。

如果当前登录的用户与 person 方法参数的 name 字段相同，则可以执行 doSomethingElse。

（8）#paramName ！= authentication.principal.username

这与（7）中的表达式类似，区别在于方法参数必须不同于登录的用户名。

（9）@beanName.method（）

此语法允许开发者指定特定 Bean 方法的执行来决定当前用户是否可以访问安全方法。

这里用一个例子来解释语法。假设 MyComponent Bean 是这样创建的：

```
@Component
public class MyComponent {
    @PreAuthorize("@personChecker.check(#person, authentication.principal.username)")
    public void doSomething(Person person){}
}
```

doSomething 方法已使用@PreAuthorize 注解，该表达式表示需要调用名为 personChecker 的 Bean 方法进行检查，以确定当前用户是否有权调用 doSomething 方法。

PersonChecker 的一个示例：

```
@Component
public class PersonChecker {
    @Override
    public boolean check(Person person, String username) {
        return person.getName().equals(username);
    }
}
```

注意，对于 check 方法，参数类型必须与@PreAuthorize 中指定的参数类型匹配，并且返回类型必须是布尔值。

（10）Combining Expressions

@PreAuthorize 注解允许使用逻辑 AND 和 OR 组合表达式。目前，只有一个逻辑操作可以使用。

允许的表达式的一些示例如下：

```
@PreAuthorize("hasAnyRole('user', 'admin') AND #user == principal.username")
    public void allowedForUser(String user) {}


    @PreAuthorize("hasRole('user') OR hasRole('admin')")
    public void allowedForUserOrAdmin() {}


    @PreAuthorize("hasAnyRole('view1', 'view2') OR isAnonymous() OR hasRole('test')")
    public void allowedForAdminOrAnonymous() {}
```

还需要注意的是，当前不支持括号，需要时从左到右计算表达式。

（11）重要技术说明

Spring 注解的 @Secured（"admin"）与 JAX-RS 注解的 @RalesAllowed（"admin"）具有相同的功能。

7.5　Quarkus 获取 Spring Boot 框架的属性文件功能

Spring Boot 框架是一个简化 Spring 开发的框架，用来监护 Spring 应用开发。

本案例基于 Quarkus 框架实现获取 Spring Boot 框架的配置文件属性功能。Quarkus 框架以 Spring Boot 扩展的形式为 Spring Boot 提供了一个兼容层。阅读和分析 Quarkus 通过 Spring Boot 框架的 ConfigurationProperties 组件读取 application.properties 文件的案例代码，读者可以理解和掌握 Quarkus 框架获取 Spring Boot 框架属性配置的使用。

▶▶ 7.5.1　编写案例代码

编写案例代码有两种方式。

第一种方式是在 Quarkus 官网的脚手架工程中按照指定步骤生成脚手架代码，然后下载文件，引入项目到 IDE 工具中，最后修改程序源码内容。

第二种方式是直接从 Github 上获取准备好的示例代码。

```
git clone https://github.com/rengang66/iiit.quarkus.spring.sample.git
```

该程序位于 "367-sample-quarkus-springboot-properties" 目录中。这是一个 Maven 项目。

然后导入 Maven 工程，在 pom.xml 的<dependencies>内有如下内容。

```
<dependency>
    <groupId>io.quarkus</groupId>
    <artifactId>quarkus-spring-boot-properties</artifactId>
</dependency>
```

quarkus-spring-boot-properties 是 Quarkus 整合了 Spring Boot 框架的属性实现。

本程序的应用架构（如图 7-9 所示）表明，外部访问 ProjectResource 资源接口，ProjectResource 调用 ProjectService 服务，ProjectService 服务则调用 Spring Boot 框架的属性服务。

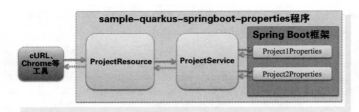

● 图 7-9　367-sample-quarkus-springboot-properties 程序应用架构图

本程序的文件和核心类如表 7-6 所示。

表 7-6　367-sample-quarkus-springboot-properties 程序的文件和核心类

名　　称	类　　型	简　　介
application.properties	配置文件	定义一些验证的数据参数
ProjectResource	资源类	提供 REST 外部 API 接口，无特殊处理
ProjectService	服务类（组件类）	提供数据服务，是本应用的核心处理类
ProjectProperties	配置信息类	用于配置的父类
Project1Properties	配置信息类	用于配置的子类
Project2Properties	配置信息类	用于配置的子类
Project	实体类	POJO 对象，无特殊处理，本节不做介绍

在本程序中，首先查看配置文件 application.properties。

```
init.data.create=true
project1.id=1
project1.inform.name=项目A
project1.inform.description=关于项目A的描述

project2.id=2
project2.inform.name=项目B
project2.inform.description=关于项目B的描述
```

这些基本配置用于后续验证中的数据获取。

下面分别说明 ProjectResource 类、ProjectService 服务类、ProjectProperties 类的功能和作用。

（1）ProjectResource 资源类

用 IDE 工具打开 com.iiit.quarkus.sample.integrate.springboot.properties.ProjectResource 类文件，代码如下：

```
@Path("/projects")
@ApplicationScoped
@Produces(MediaType.APPLICATION_JSON)
@Consumes(MediaType.APPLICATION_JSON)
public class ProjectResource {
    private static final Logger LOGGER = Logger.getLogger(ProjectResource.class.getName());

    //注入 ProjectService 对象
    @Inject ProjectService service;
```

```
    //省略部分代码
    ...
}
```

📖 程序说明：

ProjectResource 类的方法主要还是基于 REST 的基本操作，主要是 GET 操作。

（2）ProjectService 服务类

用 IDE 工具打开 com.iiit.quarkus.sample.integrate.springboot.properties.ProjectService 类文件，代码如下：

```
@ApplicationScoped
public class ProjectService {
    @Inject Project1Properties properties1;
    @Inject Project2Properties properties2;

    @Inject
    @ConfigProperty(name = "init.data.create", defaultValue = "true")
    boolean isInitData;

    private Set<Project> projects = Collections.newSetFromMap(Collections
            .synchronizedMap(new LinkedHashMap<>()));

    public ProjectService() {}

    //初始化数据
    @PostConstruct
    void initData() {
        LOGGER.info("初始化数据");
        if (isInitData) {
            Project project1 = new Project
                (properties1.id, properties1.inform.name, properties1.inform.description);
            Project project2 = new Project
                (properties2.id, properties2.inform.name, properties2.inform.description);
            projects.add(project1);
            projects.add(project2);
        }
    }

    public Set<Project> list() {return projects;}

    public Project getById(Integer id) {
        for (Project value : projects) {
            if ((id.intValue()) == (value.id.intValue())) {
                return value;
            }
        }
        return null;
    }
}
```

📖 程序说明：

ProjectService 类分别注入了 Project1Properties 和 Project2Properties 对象。这两个对象就是由 Spring Boot 定义的属性类，然后通过 Spring Boot 的配置注解来获取其属性值。

（3） ProjectProperties 类

用 IDE 工具打开 com.iiit.quarkus.sample.integrate.springboot.properties.ProjectProperties 类文件，代码如下：

```java
public class ProjectProperties {
    public Information inform;
    public Integer id;
    public static class Information {
        public String name;
        public String description;
    }
}
```

而 Project1Properties 类和 Project2Properties 类继承自 ProjectProperties 类，这两个类的不同是读取的配置信息不同。

```java
@ConfigurationProperties("project1")
public class Project1Properties  extends ProjectProperties {
}
```

Project1Properties 类的类注解@ConfigurationProperties 是 Spring Boot 的属性注解。在其参数列表中增加了一个"project1"属性类。

▶▶ 7.5.2　验证程序

通过下列几个步骤（如图 7-10 所示）来验证案例程序。

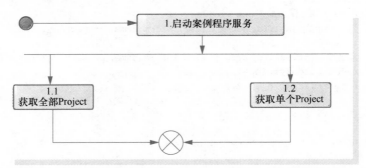

● 图 7-10　367-sample-quarkus-springboot-properties 程序验证流程图

（1） 启动程序

启动程序有两种方式：第一种是在开发工具（如 Eclipse）中调用 ProjectMain 类的 run 命令；第二种方式就是在程序目录下直接运行 cmd 命令"mvnw compile quarkus：dev"。

（2） 通过 API 接口显示全部 Project 的 JSON 列表内容

CMD 窗口中的命令如下：

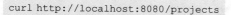

```
curl http://localhost:8080/projects
```

其反馈所有 Project 的 JSON 列表。

（3）通过 API 接口显示项目 1 的列表内容

CMD 窗口中的命令如下：

```
curl http://localhost:8080/projects/1/
```

其反馈项目 1 的内容。

7.6 本章小结

本章主要讲述 Quarkus 框架整合 Spring 框架的开发应用，从 5 个部分来进行讲解。

■ 首先介绍在 Quarkus 框架上如何整合 Spring 框架的 DI 功能的应用，包含案例的源码、讲解和验证。

■ 然后讲述在 Quarkus 框架上如何整合 Spring 框架的 Web 功能的应用，包含案例的源码、讲解和验证。

■ 其次讲述在 Quarkus 框架上如何整合 Spring 框架的 Data 功能的应用，包含案例的源码、讲解和验证。

■ 再次讲述在 Quarkus 框架上如何整合 Spring 框架的 Security 功能的应用，包含案例的源码、讲解和验证。

■ 最后讲述在 Quarkus 框架上如何获取 Spring Boot 框架的属性文件功能的应用，包含案例的源码、讲解和验证。

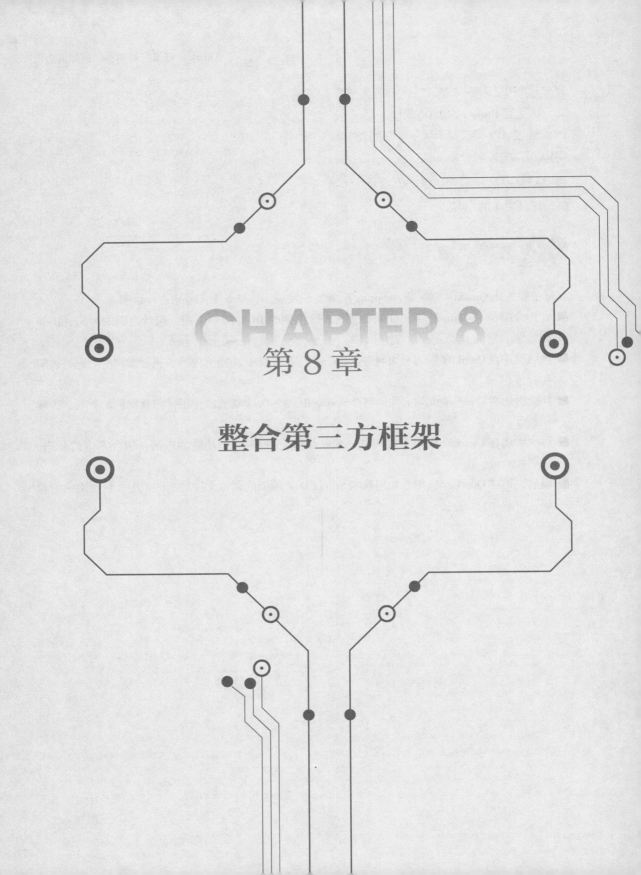

第 8 章

整合第三方框架

Spring 框架和 Quarkus 框架都是基于自身 Bean 容器的管理平台，遵循的原则都是不重复发明轮子，故需要集成第三方的框架平台。Spring Boot 和 Quarkus 应用程序一样，都是在运行时发现各种类型的带注解的类和方法，采用依赖注入机制将 Bean 注入其他 Bean 中。

在 Spring 框架中，Spring 引导启动器会自动注入底层框架的基础 Bean，引导启动器包含 Bean 定义和配置，这些定义和配置添加到应用程序的运行时类路径中，并在应用程序启动期间在运行时自动发现和装载这些 Bean 应用。开发者提供另一些 Bean 作为应用程序的一部分。

在 Quarkus 框架中，Quarkus 的扩展提供了类似 Spring 框架的行为，向应用程序添加新功能或配置。Quarkus 扩展类似于启动程序，是应用程序中包含的依赖项。Quarkus 扩展丰富了应用程序并强制合并不同的意见及配置合理的值。

然而，Spring 引导启动器和 Quarkus 扩展之间有一个根本区别。Quarkus 扩展由两个不同的部分组成：构建时扩展（称为部署模块）和运行时容器（称为运行时模块）。构建应用程序时，扩展的大部分工作在部署模块中完成。

Quarkus 扩展在构建期间加载并扫描已编译应用程序的配置、字节码及其所有依赖项。在这个阶段，扩展可以读取配置文件，扫描类中的注解，解析描述符，甚至生成额外的代码。收集完所有元数据后，扩展可以预处理引导操作。引导结果直接记录到字节码中，并成为最终应用程序包的一部分。部署模块执行的工作使 Quarkus 能够超高速运行和高效应用内存，同时也可以非常轻松地支持原生镜像。

Quarkus 框架与 Spring Boot 框架一样，拥有一个庞大的扩展生态系统，用于许多当今常用的技术。Quarkus 框架可运行 quarkus：list extensions Maven 目标或 listExtensions Gradle 任务。在撰写本书时，Quarkus 有 400 多个扩展。

8.1　Spring 和 Quarkus 整合第三方框架的实践步骤

Spring Boot 框架采用 Starter 方式来实现提前注入第三方框架。对于 artifactId 的命名规则，Spring 官方的 Starter 一般采用 spring-boot-starter-｛name｝ 的命名方式，如 spring-boot-starter-web；Spring 官方建议非官方 Starter 命名应遵循 ｛name｝-spring-boot-starter 的格式，如 mybatis-spring-boot-starter。

开发 Spring Boot 框架的 Starter 程序步骤如下：

1）创建 Spring Starter 项目。

2）定义 Spring Starter 需要的配置（Properties）类。

3）编写自动配置类。

4）编写 spring.factories 文件来加载自动配置类。

5）编写配置提示文件 spring-configuration-metadata.json（非必需的）。

Quarkus 采用 Extension 方式来实现提前注入第三方框架。Quarkus Extension 的作用是利用 Quarkus 核心将外部大量的第三方框架无缝地集成到 Quarkus 体系结构中，例如在构建时做更多的事情。

开发 Quarkus 的 Extension 程序步骤如下：

1）创建 Quarkus Extension 项目。

2）编写 Quarkus Extension 项目的 deployment 程序。

3）编写 Quarkus Extension 项目的 runtime 程序。

8.2 spring-boot-starter 实现案例讲解

本案例就是把 Project 管理的内容做成一个 Spring 的整合框架，并提供给外部进行调用。

构建 Spring Boot 框架的 Starter 程序，将 Project 服务在 Spring Boot 启动之初就加载到 Spring 的容器中。一个 Spring Boot 项目是由很多 Starter 组成的，Starter 代表该项目的 Spring Boot 启动依赖，读者可以根据自己的需要自定义新的 Starter。

要自定义 Spring Boot 框架的 Starter，首先需要实现自动化配置，而要实现自动化配置需要满足以下两个条件。

1）能够自动配置项目所需要的配置信息，也就是自动加载依赖环境。

2）能够根据项目提供的信息自动生成 Bean，并且注册到 Spring 的 Bean 管理容器中。

▶▶ 8.2.1 编写案例代码

案例代码可以直接从 Github 上获取代码。

```
git clone https://github.com/rengang66/iiit.quarkus.spring.sample.git
```

该程序位于 "380-sample-spring-boot-starter-project" 目录中，包括 3 个 Maven 项目，然后导入 Maven 工程。

总程序分为 3 个部分，第一部分是部署时引导程序 project-spring-boot-starter，第二部分是注入时自动配置程序 project-spring-boot-autoconfigure，第三部分是具体实现的业务逻辑程序 project-service。其应用架构如图 8-1 所示。

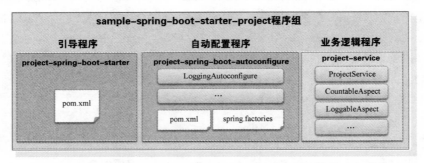

● 图 8-1 380-sample-spring-boot-starter-project 程序应用架构图

❶ 引导程序

引导程序主要是引入需要注入的 Bean 类框架，本程序没有源码，其 pom.xml 文件如下：

```
<dependency>
    <groupId>com.iiit.quarkus.sample</groupId>
    <artifactId>project-service</artifactId>
    <version>1.0-SNAPSHOT</version>
</dependency>
<dependency>
    <groupId>com.iiit.quarkus.sample</groupId>
    <artifactId>project-spring-boot-autoconfigure</artifactId>
    <version>1.0-SNAPSHOT</version>
</dependency>
```

📖 程序说明：

引导程序声明了两个子模块：自动配置模块 project-spring-boot-autoconfigure 和业务逻辑模块 project-service。

❷ 自动配置程序

自动配置程序的 pom.xml 文件，内容如下：

```
<dependency>
    <groupId>com.iiit.quarkus.sample</groupId>
    <artifactId>project-service</artifactId>
    <version>1.0-SNAPSHOT</version>
    <optional>true</optional>
</dependency>
<dependency>
    <groupId>org.springframework.boot</groupId>
    <artifactId>spring-boot-autoconfigure</artifactId>
    <optional>true</optional>
</dependency>
<dependency>
    <groupId>org.springframework.boot</groupId>
    <artifactId>spring-boot-configuration-processor</artifactId>
    <optional>true</optional>
</dependency>
```

关键点如下：

① 自动配置模块需要引入依赖 spring-boot-autoconfigure。

② 自动配置模块需要引入依赖 spring-boot-configuration-processor。

③ 自动配置模块还需要自动配置业务逻辑的依赖 project-service。

除了 pom.xml 文件，还需要在 resources 下的 META-INF \spring.factories 的文件中添加自动配置的代码。代码如下：

```
org.springframework.boot.autoconfigure.EnableAutoConfiguration = com.iiit.boot.
project.autoconfigure.LoggingAutoconfigure
```

该代码表明要装入自动配置类 com.iiit.boot.project.autoconfigure.LoggingAutoconfigure。

❸ 具体实现的业务逻辑程序

具体实现的业务逻辑程序是要把相关类注入 Spring Bean 容器，这里主要实现了 3 个，一个是

ProjectService，另两个是基于注解的 AOP 切面，分别是日志记录和调用次数记录。

本程序的核心类如表 8-1 所示。

表 8-1 project-service 程序核心类

类　名	类　型	简　介
ProjectService	服务类	主要提供数据服务
Project	实体类	POJO 对象
LoggableAspect	切面类	日志的切面，当调用方法时，通过 AOP 记录其日志
CountableAspect	切面类	计数器的切面，当调用方法时，在 AOP 日志记录中记录调用次数

Spring 开发者应该很熟悉 ProjectService 服务类、Project 实体类、LoggableAspect 切面类、CountableAspect 切面类的功能和作用，此处就不详细介绍了。

▶▶ 8.2.2 验证程序

Spring 共享生成的第三方集成包较简单的方法是将其发布到 Maven 存储库。发布后，就可以简单地用项目依赖项声明。这里通过创建一个简单的 Spring 应用程序来演示这一点。

380-sample-spring-boot-starter-project 程序验证流程如图 8-2 所示。

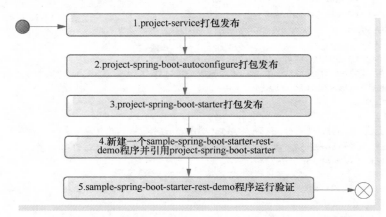

● 图 8-2　380-sample-spring-boot-starter-project 程序验证流程图

通过下列几个步骤来验证案例程序。

（1）380-sample-spring-boot-starter-project 扩展发布

通过下面的命令可以将生成的第三方集成包发布到本地 Maven 存储库中，按照集成包的依赖关系，发布顺序分别是 project-service 项目、project-spring-boot-autoconfigure 项目和 project-spring-boot-starter 项目。

```
mvn clean install
```

380-sample-spring-boot-starter-project（包含 project-service 包、project-spring-boot-autoconfigure 包和 project-spring-boot-starter 包）必须安装在本地 Maven 存储库（或网络 Maven 存储库）中才能在应

用程序中使用。

（2）创建测试程序

案例代码可以直接从 Github 上获取。

```
git clone https://github.com/rengang66/iiit.quarkus.spring.sample.git
```

然后导入 Maven 工程 380-sample-spring-boot-starter-rest-demo。在 pom.xml 文件中有如下内容：

```
<dependency>
    <groupId>com.iiit.quarkus.sample</groupId>
    <artifactId>project-spring-boot-starter</artifactId>
    <version>1.0-SNAPSHOT</version>
</dependency>
```

（3）启动程序

可通过在开发工具（如 Eclipse）中调用 SpringRestDemoApplication.java 类的 run 命令来启动程序。

（4）通过 API 接口显示项目的 JSON 格式内容

打开一个新 CMD 窗口，输入如下的 cmd 命令：

```
curl http://localhost:8080/api
```

反馈的信息表明，已经是调用 sample-spring-boot-starter-project 的内容。

其他业务逻辑的验证内容，可输入如下的 cmd 命令：

```
curl http://localhost:8080/api/projects
curl http://localhost:8080/api/projects/1
```

8.3　Quarkus 的扩展实现案例讲解

Quarkus 官网中有一个 Quarkus 扩展的案例。本案例就是把 Spring 集成的 Project 管理做成 Quarkus Extension，然后提供给外部进行调用。

▶▶ 8.3.1　编写案例代码

编写案例代码有两种方式。

第一种方式是通过创建 Maven 项目来实现。

```
mvn io.quarkus:quarkus-maven-plugin:1.9.2.Final:create-extension -N
  -DgroupId=com.iiit
  -DartifactId=quarkus-sample-extension-project
  -Dversion=1.0-SNAPSHOT
  -Dquarkus.nameBase="iiit Project Extension"
```

第二种方式是直接从 Github 上获取代码。

```
git clone https://github.com/rengang66/iiit.quarkus.spring.sample.git
```

该程序位于"384-sample-quarkus-extension-project"目录中。这是一个 Maven 项目,然后导入 Maven 工程。

384-sample-quarkus-extension-project 程序的应用架构如图 8-3 所示。

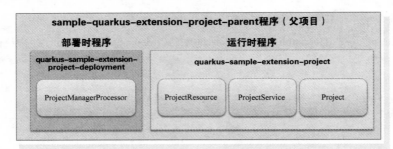

● 图 8-3　384-sample-quarkus-extension-project 程序应用架构图

本程序应用架构表明,包括 3 个项目,分别是父项目、部署时程序和运行时程序。

❶ 父项目

父项目主要是一个父 pom.xml 文件,本程序的 pom.xml 文件如下:

```xml
<? xml version="1.0" encoding="UTF-8"? >
  <project xmlns="http://maven.apache.org/POM/4.0.0"
      xmlns:xsi="http://www.w3.org/2001/XMLSchema-instance"
    xsi:schemaLocation="http://maven.apache.org/POM/4.0.0 https://maven.apache.org/
xsd/maven-4.0.0.xsd">
  <modelVersion>4.0.0</modelVersion>

    <groupId>com.iiit</groupId>
    <artifactId>384-quarkus-sample-extension-project</artifactId>
    <version>1.0-SNAPSHOT</version>
    <name>iiit Project Extension-Parent</name>
    <packaging>pom</packaging>

    <properties>
        <project.build.sourceEncoding>UTF-8</project.build.sourceEncoding>
        <project.reporting.outputEncoding>UTF-8</project.reporting.outputEncoding>
        <maven.compiler.source>1.8</maven.compiler.source>
        <maven.compiler.target>1.8</maven.compiler.target>
        <maven.compiler.parameters>true</maven.compiler.parameters>
        <quarkus.version>1.12.1.Final</quarkus.version>
        <compiler-plugin.version>3.8.1</compiler-plugin.version>
        <quarkus.platform.artifact-id>quarkus-bom</quarkus.platform.artifact-id>
        <quarkus.platform.group-id>io.quarkus</quarkus.platform.group-id>
        <quarkus.platform.version>1.12.1.Final</quarkus.platform.version>
    </properties>

    <modules>
        <module>deployment</module>
        <module>runtime</module>
```

```
        </modules>

        //省略部分代码
        ...
</project>
```

📖 程序说明：

① 扩展声明了两个子模块：部署时模块和运行时模块。

② Quarkus bom 部署将依赖项与 Quarkus 在扩展阶段使用的依赖项对齐。

③ Quarkus 需要支持 annotationProcessorPaths 配置的最新版本的 Maven 编译器插件。

② 部署时程序

现在查看部署的 pom.xml 文件，路径为 384-quarkus-sample-extension-project \ deployment \ pom. xml，其文件内容如下：

```xml
<?xml version="1.0" encoding="UTF-8"? >
<projectxmlns="http://maven.apache.org/POM/4.0.0" xmlns:xsi="http://www.w3.org/
2001/XMLSchema-instance"
    xsi:schemaLocation="http://maven.apache.org/POM/4.0.0 https://maven.apache.
org/xsd/maven-4.0.0.xsd">
    <modelVersion>4.0.0</modelVersion>
    <parent>
        <groupId>com.iiit</groupId>
        <artifactId>384-quarkus-sample-extension-project</artifactId>
        <version>1.0-SNAPSHOT</version>
        <relativePath>../pom.xml</relativePath>
    </parent>

    <artifactId>quarkus-sample-extension-project-deployment</artifactId>
    <name>iiit Project Extension - Deployment</name>

    <dependencies>
        <dependency>
            <groupId>io.quarkus</groupId>
            <artifactId>quarkus-core-deployment</artifactId>
        </dependency>
        <dependency>
            <groupId>io.quarkus</groupId>
            <artifactId>quarkus-arc-deployment</artifactId>
        </dependency>
    <dependency>
        <groupId>com.iiit</groupId>
        <artifactId>quarkus-sample-extension-project</artifactId>
        <version>${project.version}</version>
        </dependency>
    </dependencies>

    //省略部分代码
```

```
    ...

</project>
```

关键点如下：

① 按照惯例，部署时程序的名称后缀为-deployment（如 quarkus-sample-extension-project-deployment）。

② 部署时程序依赖于 Quarkus 核心部署组件。

③ 部署时程序还必须依赖于运行时模块。

④ 需要将 Quarkus 扩展处理器添加到编译器注解处理器。

除了 pom.xml 文件，创建 Quarkus 扩展程序还需要有 com.iiit.quarkus.sample.extension.project.deployment.ProjectManagerProcessor 类。代码如下：

```
class ProjectManagerProcessor {
    private static final String FEATURE = "iiit-project-service";
    @BuildStep
    FeatureBuildItem feature() {return new FeatureBuildItem(FEATURE);}

    @BuildStep
    public AdditionalBeanBuildItem buildProject() {
        return new AdditionalBeanBuildItem(ProjectService.class);
    }

    @BuildStep
    void registerTestServiceBeans(BuildProducer<AdditionalBeanBuildItem> additionalBeans) {
        AdditionalBeanBuildItem additionalBeansItem = AdditionalBeanBuildItem.builder()
                .addBeanClass(ProjectConfigService.class).setRemovable().build();
        additionalBeans.produce(additionalBeansItem);
    }

    @BuildStep
    @Record(ExecutionTime.STATIC_INIT)
    StartupServiceBuildItem bulidStartupService(ProjectRecorder recorder) {
        return new StartupServiceBuildItem(recorder.getRuntimeStartupService());
    }

    @Record(ExecutionTime.RUNTIME_INIT)
    @BuildStep
    void printStartup(StartupServiceBuildItem startupServiceBuildItem, ProjectRecorder
recorder) {
        recorder.doStartup(startupServiceBuildItem.getService());
    }
}
```

FeatureBuildItem 表示由扩展提供的功能。在应用程序引导期间，功能的名称将显示在日志中。扩展最多提供一个特性。

Quarkus 依赖于在构建时生成的字节码，而不是等待运行时代码评估，这是扩展的部署时程序的角色。Quarkus 提出了一个高级 API。

feature 方法用@BuildStep 注解，这意味着它被标识为 Quarkus 在部署期间必须执行的部署任务。BuildStep 方法在扩充时并发运行，以扩充应用程序。它们使用生产者/消费者模型。在这种模型中，任何一个部署任务都被保证在该任务所依赖的所有项目都被生产出来之前不会运行。

io.quarkus.deployment.builditem.FeatureBuildItem 是表示扩展说明的 BuildItem 的实现。Quarkus 将使用此构建项在应用程序启动时向用户显示信息。

还有 com.iiit.quarkus.sample.extension.project.deployment.StartupServiceBuildItem 类，代码如下：

```
public final class StartupServiceBuildItem extends SimpleBuildItem {
    private final RuntimeValue<StartupService> service;
    public StartupServiceBuildItem(RuntimeValue<StartupService> service) {
        this.service = service;
    }
    public RuntimeValue<StartupService> getService() {
        return this.service;
    }
}
```

另外，还有许多 BuildItem 实现，每个实现都代表部署过程的一个方面。以下是一些示例：

■ StartupServiceBuildItem：描述在部署过程中要生成的 StartupService。

■ BeanContainerBuildItem：描述在部署期间用于存储和检索对象实例的容器。

如果找不到要实现的构建项，则可以创建自己的实现。注意，构建项应该尽可能细粒度，代表部署的特定部分。要创建 BuildItem，可以使用的扩展如下：

■ io.quarkus.builder.item.SimpleBuildItem 构建项：如果在部署过程中只需要该项的单个实例（如 BeanContainerBuildItem，则只需要一个容器），那么可以采用此构建项。

■ io. quarkus. builder. item. MultiBuildItem 构 建 项：如果想要有多个实例（如 StartupServiceBuildItem，可以在部署期间生成许多 StartupService），那么可以采用此构建项。

❸ 运行时程序

现在查看运行时的 pom.xml 文件，其文件内容如下：

```
<?xml version="1.0" encoding="UTF-8"? >
<project xmlns="http://maven.apache.org/POM/4.0.0"
   xmlns:xsi="http://www.w3.org/2001/XMLSchema-instance"
   xsi:schemaLocation="http://maven.apache.org/POM/4.0.0 https://maven.apache.org/
xsd/maven-4.0.0.xsd">
   <modelVersion>4.0.0</modelVersion>
   <parent>
      <groupId>com.iiit</groupId>
      <artifactId>384-quarkus-sample-extension-project</artifactId>
      <version>1.0-SNAPSHOT</version>
      <relativePath>../pom.xml</relativePath>
   </parent>
```

```
    <artifactId>quarkus-sample-extension-project</artifactId>
    <name>iiit Project Extension - Runtime</name>

    <dependencies>
        <dependency>
            <groupId>io.quarkus</groupId>
            <artifactId>quarkus-arc</artifactId>
        </dependency>
    </dependencies>

    //省略部分代码
    ...
</project>
```

关键点如下：

① 按照惯例，运行时程序名称没有后缀，因为该模块是面向最终用户的公开组件。

② 添加 quarkus-bootstrap-maven-plugin 来生成包含在运行时组件中的 Quarkus 扩展描述符，quarkus-bootstrap-maven-plugin 将与之相应的部署组件链接起来。

③ 将 quarkus-extension-processor 添加到编译器注解处理器。

下面介绍本程序中的核心类。

ProjectService 服务类就是简单提供数据服务的功能，就不展现其代码了。

ProjectConfig 服务类简单提供配置功能，其代码如下：

```java
@ConfigRoot(name = "project",phase = ConfigPhase.RUN_TIME)
public class ProjectConfig {
    /* *
     * Project name
     * /
    @ConfigItem(defaultValue = "rengang",name = "name")
    public Optional<String> name;
    //public String name;

    /* *
     * Project address
     * /
    @ConfigItem(defaultValue = "china",name = "address")
    public Optional<String> address;
    //public String address;

    /* *
     * Project address
     * /
    public Manager manager;

    /* *
     * Project address
     * /
    @ConfigGroup
```

```
    public static class Manager {
        /* *
        * Project managerName
        * /
        @ ConfigItem (defaultValue = "roger", name = "managerName")
        public String managerName;

        /* *
        * Project manger post
        * /
        @ ConfigItem (defaultValue = "Manager", name = "post")
        public String post;
    }
}
```

说明：上述代码定义了需要从外部获取的基本配置参数。特别注意的是，每个参数上的注释不可少，否则将不能通过编译。

ProjectConfigService 服务类简单提供获取配置信息的功能，其代码如下：

```
public class ProjectConfigService {
    ProjectConfigService(){}
    @ Inject ProjectConfig projectConfig;
    public String getProjectConfig() {
        String projectInform = "项目名称:" + projectConfig.name.get() + ";"
        + "项目地址:" + projectConfig.address.get();
        return projectInform;
    }

    public String getProjectManager() {
        String projectInform = "项目经理:" + projectConfig.manager.managerName + ";"
          + "项目职位:" + projectConfig.manager.post;
        return projectInform;
    }
}
```

说明：上述代码主要说明当应用程序运行起来时，可以获取开发者自定义的配置信息。

StartupService 服务类是启动时执行的程序，其代码如下：

```
public class StartupService {
    StartupService(){}
    public void printStartupWord() {
        System.out.println("=========================欢迎==============
============");
        System.out.println("==                                      ==");
        System.out.println("=============================================
============");
    }
}
```

说明：当应用程序启动时，会自动运行该程序代码。

ProjectRecorder 记录类是启动时执行的程序，其代码如下：

```
@Recorder
public class ProjectRecorder {
    public RuntimeValue<StartupService> getRuntimeStartupService() {
        StartupService startupService = new StartupService();
        return new RuntimeValue<>(startupService);
    }
    public void doStartup(RuntimeValue<StartupService> startupService) {
        startupService.getValue().printStartupWord();
    }
}
```

📖 说明：

ProjectRecorder 在运行时进行了两个操作。ProjectRecorder 的第一个操作是运行时创建了 StartupService 实例化对象。ProjectRecorder 的第二个操作是当程序运行时，可以运行 StartupService 实例化对象的 printStartupWord 方法。

▶▶ 8.3.2 验证程序

Quarkus 扩展只生成传统的 jar，Quarkus 共享扩展的最简单方法是将其发布到 Maven 存储库。发布后，就可以简单地用项目依赖项声明。这里通过创建一个简单的 Quarkus 应用程序来演示这一点。

384-sample-quarkus-extension-project 程序验证流程如图 8-4 所示。

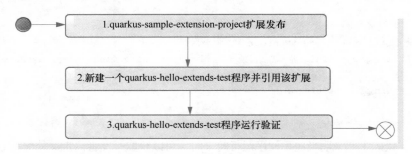

● 图 8-4　384-sample-quarkus-extension-project 程序验证流程图

通过下列几个步骤来验证案例程序。

（1）quarkus-sample-extension-project 扩展发布

通过下面的命令可以将 Quarkus 扩展包发布到本地 Maven 存储库中。

```
mvn clean install
```

quarkus-sample-extension-project 必须安装在本地 Maven 存储库（或网络 Maven 存储库）中才能在应用程序中使用。

（2）创建测试程序

编写案例代码有两种方式。

第一种方式是通过创建 Maven 项目来实现。

```
mvn io.quarkus:quarkus-maven-plugin:1.8.1.Final:create ^
  -DprojectGroupId=com.iiit.quarkus.sample ^
  -DprojectArtifactId=114-quarkus-hello-extends-test ^
  -DclassName=com.iiit.quarkus.sample.hello.HelloResource ^
  -Dpath=/hello
```

第二种方式是直接从 Github 上获取代码。

```
git clone https://github.com/
```

然后导入 Maven 工程 385-sample-quarkus-project-test。在 pom.xml 文件中，添加如下内容：

```
<dependency>
    <groupId>com.iiit</groupId>
    <artifactId>quarkus-sample-extension-project</artifactId>
    <version>1.0-SNAPSHOT</version>
</dependency>
```

其 application.properties 的文件内容如下：

```
quarkus.project.name=reng
quarkus.project.address=shenzhen
quarkus.project.manager.managerName=Tom
quarkus.project.manager.post=team leader
```

ProjectExtensionResource 的文件代码如下：

```
@Path("/projects")
@ApplicationScoped
@Produces(MediaType.APPLICATION_JSON)
@Consumes(MediaType.APPLICATION_JSON)
public class ProjectExtensionResource {
    @Inject ProjectExtensionService service;
    @Inject ProjectConfigService config;

    @GET
    //@Produces(MediaType.TEXT_PLAIN)
    @Path("/projectconfig/")
    public String getProjectConfig() {return config.getProjectConfig();}
    ...

    @GET
    @Produces(MediaType.APPLICATION_JSON)
    @Path("/projects/")
    public List<Project>getAllProject() {return service.getAllProject();}
    ...

}
```

ProjectExtensionService 的程序代码如下：

```
@ApplicationScoped
public class ProjectExtensionService {
    @Inject ProjectService projectService;
    public List<Project>getAllProject(){return projectService.getAllProject();}
    public ProjectgetById(Integer id) {return projectService.getProjectById(id);}
    public List<Project> add(Project project) {return projectService.add(project);}
    public List<Project> update(Project project) {return projectService.update(project);}
    public List<Project> delete(Project project) {return projectService.delete(project);}
}
```

（3）启动程序

启动程序有两种方式：第一种是在开发工具（如 Eclipse）中调用 ProjectMain 类的 run 命令；第二种方式就是在程序目录下直接运行 cmd 命令 "mvnw compile quarkus：dev"。

启动程序后可以看到其启动的欢迎图标。

（4）通过 API 接口显示项目的 JSON 格式内容

打开一个新 CMD 窗口，输入如下的 cmd 命令：

```
curl http://localhost:8080/projects
curl http://localhost:8080/projects/1
curl -X POST -H "Content-type: application/json" -d { \"id\":3, \"name \": \"项目 C \", \"
description\": \"关于项目 C 的描述\"} http://localhost:8080/projects
curl -X PUT -H "Content-type: application/json" -d { \"id\":3, \"name \": \"项目 C \", \"
description\": \"项目 C 描述修改内容\"} http://localhost:8080/projects
curl -X DELETE  -H "Content-type: application/json" -d { \"id\":3, \"name \": \"项目 C \", \"
description\": \"关于项目 C 的描述\"} http://localhost:8080/projects
```

反馈的信息表明，已经是调用 quarkus-sample-extension-project 扩展的内容。

8.4 本章小结

本章展示了 Spring 和 Quarkus 在整合第三方框架的许多相似性和差异，从 3 个部分来进行讲解。

■ 首先介绍 Spring 和 Quarkus 整合第三方框架的实践步骤。

■ 然后讲述 spring-boot-starter 实现案例，包含案例的源码、讲解和验证。

■ 最后讲述 Quarkus 的扩展实现案例，包含案例的源码、讲解和验证。

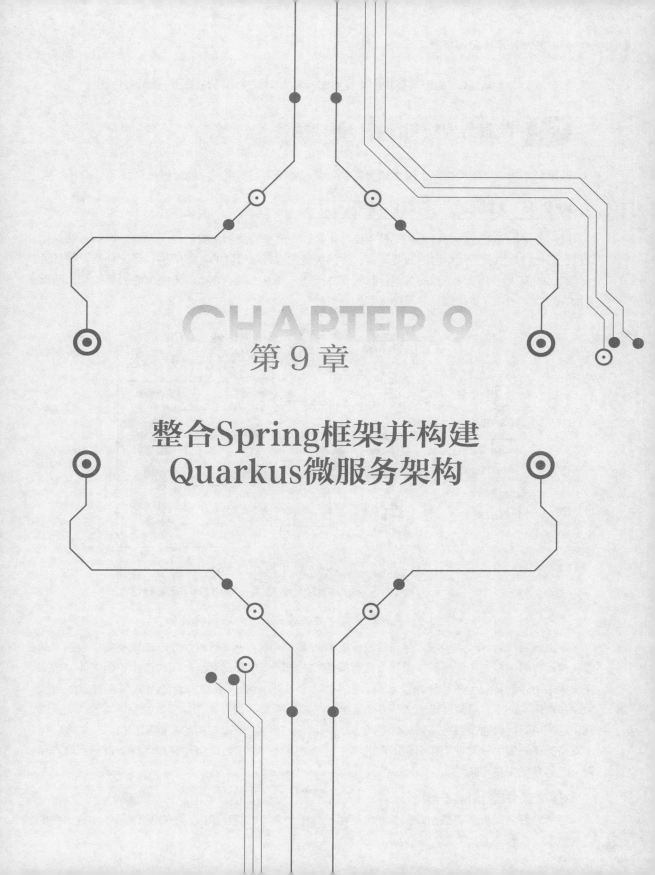

CHAPTER 9

第 9 章

整合Spring框架并构建
Quarkus微服务架构

本章主要讲述 Quarkus 微服务架构的实现方案，在方案中整合了 Spring 的微服务框架。

9.1 微服务架构和微服务框架概述

微服务架构是从架构层面上讲述微服务，而微服务框架是用实现层面上讲述微服务。

▶▶ 9.1.1 微服务架构整体说明

微服务架构需要提供的环境和工具主要有 4 类，即微服务技术主要包含了微服务运行时的 4 种架构：第一种是微服务运行时的服务架构；第二种是微服务运行时的基础架构；第三种是微服务运行时的后端架构；第四种是微服务运行时的支撑架构。图 9-1 所示为微服务技术的服务架构、基础架构、后端架构和支撑架构及其组件之间的关系。

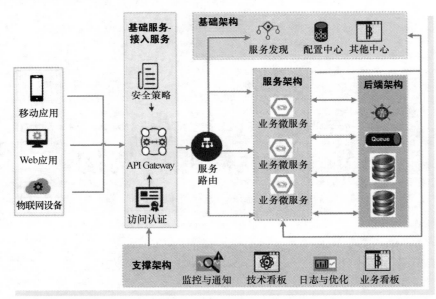

● 图 9-1 微服务技术 4 种架构及其组件之间的关系

在上述 4 种运行时架构中，存在着很多复杂的架构问题。可以通过开源方式或商务供应商来获取 4 种运行时架构的实现框架。虽然一些有基础实力的厂商采用自有基础架构技术，但大部分微服务架构采用者都装配了多种开源技术和云服务。有基础实力的厂商通过开源方式公布其微服务技术。在应用实践中，必须要应对"一些有必要组装的"模型，以及晦涩难懂的说明。其他供应商的开发框架可提供构建微服务所需的脚手架，以便运用支持特定外部架构的基础架构技术。如今，用于支持上述功能的软件框架和平台还在继续完善中。虽然只有少数供应商在提供商务产品和聚合平台，但其数量仍在不断增长。

❶ 微服务运行时服务架构

运行时服务架构主要是指微服务业务组件及其相互之间的交互模式。在这些微服务业务组件的

实际应用中，主要是关于微服务业务组件的特征、形式和相互调用关系的内容。

② 微服务运行时基础架构

相对来说，微服务运行时基础架构的构建还是比较简单的。有点难度的是需确保这些服务能够在分布式环境下协调运作。微服务运行时基础架构一般情况下包含以下组件。

- 服务注册和发现组件——主要实现服务注册与服务发现。这些微服务之间存在一种发现机制，通过服务注册与发现来让微服务感知彼此，微服务框架在启动时，将自己的信息注册到注册中心，同时从注册中心订阅自己需要引用的服务。
- API 网关组件——微服务应用的门户。覆盖到对外的 API 总目录、依赖关系等。API 网关封装内部系统的架构。API 网关还可能延伸其他功能，如授权、监控、负载均衡、缓存、请求分片和管理、静态响应处理等。
- 服务容错组件——回路熔断组件、隔离出问题的服务并等待其恢复，提供备用方案，避免服务过载。服务包括超时、重试、回退、熔断、限流和隔离等容错功能，可以保证核心服务的连续性。
- 安全管理——提供鉴权服务，包括身份认证、授权管理功能。
- 监控告警——包含 Metrics 监控、日志监控、调用链监控等。
- 配置管理——配置集中管理。

③ 微服务运行时后端架构

微服务运行时后端架构主要是指后端服务。后端服务给微服务应用提供状态持久的数据存储功能。管理数据存储区以独立共享服务的形式进行。数据存储能力主要包括其数据的保存形式，可能是关系存储区，比如 Microsoft Azure SQL Database、MySQL 等；或者可能是分布式 NoSQL 数据库，比如 Amazon DynamoDB、Apache Cassandra、Elasticsearch；也可能是内存数据存储区，比如 Redis；还可能是事件代理，比如 Apache Kafka。管理高度分区的数据，虽然此类数据有助于确保服务的拆分和隔离，但也会带来多方面的需求，包括管理数据关系，以及确保数据持久层外部的一致性和完整性。

④ 微服务运行时支撑架构

微服务运行时支撑架构主要具有支撑和管理功能。支撑服务支持监控、警报、通知、记录、跟踪和诊断等。相关示例包括全局通知机制、异步调用机制、弹性堆栈（如 Elasticsearch、Logstash 和 Kibana 等产品或框架）、fluentd、Grafana、Prometheus 以及 Zipkin，并且能确定瓶颈问题并支持诊断。

▶▶ 9.1.2 微服务框架整体说明

微服务技术架构基础平台包括服务注册、服务发现、容错处理、日志等组件。要实现微服务技术架构，需要有软件或开发平台支持。对于可重复使用的软件，人们称为框架平台。而实现微服务技术架构组件的框架平台，称为微服务技术框架平台。比如，微服务技术架构核心组件之一的服务发现组件，就可以由一个服务发现框架去实现，如 ZooKeeper 框架、Netflix Eureka 框架等。又如，微服务技术架构有 API 网关组件，因此有专门实现 API 网关的软件框架平台，如 Kong 框架、Red Hat 3scale API Management 框架等。

微服务技术框架能实现架构组件的基本功能，同时为了让开发者能更灵活地应用，还提供了二次开发 API 接口，让开发者去定制化自己的业务。所以说，微服务技术框架是一个具有基本微服务技术架构功能并能进行扩展开发的半成品软件平台。

❶ 微服务技术框架实现的功能

一般而言，微服务技术框架需要实现微服务技术架构的功能，微服务技术框架提供的功能如下：

■ Service Registration、Discovery、LB：服务注册、服务发现、负载均衡。

■ Health Check：健康检查。健康检查逻辑由具体业务服务定制。

■ Pluggable Serialization（XML/JSON/Proto-buf）：序列化功能。

■ Admin、Validate Internal：管理接口。

■ Rate Limiting、Fault Tolerance：限流和容错。

■ Filter Plugin Mechanism：过滤插件机制。

■ REST/RPC API：框架层支持将业务逻辑以 HTTP/REST 或者 RPC 方式暴露出来。

■ Security、Access Control：将安全访问控制逻辑统一进行封装并形成插件形式。

■ Logging：监控日志。

■ Metrics、Trace：度量和调用链，用于错误定位和诊断。

■ Configuration：统一配置。

■ Doc Generation：文档自动生成。

■ Error Handling：统一错误处理。

对于这些微服务技术架构组件，有的框架平台可实现全部功能或提供二次接口，人们把这些框架称为综合性微服务技术框架，如 Netflix、Spring Cloud、Microsoft Azure Service Fabric。有的框架只是实现了部分内容，人们把这些框架称为专业性微服务技术框架，如 Etcd 框架、Consul 服务发现框架、Spring Retry 框架、ELK 框架等。按照不重复发明轮子理论，专业性微服务技术框架一般会被综合性微服务技术框架所集成。

❷ 微服务技术框架分类

微服务的技术框架平台很多，其开发语言、设计理念也不少。如何更好地区别这些框架，让人们在技术选型、开发实现等场景中应用呢？

微服务技术框架可以实现 3 方面的功能，这 3 方面分别是微服务基础架构平台、微服务基础架构平台 API 接口、微服务组件开发。

首先根据能否提供微服务开发和微服务基础架构平台把微服务技术框架分为两大类，分别是微服务基础框架平台和微服务开发框架平台。对于只提供微服务的开发、不提供微服务基础设施服务的微服务框架，人们称为微服务开发框架平台。比较典型是 Spring Boot 框架和 Quarkus 框架。

其次，微服务基础框架平台也分为两类，一类是开发型微服务基础框架平台，另一类是运维型微服务基础框架平台。提供微服务基础架构平台和微服务基础架构平台 API 接口的框架平台为开发型微服务基础框架平台。例如 Netflix 的微服务框架、Spring Cloud 微服务框架、Microsoft Azure Service Fabric 框架、Surging 框架等。将那些以提供微服务基础架构平台功能为主，同时也提供运维性质 API 接口的微服务基础框架平台，定义为运维型微服务基础框架平台。比较典型有 kubernetes，另外还有 Docker Swarm、Istio 平台等。

最后，还有一种特殊的微服务基础框架平台，不但提供了微服务基础架构平台，甚至还提供了微服务基础设施，人们把这一类定义为 Serverless 型基础框架平台，如 AWS Lambda、Azure Functions（微软）等。

9.2 基于 Spring Boot 的 Quarkus 微服务架构解决方案

本方案基于 Quarkus 框架实现整合 Spring 框架的 DI、Web、Data、Security 等功能。Quarkus 以 Spring 扩展（包括 Spring DI、Web、Data、Security 等）的形式为 Spring 框架提供了一个兼容层。通过阅读和分析基于 Quarkus 框架整合 Spring 框架的案例代码，读者可以理解和掌握基于 Quarkus 框架整合 Spring 框架的使用。本程序中，对于业务数据的 CRUD 操作，完全是 Spring 框架的代码。

▶▶9.2.1　编写案例代码

案例代码可以直接从 Github 上获取。

```
git clone https://github.com/rengang66/iiit.quarkus.spring.sample.git
```

该程序位于 "370-sample-quarkus-spring-springboot-api" 目录中。这是一个 Maven 项目。
然后导入 Maven 工程，在 pom.xml 的<dependencies>内有如下内容。

```
<dependency>
      <groupId>io.quarkus</groupId>
      <artifactId>quarkus-spring-di</artifactId>
</dependency>
<dependency>
      <groupId>io.quarkus</groupId>
      <artifactId>quarkus-spring-web</artifactId>
</dependency>
<dependency>
      <groupId>io.quarkus</groupId>
      <artifactId>quarkus-spring-data-jpa</artifactId>
</dependency>
<dependency>
      <groupId>io.quarkus</groupId>
      <artifactId>quarkus-spring-security</artifactId>
</dependency>
<dependency>
      <groupId>io.quarkus</groupId>
      <artifactId>quarkus-jdbc-h2</artifactId>
</dependency>
```

quarkus-spring-di 是 Quarkus 整合了 Spring 框架的 DI 实现，quarkus-spring-web 是 Quarkus 整合了 Spring 框架的 Web 实现，quarkus-spring-data-jpa 是 Quarkus 整合了 Spring 框架的 Data 实现，quarkus-spring-security 是 Quarkus 整合了 Spring 框架的 Security 实现。

首先查看配置文件 application.properties。

```
quarkus.datasource.db-kind=h2
quarkus.datasource.username=sa
quarkus.datasource.password=
quarkus.datasource.jdbc.url=jdbc:h2:mem:testdb
quarkus.datasource.jdbc.min-size=2
quarkus.datasource.jdbc.max-size=8

quarkus.hibernate-orm.database.generation=drop-and-create
quarkus.hibernate-orm.log.sql=true
quarkus.hibernate-orm.sql-load-script=import.sql
```

该文件中主要是数据库的配置信息。

本程序的应用架构（如图 9-2 所示）表明，外部访问基于 Spring Web 框架的 ProjectController 接口，ProjectController 接口调用 ProjectService 服务，ProjectService 服务调用 Spring Data 框架的 ProjectRepository，几个方面无缝地协同在一块。本程序基本上以 Spring 框架为主，只有 User 属于 Quarkus 的 Panache 对象，其目的也是演示 Quarkus 的 Security 与 Spring Security 整合。

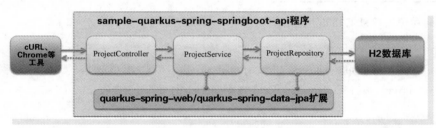

● 图 9-2　370-sample-quarkus-spring-springboot-api 程序应用架构图

本程序的核心类如表 9-1 所示。

表 9-1　370-sample-quarkus-spring-springboot-api 程序的核心类

类　名	类　型	简　介
ProjectController	资源类	采用 Spring Web 框架方式提供 REST 外部 API 接口，是本应用的核心处理类。带有 Spring Security 框架的认证模式
ProjectService	服务类	提供数据访问服务，是本应用的核心处理类
ProjectRepository	数据库存储类	提供数据存储服务，是本应用的核心处理类
Project	实体类	POJO 对象，无特殊处理，本节不做介绍
User	实体类	Panache 对象，Quarkus 的实体类

下面说明 ProjectController 类、ProjectService 类、ProjectRepository 类的功能和作用。

（1）ProjectController 资源类

用 IDE 工具打开 com.iiit.quarkus.sample.springboot.controller.ProjectController 类文件，代码如下：

```java
@RestController
@RequestMapping("/projects")
public class ProjectController {
    @Autowired    ProjectService projectService;

    @Secured("admin")
    @GetMapping()
    public Iterable<Project> list() {return projectService.list();}

    @Secured("user")
    @GetMapping("/{id}")
    public Response getById(@PathVariable(name = "id")   Long id) {
        Project project =projectService.getById(id);
        if (project == null) {
            return Response.status(Response.Status.NOT_FOUND).build();
        }
        return Response.ok(project).build();
    }

    @Secured("user")
    @RequestMapping("/add")
    public Response add(@RequestBody Project project) {
        if (project == null) {
            return Response.status(Response.Status.NOT_FOUND).build();
        }
        projectService.add(project);
        return Response.ok(project).build();
    }

    //省略部分代码
    ...

}
```

📖 程序说明：

① ProjectController 类主要与外部进行交互，其方法主要还是基于 REST 的基本操作，包括 GET、POST、PUT 和 DELETE。

② ProjectController 类完全基于 Spring Web 框架来实现。

③ ProjectController 类注入了 ProjectService 对象。

（2）ProjectService 服务类

用 IDE 工具打开 com.iiit.quarkus.sample.springboot.service.ProjectService 类文件，代码如下：

```java
@Service
public class ProjectService {
    @Autowired ProjectRepository projectRepository;
    public Iterable<Project> list() {return projectRepository.findAll();}
    public Project getById(Long id) {
        Optional<Project> optional = projectRepository.findById(id);
        Project project = null;
```

```
        if (optional.isPresent()) {project = optional.get();}
        return project;
    }


    public Project add(Project project) {
    Optional<Project> optional = projectRepository.findById(project.getId());
    if (! optional.isPresent()) {return projectRepository.save(project);}
    throw new IllegalArgumentException("Project with id " + project.getId()+ " exists");
    }

    public Project update(Project project) {
        Optional<Project> optional =projectRepository.findById(project.getId());
        if (optional.isPresent()) {return projectRepository.save(project);}
        throw new IllegalArgumentException("No Project with id " + project.getId()+ " exists");
    }

    public void delete(long id) {projectRepository.deleteById(id);}
}
```

📖 程序说明：

ProjectService 主要提供数据的 CRUD 操作。

（3）ProjectRepository 服务类

用 IDE 工具打开 com.iiit.quarkus.sample.springboot.repository.ProjectRepository 类文件，代码如下：

```
public interface ProjectRepository extends CrudRepository<Project, Long> {
    List<Project> findByDescription(String description);
}
```

📖 程序说明：

ProjectRepository 接口继承了 CrudRepository。CrudRepository 是一个抽象的接口，开发者可以通过该接口来实现数据的 CRUD 操作。Spring Data JPA 提供了关系型数据库访问的一致性。

本程序动态运行的序列图（如图 9-3 所示，遵循 UML 2.0 规范绘制）描述外部调用者 Actor、ProjectController、ProjectService、ProjectRepository 等对象之间的时间顺序交互关系。

该序列图总共有 5 个序列，分别如下：

序列 1 活动：① 外部调用 ProjectController 控制类的 list 方法；② ProjectController 控制类的 list 方法调用 ProjectService 服务类的 list 方法；③ ProjectService 服务类的 list 方法调用 ProjectRepository 的 findAll 方法；④ 返回整个 Project 列表。

序列 2 活动：① 外部传入参数 ID 并调用 ProjectController 控制类的 getById 方法；② ProjectController 控制类的 getById 方法调用 ProjectService 服务类的 getById 方法；③ ProjectService 服务类的 getById 方法调用 ProjectRepository 的 findById 方法；④ 返回 Project 列表中对应 ID 的 Project 对象。

序列 3 活动：① 外部传入参数 Project 对象并调用 ProjectController 控制类的 add 方法；② Project-Controller 控制类的 add 方法调用 ProjectService 服务类的 add 方法；③ ProjectService 服务类的 add 方法调用 ProjectRepository 的 save 方法；④ ProjectRepository 的 save 方法实现增加一个 Project 对象操作并返回参数 Project 对象。

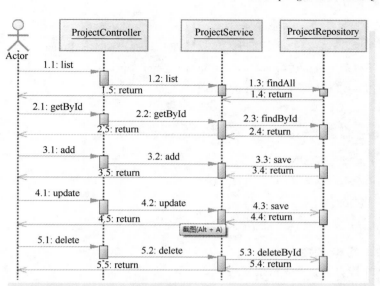

● 图 9-3　370-sample-quarkus-spring-springboot-api 程序动态运行的序列图

序列 4 活动：① 外部传入参数 Project 对象并调用 ProjectController 控制类的 update 方法；② ProjectController 控制类的 update 方法调用 ProjectService 服务类的 update 方法；③ ProjectService 服务类根据项目名称是否相同来修改 Project 对象操作，并调用 ProjectRepository 的 save 方法；④ ProjectRepository 的 save 方法实现并返回参数 Project 对象。

序列 5 活动：① 外部传入参数 Project 对象并调用 ProjectController 控制类的 delete 方法；② ProjectController 控制类的 delete 方法调用 ProjectService 服务类的 delete 方法；③ ProjectService 服务类根据项目名称是否相同来调用 ProjectRepository 的 deleteById 方法；④ ProjectRepository 的 deleteById 方法删除一个 Project 对象操作并返回。

▶▶ 9.2.2　验证程序

通过下列几个步骤（如图 9-4 所示）来验证案例程序。

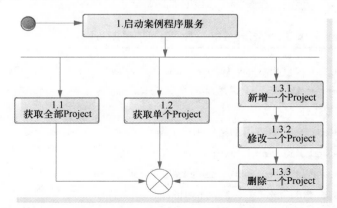

● 图 9-4　370-sample-quarkus-spring-springboot-api 程序验证流程图

（1）启动程序

启动程序有两种方式：第一种是在开发工具（如 Eclipse）中调用 ProjectMain 类的 run 命令；第二种方式是在程序目录下直接运行 cmd 命令 "mvnw compile quarkus：dev"。

（2）通过 API 接口显示全部 Project 的 JSON 列表内容

CMD 窗口中的命令如下：

```
curl -i -X GET -u reng:123456 http://localhost:8080/projects
```

其反馈所有 Project 的 JSON 列表。

（3）通过 API 接口显示项目 1 的列表内容

CMD 窗口中的命令如下：

```
curl -i -X GET -u reng:123456 http://localhost:8080/projects/1
```

其反馈 "项目 1" 的内容。

（4）通过 API 接口增加一条 Project 数据

按照 JSON 格式增加一条 Project 数据，CMD 窗口中的命令如下：

```
curl -X  POST -u reng:123456 -H "Content-type: application/json" -d { \"id \":6, \"name \":
\"项目 F \", \"description \": \"关于项目 F 的描述 \"} http://localhost:8080/projects/add
```

（5）通过 API 接口修改一条 Project 数据

按照 JSON 格式修改一条 Project 数据，CMD 窗口中的命令如下：

```
curl -X PUT -u reng:123456 -H "Content-type: application/json" -d { \"id \":6, \"name \": \"项
目 F \", \"description \": \"关于项目 F 的描述的修改 \"} http://localhost:8080/projects/update
```

根据反馈结果，可以看到已经对项目 D 的描述进行了修改。

（6）通过 API 接口删除一条 Project 数据

按照 JSON 格式修改一条 Project 数据，CMD 窗口中的命令如下：

```
curl -X DELETE -u reng:123456 -H "Content-type: application/json" -d { \"id \":6, \"name \":
\"项目 F \", \"description \": \"关于项目 F 的描述 \"} http://localhost:8080/projects/delete
```

根据反馈结果，可以看到已经删除了项目 C 的内容。

▶▶9.2.3 Quarkus 的 Spring Data REST 功能说明

Quarkus 框架目前支持 Spring Data REST 功能的子集，即非常有用和常用的功能。

Quarkus 提供对 Spring Data REST 扩展非常重要的功能支持。

（1）自动生成 REST 端点

Quarkus 扩展从 Repository 接口自动生成 REST 端点：

■ org.springframework.data.repository.CrudRepository。

■ org.springframework.data.repository.PagingAndSortingRepository。

■ org.springframework.data.jpa.repository.JpaRepository。

从上述 Repository 接口生成的端点开放了 5 种常见的 REST 操作：

- GET/FROUTS：列出所有实体或返回页面（如果使用 PagingAndSortingRepository 或 JpaRepository）。
- GET/｛id｝：按 id 返回实体。
- POST/：创建一个新实体。
- PUT/｛id｝：更新现有实体或使用指定 id 创建新实体（如果实体定义允许）。
- DELETE/：按 id 删除实体。

支持两种数据类型：application/json 和 application/hal+json。默认情况下使用前者。

（2）展现更多实体

如果一个数据库包含许多实体，则可以通过分页方式来实现。PagingAndSortingRepository 允许 Spring Data REST 扩展访问数据块。

可把上述案例的 Repository 替换为 ProjectRepository 中的分页和排序存储库（Repository）：

```
import org.springframework.data.repository.PagingAndSortingRepository;
public interface ProjectsRepository extends PagingAndSortingRepository<Project, Long> {}
```

现在 GET/Projects 将接收 3 个新的查询参数，即 sort、page 和 size，说明如表 9-2 所示。

表 9-2　查询参数 sort、page 和 size 的说明

序 号	Query 参数	描　述	默认值	例　子
1	sort	对列表操作返回的实体进行排序	" "	？sort＝name（ascending name），？sort＝name，-color（ascending name and descending color）
2	page	零索引页码。无效值被解释为 0	0	0，11，100
3	size	页面大小。最小接收值为 1 任何较低的值都被解释为 1	20	1，11，100

对于分页响应，Spring Data REST 还返回一组链接头，这些链接头可用于访问其他页面：Project、previous、next 和 last。

（3）微调端点生成

开发者可以指定哪些方法及其访问路径。Spring Data REST 提供了两个注解：@RepositoryRestResource 和@RestResource。Spring Data REST 扩展支持这些注解的导出路径 collectionResourceRel 属性。

例如，假设 ProjectsRespository 可以通过 "/projects" 路径访问，并且只允许 GET 操作，在这种情况下，ProjectsRespository 的代码如下：

```
import java.util.Optional;
import org.springframework.data.repository.CrudRepository;
import org.springframework.data.rest.core.annotation.RepositoryRestResource;
import org.springframework.data.rest.core.annotation.RestResource;
@RepositoryRestResource(exported = false, path = "/projects")
public interface ProjectsRepository extends CrudRepository<Project, Long> {
    @RestResource(exported = true)
    Optional<Project> findById(Long id);
    @RestResource(exported = true)
```

```
        Iterable<Project> findAll();
}
```

Spring Data REST 只使用 Repository 库方法的一个子集进行数据访问，REST 操作及其对应 Repository 如表 9-3 所示。

表 9-3   REST 操作及其对应 Repository

序 号	REST 操作	CrudRepository	PagingAndSortingRepository 和 JpaRepository
1	Get by ID	Optional<T>findById（ID id）	Optional<T>findById（ID id）
2	List	Iterable<T> findAll（）	Page<T>findAll（Pageable pageable）
3	Create	<S extends T> S save（S entity）	<S extends T> S save（S entity）
4	Update	<S extends T> S save（S entity）	<S extends T> S save（S entity）
5	Delete	voiddeleteById（ID id）	voiddeleteById（ID id）

（4）Quarkus 扩展不支持 Spring Data REST 的功能

Quarkus 扩展仅支持表 9-3 列出的存储库（Repository）方法，不支持其他标准或自定义方法，仅支持 exposed、path 和 collectionResourceRel 注解属性。

9.3 基于 Spring Cloud 的 Quarkus 微服务架构解决方案

本方案根据 Quarkus 框架实现一个基于 Spring Cloud 框架的微服务架构。

Spring Cloud 框架是一个基于 Spring Boot 实现的微服务架构开发框架。Spring Cloud 框架为微服务架构中涉及的服务治理、断路器、负载均衡、配置管理、控制总线和集群状态管理等操作提供了一种简单的开发方式。核心组件包括 Spring Cloud Eureka、Spring Cloud Config、Spring Cloud Gateway 等。

▶▶ 9.3.1 基于 Quarkus 的 Spring Cloud 微服务架构说明

在本微服务架构中，微服务技术选型是 Quarkus 框架，服务注册中心是 Spring Cloud Eureka 框架，服务配置中心是 Spring Cloud Config 框架，网关是 Spring Cloud Gateway 框架。整体架构如图 9-5 所示。

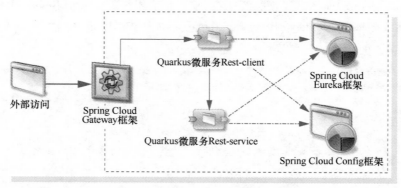

• 图 9-5   基于 Quarkus 服务的 Spring Cloud 整体架构图

如图 9-5 所示，本案例共有两个 Quarkus 微服务，分别是 Rest-service 微服务和 Rest-client 微服务。其中，Rest-service 微服务可对外提供 REST 服务，Rest-client 微服务调用 Rest-service 微服务提供的服务。本案例的调用过程，首先外部通过 API 网关访问微服务架构内的 Rest-client 微服务，然后 Rest-client 微服务调用 Rest-service 微服务。

要实现本案例，首先要安装 Spring Cloud Eureka 客户端的 Quarkus 扩展，这样两个 Quarkus 微服务和 Spring Cloud Gateway 框架能注册到 Spring Cloud Eureka 框架。

▶▶ 9.3.2 安装 Eureka 客户端的 Quarkus 扩展

案例源码可以直接从 Github 上获取。

```
git clone https://github.com/rengang66/iiit.quarkus.spring.sample.git
```

该程序位于 "quarkus-eureka-master" 目录中。这是一个 Maven 项目。

本程序的应用架构如图 9-6 所示。

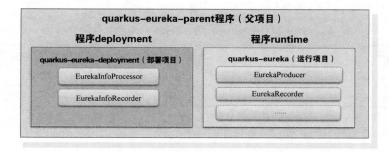

● 图 9-6   quarkus-eureka-master 程序应用架构图

quarkus-eureka-master 程序应用架构表明，包括 3 个项目，分别是父项目 quarkus-eureka-parent、部署项目 quarkus-eureka-deployment 和运行项目 quarkus-eureka。

扩展程序编译生成传统的 jar，Quarkus 共享扩展的最简单方法是将其发布到 Maven 存储库。发布后，就可以简单地用项目依赖项声明。

在项目的目录下，通过下面的命令可以发布到本地 Maven 存储库中。

```
mvn clean install
```

quarkus-eureka-master 必须安装在本地 Maven 存储库（或网络 Maven 存储库）中，才能在应用程序中使用。

▶▶ 9.3.3 编写各个服务组件案例代码

案例代码可以直接从 Github 上获取。

```
git clone https://github.com/rengang66/iiit.quarkus.spring.sample.git
```

该程序位于 "372-sample-quarkus-springcloud" 目录中。这是一个 Maven 项目群。包括 372-springcloud-eureka-server、372-springcloud-config-server、372-sample-gateway-service、372-sample-quarkus-rest-service 和 372-sample-quarkus-rest-client 这 5 个项目。

❶ Eureka 注册中心服务程序

本程序启动 Spring Cloud Eureka 注册中心的服务程序。该程序作为微服务架构的注册中心。本程序案例代码可以直接从 Github 上获取。

```
git clone https://github.com/rengang66/iiit.quarkus.spring.sample.git
```

本程序位于"372-sample-quarkus-springcloud"目录的"372-springcloud-eureka-server"下。这是一个 Maven 项目。在 pom.xml 的<dependencies>内有如下内容。

```
<dependency>
    <groupId>org.springframework.cloud</groupId>
    <artifactId>spring-cloud-starter-eureka-server</artifactId>
</dependency>
```

spring-cloud-starter-eureka-server 表明引入 Spring Cloud Eureka 注册中心的服务实现。

本程序的文件和核心类如表 9-4 所示。

表 9-4　372-springcloud-eureka-server 程序的文件和核心类

文 件 名 称	类 型	简 介
application.properties	配置文件	需定义数据库配置的信息
EurekaServerApplication	类文件	Spring Boot 的启动类 SpringBootApplication，启动 Eureka Server

在本程序中，首先查看配置文件 application.properties。

```
server.port=8260
eureka.instance.hostname=localhost
eureka.client.register-with-eureka=true
eureka.client.fetch-registry=false
eureka.client.service-url.defaultZone=http://${eureka.instance.hostname}:${server.port}/eureka
```

在 application.properties 文件中，配置了与数据库连接的相关参数。

① server.port=8260 表示本服务的监听端口是 8260。

② eureka.instance.hostname=localhost 表示本服务的本机名称，也可用 IP 地址。

③ eureka.client.register-with-eureka=true 表明启动就要注册到 Eureka 注册中心。

④ eureka.client.service-url.defaultZone 表示注册中心默认的 Zone 位置。defaultZone 为任何没有首选项的客户端提供服务 URL 位置。

❷ Spring Config 配置中心服务程序

本程序是启动 Spring Config 配置中心的服务程序。本程序作为微服务架构的配置中心。本程序案例代码可以直接从 Github 上获取。

```
git clone https://github.com/rengang66/iiit.quarkus.spring.sample.git
```

本程序位于"372-sample-quarkus-springcloud"目录的"372-springcloud-config-server"下。这是

一个 Maven 项目。在 pom.xml 的<dependencies>内有如下内容。

```
<dependency>
    <groupId>org.springframework.cloud</groupId>
    <artifactId>spring-cloud-config-server</artifactId>
</dependency>
```

spring-cloud-config-server 表明引入 Spring Cloud Config 配置中心的服务实现。

372-springcloud-config-server 程序的文件如表 9-5 所示。

表 9-5   372-springcloud-config-server 程序的文件

文 件 名 称	类 型	简 介
application.properties	配置文件	需定义数据库配置的信息
ConfigServerApplication	类文件	Spring Boot 的启动类 SpringBootApplication，启动 Config Server

在本程序中，首先查看配置文件 application.properties。

```
server.port=8888
spring.application.name=spring-could-config-server
spring.cloud.config.server.encrypt.enabled=false
spring.cloud.config.server.native.search-locations=classpath:/shared
spring.profiles.active=native
eureka.client.service-url.defaultZone=http://localhost:8260/eureka
```

在 application.properties 文件中，配置了与数据库连接的相关参数。

① server.port 表示本程序的监听端口。

② spring.application.name 表示本程序的服务名称，即注册到服务中心的服务名称。

③ spring.cloud.config.server.encrypt.enabled 表示是否需要对配置信息进行加密。

④ spring.cloud.config.server.native.search-locations 表示各个配置文件的目录位置。

⑤ spring.profiles.active＝native 表示 spring.profiles 采用的是本地的 Profile 文件。

⑥ eureka.client.service-url.defaultZone＝http://localhost:8260/eureka 表示本配置程序要注册的服务中心地址。defaultZone 为任何没有首选项的客户端提供服务 URL 位置。

❸ **Spring Gateway** 程序

本程序是启动 Spring 网关的服务程序，作为微服务架构的网关。本程序的案例代码可以直接从 Github 上获取。

```
git clone https://github.com/rengang66/iiit.quarkus.spring.sample.git
```

本程序位于 "372-sample-quarkus-springcloud" 目录的 "372-sample-gateway-service" 下。这是一个 Maven 项目。在 pom.xml 的<dependencies>内有如下内容。

```
<dependency>
    <groupId>org.springframework.cloud</groupId>
    <artifactId>spring-cloud-starter-gateway</artifactId>
</dependency>
<dependency>
```

```
    <groupId>org.springframework.cloud</groupId>
    <artifactId>spring-cloud-starter-loadbalancer</artifactId>
</dependency>
<dependency>
    <groupId>org.springframework.cloud</groupId>
    <artifactId>spring-cloud-starter-netflix-eureka-client</artifactId>
</dependency>
```

spring-cloud-starter-netflix-eureka-client 是 Spring Cloud 扩展了 Eureka 的客户端注册服务实现。spring-cloud-starter-gateway 引入 Spring Cloud Gateway 程序。spring-cloud-starter-loadbalancer 引入负载均衡组件。

本程序的文件如表 9-6 所示。

表 9-6　372-sample-gateway-service 程序的文件

文 件 名 称	类 型	简 介
application.yml	配置文件	需定义数据库配置的信息
GatewayApplication	类文件	Spring Boot 的启动类 SpringBootApplication，启动网关服务

在本程序中，首先查看配置文件 application.properties。

```
server:
  port: 8084
spring:
  application:
    name: gateway-service
  cloud:
    gateway:
      discovery:
        locator:
          enabled: true
      routes:
       - id: rest-client
         uri: http://127.0.0.1:8090
         predicates:
           - Path=/rest/projects/* *
         filters:
           -StripPrefix=1
    loadbalancer:
      ribbon:
        enabled: false
eureka:
  instance:
    prefer-ip-address: true
  client:
    service-url:
      defaultZone: http://localhost:8260/eureka/
```

在 application.properties 文件中，配置了与数据库连接的相关参数。

① 本配置文件定义了网关服务器启动端口和服务名称。

② 本配置文件定义需要注册到 Eureka 服务注册中心上。

③ 本配置文件定义了路由地址，如 Path＝/rest/projects/＊＊、Path＝/service/projects/＊＊。

④ Rest-service 程序

本程序基于 Quarkus 框架实现数据库操作。本程序可实现数据的查询、新增、删除、修改（CRUD）等操作。

本程序的案例代码可以直接从 Github 上获取代码。

```
git clone https://github.com/rengang66/iiit.quarkus.spring.sample.git
```

该程序位于 "372-sample-quarkus-springcloud" 目录的 "372-sample-quarkus-rest-service" 下。这是一个 Maven 项目。然后导入 Maven 工程，在 pom.xml 的<dependencies>内有如下内容。

```
<dependency>
    <groupId>com.github.fmcejudo</groupId>
    <artifactId>quarkus-eureka</artifactId>
    <version>0.0.12</version>
</dependency>
<dependency>
    <groupId>io.quarkus</groupId>
    <artifactId>quarkus-spring-cloud-config-client</artifactId>
</dependency>
```

quarkus-eureka 是 Quarkus 扩展了 Eureka 的注册服务实现。quarkus-spring-cloud-config-client 是 Quarkus 扩展了 spring-cloud-config 客户端接口的实现。

372-sample-quarkus-rest-service 程序的文件和核心类如表 9-7 所示。

表 9-7　372-sample-quarkus-rest-service 程序的文件和核心类

文 件 名 称	类　　型	简　　　介
application.properties	配置文件	需定义数据库配置的信息
import.sql	配置文件	数据库的数据初始化
ProjectResource	资源类	提供 REST 外部 API 接口，无特殊处理，简单说明
ProjectService	服务类	主要提供数据服务，其功能是通过 JPA 与数据库交互，核心类，重点说明
Project	实体类	POJO 对象，需要改造成 JPA 规范的 Entity，简单介绍

在本程序中，首先查看配置文件 application.properties。

```
quarkus.application.name=sample-quarkus-eureka-service
quarkus.eureka.host-name=localhost
quarkus.eureka.prefer-ip-address=false
quarkus.eureka.home-page-url=/
quarkus.eureka.status-page-url=/info/status
quarkus.eureka.health-check-url=/info/health

quarkus.spring-cloud-config.enabled=true
```

```
quarkus.spring-cloud-config.url=http://localhost:8888

#配置与 Eureka Server 相关的信息
quarkus.eureka.prefer-same-zone=true
quarkus.eureka.should-use-dns=false
quarkus.eureka.service-url.default=http://localhost:8260/eureka
quarkus.eureka.region=default
```

在 application.properties 文件中，配置了与数据库连接的相关参数。

① quarkus.application.name 表示本程序的服务名称，即注册到服务中心的服务名称。

② quarkus.eureka.home-page-url=/表示 Eureka 服务中心的根目录。

③ quarkus.eureka.status-page-url=/info/status 表示本程序的状况信息目录。

④ quarkus.eureka.health-check-url=/info/health 表示本程序的健康信息目录。

⑤ quarkus.spring-cloud-config.enabled=true 表示本程序需要从配置服务器获取配置信息。

⑥ quarkus.spring-cloud-config.url=http://localhost:8888 表示配置服务器的地址。

⑦ quarkus.eureka.service-url.default=http://localhost:8260/eureka 表示本程序要注册的 Eureka 服务中心地址。

对于 ProjectResource 类、ProjectService 类和 Project 类，这里就不做说明了。下面主要讲解 372-sample-quarkus-rest-service 程序的 HealthCheckController 内容。

用 IDE 工具打开 com.iiit.quarkus.sample.rest.resource.HealthCheckController 类文件，该类主要实现与外部的 JSON 接口，其代码如下：

```
@Path("/info")
@Produces(MediaType.APPLICATION_JSON)
@Consumes(MediaType.APPLICATION_JSON)
public class HealthCheckController {
    @GET
    @Path("/health")
    public Response health() {return Response.ok(Map.of("STATUS", "UP")).build();}

    @GET
    @Path("/status")
    public Response status() {return Response.ok(Map.of()).build();}
}
```

📖 程序说明：

本类主要实现健康的检测。

⑤ Rest-client 程序

本程序基于 Quarkus 框架实现 REST 的基本功能。

本程序案例代码可以直接从 Github 上获取。

```
git clone https://github.com/rengang66/iiit.quarkus.spring.sample.git
```

该程序位于"372-sample-quarkus-springcloud"目录的"372-sample-quarkus-rest-client"下。这

是一个 Maven 项目。然后导入 Maven 工程，在 pom.xml 的<dependencies>内有如下内容。

```
<dependency>
    <groupId>io.quarkus</groupId>
    <artifactId>quarkus-rest-client</artifactId>
</dependency>
<dependency>
    <groupId>io.quarkus</groupId>
    <artifactId>quarkus-rest-client-jackson</artifactId>
</dependency>
<dependency>
    <groupId>com.github.fmcejudo</groupId>
    <artifactId>quarkus-eureka</artifactId>
    <version>0.0.12</version>
</dependency>
<dependency>
    <groupId>io.quarkus</groupId>
    <artifactId>quarkus-spring-cloud-config-client</artifactId>
</dependency>
```

quarkus-eureka 是 Quarkus 扩展了 Eureka 的注册服务实现。quarkus-spring-cloud-config-client 是 Quarkus 扩展了 spring-cloud-config 客户端接口的实现。

372-sample-quarkus-rest-client 程序的核心类如表 9-8 所示。

表 9-8　372-sample-quarkus-rest-client 程序的核心类

类　名	类　型	简　介
ProjectResource	资源类	提供 REST 外部 API 接口，简单介绍
ProjectService	服务类	主要访问外部的 REST 服务，是本应用的核心类，重点介绍
Project	实体类	POJO 对象，简单介绍

在本程序中，首先查看配置文件 application.properties。

```
quarkus.application.name=sample-quarkus-eureka-client
quarkus.http.port=8090
eureka.service.name = sample-quarkus-eureka-service
com.iiit.quarkus.sample.restclient.service.ProjectService/mp-rest/url=http://sample-
quarkus-rest-service:8080/projects

quarkus.tls.trust-all=true
quarkus.spring-cloud-config.enabled=true
quarkus.spring-cloud-config.url=http://localhost:8888
quarkus.eureka.prefer-same-zone=true
quarkus.eureka.should-use-dns=false
quarkus.eureka.service-url.default=http://localhost:8260/eureka
quarkus.eureka.region=default
```

在 application.properties 文件中，配置了与数据库连接的相关参数。

① quarkus.application.name 是本程序的服务名称，即注册到服务中心的服务名称。

② quarkus.http.port 表示本程序的监听端口。

③ quarkus.eureka.service-url.default＝http：//localhost：8260/eureka 表示本程序要注册的 Eureka 服务中心地址。

④ quarkus.spring-cloud-config.enabled＝true 表示需要从配置服务器获取配合信息。

⑤ quarkus.spring-cloud-config.url＝http：//localhost：8888 表示配置服务器的地址。

⑥ com.iiit.quarkus.sample.restclient.service.ProjectService/mp-rest/url 表示本程序需要访问的微服务 REST 位置。

对于 Project 和 HealthCheckController 类这里就不做说明了。下面主要讲解本程序的 ProjectResource 内容。这是一个 Quarkus 微服务调用另一个 Quarkus 微服务的实现。

用 IDE 工具打开 com.iiit.quarkus.sample.restclient.resource.ProjectResource 类文件，该类主要调用外部 REST 服务的接口，其代码如下：

```
@Path("/projects")
@ApplicationScoped
@Produces(MediaType.APPLICATION_JSON)
@Consumes(MediaType.APPLICATION_JSON)
public class ProjectResource {
    @ConfigProperty(name = "eureka.service.name", defaultValue = "sample-quarkus-eureka-
service")
    String serviceName;

    @Inject
    @LoadBalanced(type = LoadBalancerType.ROUND_ROBIN)
    public EurekaClient eurekaClient;
    @GET
    @Produces(MediaType.APPLICATION_JSON)
    public String list() {
        return eurekaClient.app(serviceName).path("/projects")
            .request(MediaType.APPLICATION_JSON_TYPE)
                .get().readEntity(String.class);
    }

    @GET
    @Path("/{id}")
    public String getById(@PathParam("id") Integer id) {
        WebTarget target = eurekaClient.app(serviceName).path("/projects/"+id);
        return target.request(MediaType.APPLICATION_JSON_TYPE).get().readEntity(String.class);
    }

    @POST
    public Response add(@NotNull @Valid Project project) {
        System.out.println("＊＊＊＊增加 Project＊＊＊＊");
        WebTarget target = eurekaClient.app(serviceName).path("/projects/");
        return target.request().post(Entity.entity(project, MediaType.APPLICATION_JSON));
    }
```

```
@DELETE
public Response delete (@PathParam("id") Integer id) {
    WebTarget target = eurekaClient.app(serviceName).path("/projects/"+id);
    return  target.request().delete();
}

@PUT
public Response update(@Parameter(required = true, description = "Project to add") @
NotNull @Valid Project project) {
    WebTarget target = eurekaClient.app(serviceName).path("/projects/");
     return   target.request().put(Entity.entity(project, MediaType.APPLICATION_
JSON));
    }
}
```

📖 程序说明：

① ProjectResource 类的作用是与外部进行交互，主要还是基于 REST 的基本操作，包括 GET、POST、PUT 和 DELETE。

② 引入 WebTarget 对象来实现具体的数据操作。

③ WebTarget 对象的 request（MediaType...）. get（）. readEntity（String. class）方法实现获取一个 Project 对象。WebTarget 对象的 request（）. post（Entity. entity（project，MediaType...））方法用于新增一个 Project 对象。WebTarget 对象的 request（）. post（Entity. entity（project，MediaType...））方法用于修改一个 Project 对象。WebTarget 对象的 request（）. post（Entity. entity（project，MediaType...））方法用于删除一个 Project 对象。

▶▶ 9.3.4 验证整个 Spring Cloud 微服务架构

Spring Cloud 程序和端口分配整体架构如图 9-7 所示。

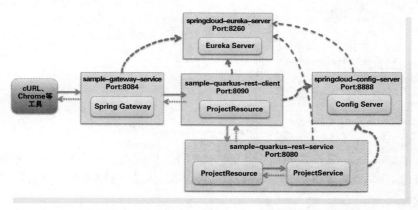

● 图 9-7 Spring Cloud 程序和端口分配整体架构图

说明：由于验证在一台计算机上进行，因此需要定义不同的端口。

■ sample-gateway-service 网关的端口是 8084，这是外部访问内部微服务的 Spring Cloud Gateway。

- springcloud-eureka-server 的端口是 8260。这是微服务架构的服务注册中心 Eureka Server 服务。
- springcloud-config-server 的端口是 8888。这是微服务架构的配置中心 Spring Cloud Server 服务。
- sample-quarkus-rest-client 的端口是 8090。这是内部微服务，该微服务要调用外部微服务 sample-quarkus-rest-service。
- sample-quarkus-rest-service 的端口是 8888。这是内部微服务，接收 sample-quarkus-rest-client 的 REST 访问。

图 9-7 中的单箭头实直线表明调用（访问）关系，比如，外部访问 sample-gateway-service 网关服务。图 9-7 中的单箭头虚直线表明数据流向（返回）关系，比如，sample-quarkus-rest-service 返回数据到 sample-quarkus-rest-client。

图中的单箭头虚曲线表明注册关系，如 sample-quarkus-rest-client 和 sample-quarkus-rest-service 两个微服务以及 sample-gateway-service 和 springcloud-config-server 都注册到 springcloud-eureka-server 服务注册中心。

用序列图（如图 9-8 所示）来介绍该过程的调用方式。

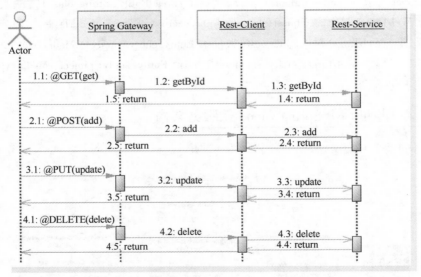

● 图 9-8　quarkus-eureka-master 序列图

图 9-9 所示是 quarkus-eureta-master 程序验证流程图，以服务对象为各个序列的对象，分别是 sample-gateway-service 网关服务对象、sample-quarkus-rest-client 微服务对象、sample-quarkus-rest-service 微服务对象。

图 9-8 中共有 4 个序列：

序列 1 活动：① 外部调用 sample-gateway-service 网关服务对象（Spring Gateway）的 GET（get）方法；② 该方法路由到 sample-quarkus-rest-client 微服务（Rest-Client 服务）对象的 ProjectResource

资源类的 getById 方法；③ ProjectResource 资源类的 getById 方法调用 sample-quarkus-rest-service 微服务（Rest-Service 服务）对象的 ProjectResource 资源类的 getById 方法；④ sample-quarkus-rest-service 微服务（Rest-Service 服务）对象的 ProjectResource 资源类返回单个 Project。

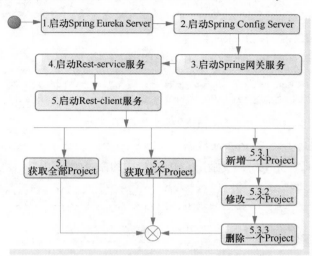

● 图 9-9 quarkus-eureka-master 程序验证流程图

其他序列基本类似，就不重复描述了。

通过下列几个步骤（如图 9-9 所示）来验证案例程序。

（1）启动程序

程序的启动步骤如下：

第 1 步：启动 Spring Eureka Server 服务器。

第 2 步：启动 Spring Config Server 服务器。

第 3 步：启动 Spring 网关服务。

第 4 步：启动 Rest-service 服务。

第 5 步：启动 Rest-client 服务。

（2）通过 API 接口显示所有项目的 JSON 列表内容

CMD 窗口中的命令如下：

```
curl http://localhost:8080/projects/
```

输出是所有 Project 的 JSON 列表。

也可以通过浏览器来访问 http://localhost:8080/projects/，其反馈为所有 Project 列表。

（3）通过 API 接口显示单个项目的 JSON 列表内容

CMD 窗口中的命令如下：

```
curl http://localhost:8080/projects/1
```

其反馈为项目 id 为 1 的 JSON 列表，这是 JSON 格式的。也可以通过浏览器来访问 http://localhost:8080/projects/project/1/。

（4）通过 API 接口增加一条 Project 数据

按照 JSON 格式增加一条 Project 数据，CMD 窗口中的命令如下：

```
curl -X POST -H "Content-type: application/json" -d { \"id \":3, \"name \": \"项目 C \", \"
description \": \"关于项目 C 的描述 \"} http://localhost:8080/projects
```

（5）通过 API 接口修改一条 Project 数据

按照 JSON 格式修改一条 Project 数据，CMD 窗口中的命令如下：

```
curl -X PUT -H "Content-type: application/json" -d { \"id \":3, \"name \": \"项目 C \", \"
description \": \"项目 C 描述修改内容 \"} http://localhost:8080/projects
```

根据反馈结果，可以看到已经对项目 C 的描述进行了修改。

（6）通过 API 接口删除一条 Project 数据

按照 JSON 格式修改一条 Project 数据，CMD 窗口中的命令如下：

```
curl -X DELETE  -H "Content-type: application/json" -d { \"id \":3, \"name \": \"项目 C \", \"
description \": \"关于项目 C 的描述 \"} http://localhost:8080/projects
```

根据反馈结果，可以看到已经删除了项目 C 的内容。

9.4 基于 Consul 的 Quarkus 微服务架构解决方案

本方案基于 Quarkus 框架扩展 HashiCorp 公司的 Consul 框架实现的微服务架构注册中心功能。

▶▶ 9.4.1 Consul 平台简介及安装配置

Consul 框架是 HashiCorp 公司推出的开源产品，用于实现分布式系统的服务发现、服务隔离、服务配置等功能。与其他分布式服务注册与发现的方案相比，Consul 框架的方案更加"一站式"——内置了服务注册与发现框架、分布一致性协议实现、健康检查、Key/Value 存储、多数据中心方案。Consul 本身使用 Go 语言开发，具有跨平台、运行高效等特点，也非常方便与 Docker 配合使用。

Consul 平台需要单独安装。安装方式可以是容器安装，也可以本地安装。

容器安装的命令如下：

```
docker  run  -p 8500: 8500 -d --name consul -v /docker/consul/data:/consul/data --
privileged=true -e CONSUL_BIND_INTERFACE='eth0' consul agent -server  -bootstrap-expect 1
-data-dir /consul/data -node=ali -ui -client=0.0.0.0
```

本地安装的过程如下：打开 Consul 官网，根据不同的操作系统选择不同的 Consul 版本，下载后直接安装。

到 Consul 对应的目录下，使用 cmd 启动 Consul：

```
. \consul agent -dev
```

代码中的-dev 表示开发模式运行，另外-server，表示服务模式运行。

在浏览器中输入 http://localhost:8500，出现图 9-10 所示的界面，表明安装成功。

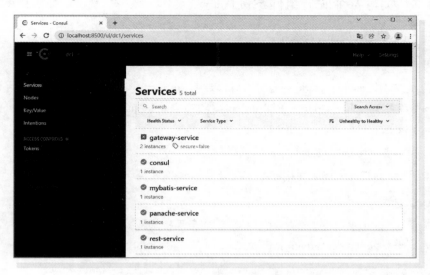

● 图 9-10　Consul 平台的系统管理界面

▶▶9.4.2　Quarkus 微服务注册到 Consul 框架的注册中心

本案例基于 Quarkus 框架实现获取 Consul 框架的注册中心功能。在本微服务架构中，微服务技术选型是 Quarkus 框架，服务注册中心和配置中心都是 Consul 框架，网关是 Spring Cloud Gateway 框架。整体架构如图 9-11 所示。

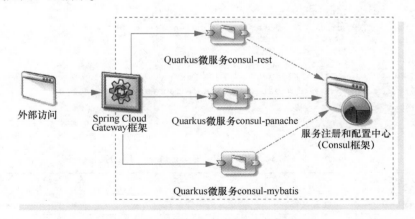

● 图 9-11　Consul 微服务整体架构图

图 9-11 表明，本案例共有 3 个 Quarkus 微服务，分别是 consul-rest、consul-panache 和 consul-mybatis。

对于本案例的调用过程，外部通过网关访问微服务架构内的 consul-rest 微服务、consul-panache 微服务和 consul-mybatis 微服务。

▶▶ 9.4.3 编写各个服务组件案例代码

案例代码可以直接从 Github 上获取。

```
git clone https://github.com/rengang66/iiit.quarkus.spring.sample.git
```

该程序位于"373-sample-quarkus-consul"目录中。这是一个 Maven 项目群,包括 373-sample-gateway-service、373-sample-quarkus-consul-mybatis、373-sample-quarkus-consul-panache、373-sample-quarkus-consul-rest 这 4 个项目。

❶ Consul 注册中心和配置服务程序

这是由 Go 语言编写并编译的应用程序,可以直接运行。

❷ Spring Gateway 程序

本程序是启动 Spring 网关的服务程序,作为微服务架构的网关。

本程序的代码可以直接从 Github 上获取。

```
git clone https://github.com/rengang66/iiit.quarkus.spring.sample.git
```

该程序位于"373-sample-quarkus-consul"目录的"373-sample-gateway-service"下。这是一个 Maven 项目。在 pom.xml 的<dependencies>内有如下内容。

```
<dependency>
    <groupId>org.springframework.cloud</groupId>
    <artifactId>spring-cloud-starter-gateway</artifactId>
</dependency>
<dependency>
    <groupId>org.springframework.cloud</groupId>
    <artifactId>spring-cloud-starter-loadbalancer</artifactId>
</dependency>
<dependency>
    <groupId>org.springframework.cloud</groupId>
    <artifactId>spring-cloud-starter-consul-discovery</artifactId>
</dependency>
```

本程序的文件如表 9-9 所示。

表 9-9 373-sample-gateway-service 程序的文件

文件名称	类 型	简 介
application.properties	配置文件	需定义数据库配置的信息
GatewayApplication	类文件	Spring Boot 的启动类 SpringBootApplication,启动 Gateway 服务

在本程序中,首先查看配置文件 application.properties。

```
server:
  port: 8080
spring:
```

```
application:
  name: gateway-service
cloud:
  gateway:
    discovery:
      locator:
        enabled: true
    routes:
      - id: rest-service
        uri: http://127.0.0.1:8882
        predicates:
          - Path=/rest/projects/* *
        filters:
          -StripPrefix=1
      - id: panache-service
        uri: http://127.0.0.1:8883
        predicates:
          - Path=/panache/projects/* *
        filters:
          -StripPrefix=1
      - id:mybatis-service
        uri: http://127.0.0.1:8884
        predicates:
          - Path=/mybatis/projects/* *
        filters:
          -StripPrefix=1
  loadbalancer:
    ribbon:
      enabled: false
```

在 application.properties 文件中，配置了与数据库连接的相关参数。

① 本配置文件定义了网关服务器启动端口和服务名称。

② 本配置文件定义需要注册到 Consul 服务注册中心上。

③ 本配置文件定义了 3 个路由地址，分别是-Path =/rest/projects/ * * 、- Path =/panache/ projects/ * * 和-Path =/mybatis/projects/ * * 。

❸ Rest-Service 程序

本程序基于 Quarkus 框架实现 Map 数据操作。程序的案例代码可以直接从 Github 上获取。

```
git clone https://github.com/rengang66/iiit.quarkus.spring.sample.git
```

该程序位于"373-sample-quarkus-consul"目录的"373-sample-quarkus-consul-rest"下。这是一个 Maven 项目。在 pom.xml 的<dependencies>内有如下内容。

```
<dependency>
    <groupId>com.orbitz.consul</groupId>
    <artifactId>consul-client</artifactId>
    <version>${consul-client.version}</version>
```

```
    </dependency>
<dependency>
    <groupId>io.quarkus</groupId>
    <artifactId>quarkus-consul-config</artifactId>
</dependency>
```

consul-client 是 Quarkus 扩展了 Consul 的注册服务实现。quarkus-consul-config 是 Quarkus 扩展了 Consul 配置客户端接口的实现。

本程序的应用架构与"312-sample-quarkus-rest"基本相同。本程序的文件和核心类如表 9-10 所示。

表 9-10　373-sample-quarkus-consul-rest 程序的文件和核心类

文 件 名 称	类　型	简　介
application.properties	配置文件	需定义数据库配置的信息
RestClientProducer	配置类	配置 Consul 的客户端
RestClientLifecycle	健康检测类	与 Consul 服务进行心跳检测
ProjectResource	资源类	提供 REST 外部 API 接口，无特殊处理
ProjectService	服务类	主要提供数据服务，无特殊处理
Project	实体类	POJO 对象，无特殊处理

在本程序中，首先查看配置文件 application.properties。

```
quarkus.application.name=rest-service
quarkus.application.version=1.0
quarkus.http.port=8882

quarkus.consul-config.enabled=true
quarkus.consul-config.properties-value-keys=${quarkus.application.name}
quarkus.consul.config.tag = ${quarkus.application.name}
```

在 application.properties 文件中，配置了与数据库连接的相关参数。

① quarkus.application.name 表示本程序的服务名称，即注册到服务中心的服务名称。

② quarkus.consul-config.enabled=true 表示需要从配置服务器获取配置信息。

③ quarkus.consul-config.properties-value-keys 表示本程序的配置服务器属性主键。

④ quarkus.consul.config.tag 表示本程序的配置服务器属性标签。

对于 ProjectResource、ProjectService 和 Project 类这里就不做说明了。下面主要讲解本程序的心跳检测内容，即 RestClientProducer 和 RestClientLifecycle 类。

（1）RestClientProducer 配置类

用 IDE 工具打开 com.iiit.quarkus.sample.consul.rest.config.RestClientProducer 类文件，该类主要实现与外部的 JSON 接口，其代码如下：

```
@ApplicationScoped
public class RestClientProducer {
    @Produces
```

```
    Consul consulClient = Consul.builder().build();
}
```

📖 程序说明：

RestClientProducer 类生成一个生产方法（@Produces）Consul 客户端，这样，本程序就可以访问 Consul 服务器。

（2）RestClientLifecycle 健康检测类

用 IDE 工具打开 com.iiit.quarkus.sample.consul.rest.lifecycle.RestClientLifecycle 类文件，该类主要实现与 Consul 的健康检测，其代码如下：

```
@ApplicationScoped
public class RestClientLifecycle {
    private String instanceId;

    @Inject Consul consulClient;
    @ConfigProperty(name = "quarkus.application.name") String appName;
    @ConfigProperty(name = "quarkus.application.version") String appVersion;

    void onStart(@Observes StartupEvent ev) {
        ScheduledExecutorService executorService = Executors
            .newSingleThreadScheduledExecutor();
        executorService.schedule(() -> {
            HealthClient healthClient = consulClient.healthClient();
            List<ServiceHealth> instances = healthClient
                .getHealthyServiceInstances(appName).getResponse();
            instanceId = appName + "-" + instances.size();
            int port = Integer.parseInt(System.getProperty("quarkus.http.port"));
            ImmutableRegistration registration = ImmutableRegistration.builder()
                .id(instanceId).name(appName).address("127.0.0.1").port(port)
                .putMeta("version", appVersion).build();
        consulClient.agentClient().register(registration);
        LOGGER.info("Instance registered: id={}, address=127.0.0.1:{}",
                registration.getId(), port);
        }, 5000, TimeUnit.MILLISECONDS);
    }

    void onStop(@Observes ShutdownEvent ev) {
        consulClient.agentClient().deregister(instanceId);
        LOGGER.info("Instance de-registered: id={}", instanceId);
    }
}
```

📖 程序说明：

RestClientLifecycle 类注入 Consul 客户端，这样本程序可以访问 Consul 服务器，并且进行心跳检测，检测的频率是 5000ms。

❹ **MyBatis-Service 程序**

本程序构建微服务根据 Quarkus 框架实现基于 MyBatis 数据库操作的基本功能。

本程序的案例代码可以直接从 Github 上获取。

```
git clone https://github.com/rengang66/iiit.quarkus.spring.sample.git
```

该程序位于"373-sample-quarkus-consul"目录的"373-sample-quarkus-consul-mybatis"下。这是一个 Maven 项目。在 pom.xml 的<dependencies>内有如下内容。

```
<dependency>
    <groupId>com.orbitz.consul</groupId>
    <artifactId>consul-client</artifactId>
    <version>${consul-client.version}</version>
</dependency>
<dependency>
    <groupId>io.quarkus</groupId>
    <artifactId>quarkus-consul-config</artifactId>
</dependency>
```

consul-client 是 Quarkus 扩展了 Consul 的注册服务实现。quarkus-consul-config 是 Quarkus 扩展了 Consul 配置客户端接口的实现。

本程序的应用架构与"329-sample-quarkus-orm-mybatis"基本相同。本程序的文件和核心类如表 9-11 所示。

表 9-11　373-sample-quarkus-consul-mybatis 程序的文件和核心类

文 件 名 称	类 型	简 介
application.properties	配置文件	需定义数据库配置的信息
RestClientProducer	配置类	配置 Consul 的客户端
RestClientLifecycle	健康检测类	能与 Consul 服务器进行心跳检测
import.sql	配置文件	数据库的数据初始化
ProjectResource	资源类	提供 REST 外部 API 接口，无特殊处理，简单说明
ProjectService	服务类	主要提供数据服务，无特殊处理，简单说明
Project	实体类	POJO 对象，无特殊处理，简单说明

在本程序中，首先查看配置文件 application.properties。

```
quarkus.application.name=mybatis-service
quarkus.application.version=1.0
quarkus.http.port=8884
quarkus.consul-config.enabled=true
quarkus.consul-config.properties-value-keys=${quarkus.application.name}

quarkus.datasource.db-kind=h2
quarkus.datasource.username=sa
quarkus.datasource.password=
quarkus.datasource.jdbc.url=jdbc:h2:mem:testdb
quarkus.datasource.jdbc.min-size=2
quarkus.datasource.jdbc.max-size=8
quarkus.mybatis.initial-sql=insert.sql
```

在 application.properties 文件中，配置了与数据库连接的相关参数。

① quarkus.application.name 表示本程序的服务名称，即注册到服务中心的服务名称。

② quarkus.http.port 表示本程序的监听端口，没有定义就默认为 8080。

③ quarkus.consul-config.enabled＝true 表示需要从配置服务器获取配置信息。

④ quarkus.consul-config.properties-value-keys 表示本程序的配置服务器属性主键。

对于 ProjectResource 类、ProjectService 类和 Project 类，这里就不做说明了，而有关心跳检测的 RestClientProducer 类和 RestClientLifecycle 类在 Rest-service 项目中已经进行了说明。

❺ Paneche-Service 程序

本程序中的微服务采用 Quarkus 框架实现基于 Paneche 数据库操作的基本功能。

本程序的案例代码可以直接从 Github 上获取。

```
git clone https://github.com/rengang66/iiit.quarkus.spring.sample.git
```

该程序位于 "373-sample-quarkus-consul" 目录的 "373-sample-quarkus-consul-panache" 下。这是一个 Maven 项目。在 pom.xml 的<dependencies>内有如下内容。

```
<dependency>
    <groupId>com.orbitz.consul</groupId>
    <artifactId>consul-client</artifactId>
    <version>${consul-client.version}</version>
</dependency>
<dependency>
    <groupId>io.quarkus</groupId>
    <artifactId>quarkus-consul-config</artifactId>
</dependency>
```

consul-client 是 Quarkus 扩展了 Consul 的注册服务实现。quarkus-consul-config 是 Quarkus 扩展了 Consul 配置客户端接口的实现。

本程序的应用架构与 "322-sample-quarkus-jpa-panache-repository" 基本相同。本程序的文件和核心类如表 9-12 所示。

表 9-12　373-sample-quarkus-consul-panache 程序的文件和核心类

文 件 名 称	类　型	简　介
application.properties	配置文件	需定义数据库配置的信息
RestClientProducer	配置类	配置 Consul 的客户端
RestClientLifecycle	健康检测类	能与 Consul 服务器进行心跳检测
import.sql	配置文件	数据库的数据初始化
ProjectResource	资源类	提供 REST 外部 API 接口，无特殊处理，简单说明
ProjectService	服务类	主要提供数据服务，其功能是通过 JPA 与数据库交互，核心类，重点说明
Project	实体类	POJO 对象，需要改造成 JPA 规范的 Entity，简单介绍

在本程序中，首先查看配置文件 application.properties。

```
quarkus.application.name=panache-service
quarkus.application.version=1.0
quarkus.http.port=8883
quarkus.datasource.db-kind=h2
quarkus.datasource.username=sa
quarkus.datasource.password=
quarkus.datasource.jdbc.url=jdbc:h2:mem:testdb
quarkus.datasource.jdbc.min-size=2
quarkus.datasource.jdbc.max-size=8

quarkus.hibernate-orm.database.generation=drop-and-create
quarkus.hibernate-orm.log.sql=true
quarkus.hibernate-orm.sql-load-script=import.sql
```

在 application.properties 文件中，配置了与数据库连接的相关参数。

① quarkus.application.name 表示本程序的服务名称，即注册到服务中心的服务名称。

② quarkus.http.port 表示本程序的监听端口，没有定义就默认为 8080。

③ quarkus. datasource. db-kind、quarkus. datasource. username、quarkus. datasource. password、quarkus.datasource. jdbc.url、quarkus.hibernate-orm.database.generation 和 quarkus.hibernate-orm.sql-load-script 是相关数据库属性的配置。

对于 ProjectResource、ProjectService 和 Project 类，这里就不做说明了，而有关心跳检测的 RestClientProducer 类和 RestClientLifecycle 类在 Rest-service 项目中已经进行了说明。

▶▶ 9.4.4　验证整个 Consul 微服务架构

Consul 程序和端口分配整体架构如图 9-12 所示。

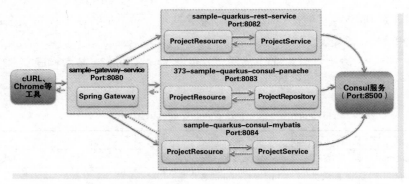

● 图 9-12　Consul 程序和端口分配整体架构图

本案例的应用说明如下。

1）Consul 服务的端口是 8500，提供服务注册中心和配置中心的功能。

2）sample-gateway-service 网关的端口是 8080，这是外部访问内部微服务的 Spring Cloud Gateway。

3）sample-quarkus-rest-service 的端口是 8082，这是内部微服务。

4）sample-quarkus-consul-panache 的端口是 8083，这是内部微服务。

5）sample-quarkus-consul-mybatis 的端口是 8084，这是内部微服务。

1 **sample-quarkus-rest-service** 案例的序列图和验证

sample-quarkus-rest-service 案例的调用方式可以用序列图（如图 9-13 所示）来说明。

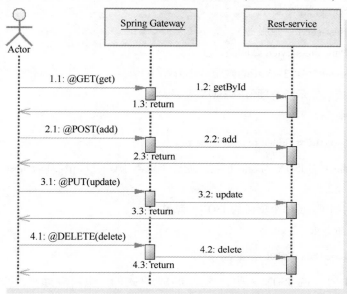

● 图 9-13　本案例应用序列图

本程序总共有 4 个序列，分别如下：

序列 1 活动：① 外部调用 spring-gateway 网关服务的 GET（get）方法；② spring-gateway 网关服务路由到 rest-service 的 GET（getById）方法；③ 返回整个 Project 列表。

其他序列基本类似，就不重复描述了。

通过下列几个步骤（如图 9-14 所示）来验证案例程序。

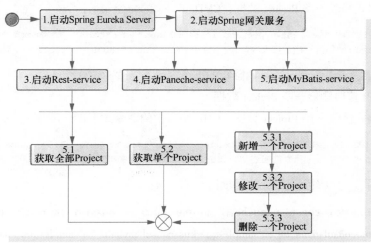

● 图 9-14　quarkus-sample-reactive-mutiny 程序验证流程图

（1）启动程序

程序的启动步骤如下：

第 1 步：启动 Spring Eureka Server 服务器。

第 2 步：启动 Spring 网关服务。

第 3 步：启动 Rest-service 微服务。

第 4 步：启动 Paneche-service 微服务。

启动 MyBatis-service（第 3~5 步的微服务不分顺序）。

（2）通过 API 接口显示所有项目的 JSON 列表内容

CMD 窗口中的命令如下：

```
curl http://localhost:8080/projects/
```

输出是所有 Project 的 JSON 列表。也可以通过浏览器来访问 http://localhost:8080/projects/，其反馈所有 Project 列表。

（3）通过 API 接口显示单个项目的 JSON 列表内容

CMD 窗口中的命令如下：

```
curl http://localhost:8080/projects/1
```

其反馈项目 id 为 1 的 JSON 列表，这是 JSON 格式的。也可以通过浏览器来访问 http://localhost:8080/projects/project/1/。

（4）通过 API 接口增加一条 Project 数据

按照 JSON 格式增加一条 Project 数据，CMD 窗口中的命令如下：

```
curl -X POST -H "Content-type: application/json" -d { \"id \":3, \"name \": \"项目 C \", \"description \": \"关于项目 C 的描述 \"} http://localhost:8080/projects
```

（5）通过 API 接口修改一条 Project 数据

按照 JSON 格式修改一条 Project 数据，CMD 窗口中的命令如下：

```
curl -X PUT -H "Content-type: application/json" -d { \"id \":3, \"name \": \"项目 C \", \"description \": \"项目 C 描述修改内容 \"} http://localhost:8080/projects
```

根据反馈结果，可以看到已经对项目 C 的描述进行了修改。

（6）通过 API 接口删除一条 Project 数据

按照 JSON 格式修改一条 Project 数据，CMD 窗口中的命令如下：

```
curl -X DELETE  -H "Content-type: application/json" -d { \"id\":3, \"name \": \"项目 C \", \"description \": \"关于项目 C 的描述 \"} http://localhost:8080/projects
```

根据反馈结果，可以看到已经删除了项目 C 的内容。

❷ **sample-quarkus-consul-panache** 和 **sample-quarkus-consul-mybatis** 案例的序列图和验证

sample-quarkus-consul-panache 和 sample-quarkus-consul-mybatis 与 sample-quarkus-rest-service 案例的调用方式和验证内容基本类似，就不重复描述了。

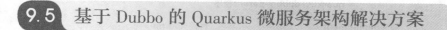

9.5　基于 Dubbo 的 Quarkus 微服务架构解决方案

本方案基于 Quarkus 框架扩展 Dubbo 框架实现的微服务架构注册中心功能。

9.5.1　Apache Dubbo 简介

Apache Dubbo 框架是一款高性能、轻量级的开源 Java RPC 框架，它提供了三大核心功能：面向接口的远程方法调用、智能容错和负载均衡，以及服务自动注册和发现。Apache Dubbo 框架整合到 Spring Cloud Alibaba 后，主要功能和开源技术栈包括服务限流降级（Sentinel）、服务注册与发现（Nacos）、分布式配置管理（Nacos）、消息驱动能力（Apache RocketMQ）和分布式事务（Seata）等。

9.5.2　Quarkus 整合 Apache Dubbo 微服务平台案例介绍

在本微服务架构中，微服务技术选型是 Quarkus 框架，服务注册中心是 ZooKeeper，整体架构如图 9-15 所示。

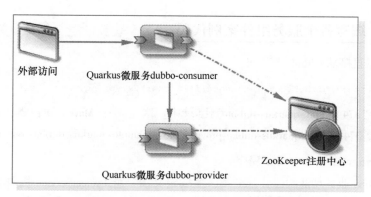

● 图 9-15　ZooKeeper 和 Dubbo 整体架构图

图 9-15 表明，本案例共有两个 Quarkus 微服务，分别是 dubbo-consumer 微服务和 dubbo-provider 微服务。

对于本案例的调用过程，首先外部通过网关访问微服务架构内的 dubbo-consumer 微服务，然后 dubbo-consumer 微服务调用 dubbo-provider 微服务。

9.5.3　安装 Dubbo 的 Quarkus 扩展

案例源码可以直接从 Github 上获取。

```
git clone https://github.com/rengang66/iiit.quarkus.spring.sample.git
```

该程序位于 "quarkus-dubbo-master" 目录中。这是一个 Maven 项目。

quarkus-dubbo-master 程序的应用架构如图 9-16 所示。

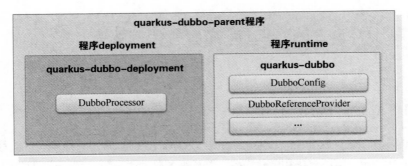

● 图 9-16   quarkus-dubbo-master 程序应用架构图

quarkus-dubbo-master 程序应用架构表明，包括 3 个项目，分别是父项目 quarkus-dubbo-parent、部署项目 quarkus-dubbo-deployment 和运行项目 quarkus-dubbo。

在项目的目录下，通过下面的命令可以发布到本地 Maven 存储库中。

```
mvn clean install
```

quarkus-dubbo-master 必须安装在本地 Maven 存储库（或网络 Maven 存储库）中才能在应用程序中使用。

▶▶ 9.5.4   编写各个服务组件案例代码

案例代码可以直接从 Github 上获取。

```
git clone https://github.com/rengang66/iiit.quarkus.spring.sample.git
```

该程序位于 "374-sample-quarkus-dubbo" 目录中。这是一个 Maven 项目群，包括 374-sample-quarkus-dubbo-api、374-sample-quarkus-dubbo-provider、374-sample-quarkus-dubbo-consumer 这 3 个项目。

❶ sample-quarkus-dubbo-api 程序

本程序是 Dubbo 业务功能的公共部分类，主要定义了一个 ProjectService 接口和一个 Project 实体对象。

（1）ProjectService 接口

用 IDE 工具打开 com.iiit.quarkus.sample.rest.service.ProjectService 类文件，该接口是消费者和提供者的公用接口，其代码如下：

```
public interface ProjectService {
    public Set<Project> list();
    public Project getById(Integer id);
    public Set<Project> add(Project project);
    public Set<Project> update(Project project);
    public Set<Project> delete(Project project);
}
```

📖 程序说明：

这是消费者和提供者通用的接口组件。

（2）Project 实体类

用 IDE 工具打开 com.iiit.quarkus.sample.rest.service.Project 类文件，其代码如下：

```java
public class Project implements Serializable {
    public Integer id;
    public String name;
    public String description;
    public Project() {}

    //省略部分代码
    ...


    }
```

📖 程序说明：

这是一个非常简单的 POJO 对象。

2 **sample-quarkus-dubbo-provider** 程序

案例代码可以直接从 Github 上获取。

```
git clone https://github.com/rengang66/iiit.quarkus.spring.sample.git
```

该程序位于 "374-sample-quarkus-dubbo" 目录的 "374-sample-quarkus-dubbo-provider" 下。这是一个 Maven 项目。在 pom.xml 的 <dependencies> 内有如下内容。

```xml
<! -- ZooKeeper -->
<dependency>
    <groupId>org.apache.zookeeper</groupId>
    <artifactId>zookeeper</artifactId>
    <version>3.4.9</version>
</dependency>

<! -- ZooKeeper 客户端 -->
<dependency>
    <groupId>com.github.sgroschupf</groupId>
    <artifactId>zkclient</artifactId>
<version>0.1</version>
</dependency>

<dependency>
    <groupId>org.apache.curator</groupId>
    <artifactId>curator-framework</artifactId>
    <version>4.3.0</version>
</dependency>
<dependency>
    <groupId>org.apache.curator</groupId>
    <artifactId>curator-recipes</artifactId>
    <version>4.3.0</version>
</dependency>
<dependency>
```

```
    <groupId>io.rest-assured</groupId>
    <artifactId>rest-assured</artifactId>
    <scope>test</scope>
</dependency>
<dependency>
    <groupId>com.iiit.quarkus</groupId>
    <artifactId>quarkus-dubbo</artifactId>
    <version>1.1-SNAPSHOT</version>
</dependency>
<dependency>
    <groupId>com.iiit.quarkus.sample</groupId>
    <artifactId>374-sample-quarkus-dubbo-api</artifactId>
    <version>${project.version}</version>
</dependency>
```

zkclient 依赖性引用了 ZooKeeper 客户端的组件。quarkus-dubbo 是 Quarkus 扩展了 Dubbo 的注册服务实现。

本程序的文件和核心类如表 9-13 所示。

表 9-13   374-sample-quarkus-dubbo-provider 程序的文件和核心类

文 件 名 称	类 型	简 介
application.properties	配置文件	需定义数据库配置的信息
ProjectServiceImpl	服务类	主要提供数据服务，核心类，重点说明

在本程序中，首先查看配置文件 application.properties。

```
quarkus.http.port=8080
quarkus.dubbo.name = sample-quarkus-dubbo-provider
quarkus.dubbo.registr-addr= zookeeper://127.0.0.1:2181
quarkus.dubbo.protocol.name = dubbo
quarkus.dubbo.protocol.port = 20330
```

在 application.properties 文件中，配置了与 Dubbo 相关的参数。

① quarkus.http.port = 8080 表示本程序的开启端口。

② quarkus.dubbo.name 表示本程序的名称，即对外提供服务的服务名称。

③ quarkus.dubbo.registr-addr 是连接 ZooKeeper 的地址。

④ quarkus.dubbo.protocol.name 表示采用 Dubbo 的协议。

⑤ quarkus.dubbo.protocol.port 表示连接 Dubbo 的内部端口。

这里主要介绍 ProjectServiceImpl 类。

用 IDE 工具打开 com.iiit.quarkus.sample.rest.service.ProjectServiceImpl 类文件，该类主要实现与外部的 JSON 接口，其代码如下：

```
@ApplicationScoped
@DubboService(interfaceClass = ProjectService.class)
public class ProjectServiceImpl implements ProjectService {
    private Set<Project> projects = Collections.newSetFromMap(Collections
```

```
            .synchronizedMap(new LinkedHashMap<>()));

    public ProjectServiceImpl() {
        LOGGER.info("初始化数据!");
        projects.add(new Project(1, "项目 A", "关于项目 A 的情况描述"));
        projects.add(new Project(2, "项目 B", "关于项目 B 的情况描述"));
    }

    @Override
    public Set<Project> list() {return projects;}

    @Override
    public Project getById(Integer id) {
        for (Project value : projects) {if ((id.intValue()) == (value.id.intValue())) {return
value;}}
        return null;
    }

    @Override
    public Set<Project> add(Project project) {projects.add(project);return projects;}

    @Override
    public Set<Project> update(Project project) {
        projects.removeIf(existingProject -> existingProject.name.contentEquals(project.
name));
        projects.add(project);
        return projects;
    }

    @Override
    public Set<Project> delete(Project project) {
        projects.removeIf(existingProject -> existingProject.name.contentEquals(project.
name));
        return projects;
    }
}
```

📖 程序说明：

ProjectServiceImpl 类的作用是实现基本的 CRUD 操作。

③ sample-quarkus-dubbo-consumer 程序

案例代码可以直接从 Github 上获取。

```
git clone https://github.com/rengang66/iiit.quarkus.spring.sample.git
```

该程序位于 "374-sample-quarkus-dubbo" 目录的 "374-sample-quarkus-dubbo-consumer" 下。这是一个 Maven 项目。"374-sample-quarkus-dubbo-consumer" 基本与 "374-sample-quarkus-dubbo-provider" 的 pom.xml 相同，这里就不列出了。其解释也相似。

本程序的文件和核心类如表 9-14 所示。

表 9-14　374-sample-quarkus-dubbo-consumer 文件和核心类

文 件 名 称	类　　型	简　　介
application.properties	配置文件	需定义数据库配置的信息
ProjectResource	资源类	提供 REST 外部 API 接口，无特殊处理，简单说明
Project	实体类	POJO 对象，需要改造成 JPA 规范的 Entity，简单介绍

在本程序中，首先查看配置文件 application.properties。

```
quarkus.http.port = 8081
quarkus.dubbo.name = sample-quarkus-dubbo-consumer
quarkus.dubbo.registr-addr = zookeeper://127.0.0.1:2181
quarkus.dubbo.protocol.name = dubbo
quarkus.dubbo.protocol.port  = 20331
```

在 application.properties 文件中，配置了与数据库连接的相关参数。

① quarkus.http.port = 8081 表示本程序的开启端口。

② quarkus.dubbo.name 表示本程序的名称，即对外提供服务的服务名称。

③ quarkus.dubbo.registr-addr 表示连接 ZooKeeper 的地址。

④ quarkus.dubbo.protocol.name 表示采用的协议，一般是 dubbo 协议。

⑤ quarkus.dubbo.protocol.port 表示连接 Dubbo 的内部端口。

对于 Project 类，这里就不做说明了。下面主要讲解本程序的 ProjectResource 类。

用 IDE 工具打开 com.iiit.quarkus.sample.rest.resource.ProjectResource 类文件，该类主要实现与外部的 JSON 接口，其代码如下：

```
@Path("/projects")
@ApplicationScoped
@Produces(MediaType.APPLICATION_JSON)
@Consumes(MediaType.APPLICATION_JSON)
public class ProjectResource {
    @DubboReference(check = false)  ProjectService projectService;

    @GET
    public Set<Project> list() {return projectService.list();}

    @GET
    @Path("/{id}")
    public Project getById(@PathParam("id") Integer id) {return projectService.getById(id);}

    @POST
    public Set<Project> add(@NotNull @Valid Project project) {return projectService.add
(project);}
```

```
    @PUT
    public Set<Project> update(@NotNull @Valid Project project) {return projectService.
update(project);}

    @DELETE
    @Path("/{id}")
    public Set<Project> delete(@PathParam("id") Integer id) {
        Project project = projectService.getById(id);
        return projectService.delete(project);
    }
}
```

📖 程序说明：

① ProjectResource 类的作用是与外部进行交互，主要还是基于 REST 的基本操作，包括 GET、POST、PUT 和 DELETE。

② ProjectResource 类注入了 ProjectService 对象，这是一个 @DubboReference 的接口，其实现内容是 quarkus-dubbo-provider 程序的 ProjectServiceImpl 对象。

▶▶ 9.5.5 验证整个 Dubbo 微服务架构

ZooKeeper 程序和端口分配整体架构如图 9-17 所示。

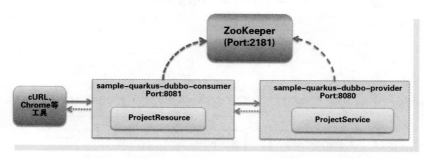

● 图 9-17 ZooKeeper 程序和端口分配整体架构图

图 9-17 中的关键节点说明如下。

■ ZooKeeper 服务的端口是 2181，用于提供服务注册中心的功能。

■ sample-quarkus-dubbo-consumer 的端口是 8081，提供内部微服务，属于消费者。

■ sample-quarkus-dubbo-provider 的端口是 8080，提供内部微服务，属于生产者。

用序列图（如图 9-18 所示）来说明调用方式。

本程序总共有 4 个序列，分别如下：

序列 1 活动：① 外部调用 dubbo-consumer 服务 ProjectResource 对象的 get 方法；② dubbo-consumer 服务 ProjectResource 对象的 get 方法调用 dubbo-provider 服务 ProjectServiceImpl 对象的 get 方法；③ dubbo-provider 服务 ProjectServiceImpl 对象的 getById 方法返回单个 Project。

其他序列活动基本类似，就不再重复讲述了。

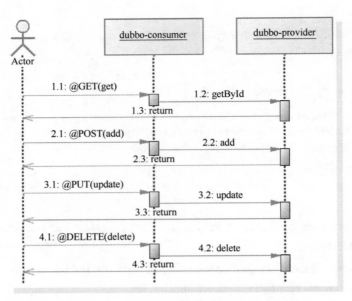

● 图 9-18 sample-quarkus-dubbo 程序序列图

通过下列几个步骤（如图 9-19 所示）来验证案例程序。

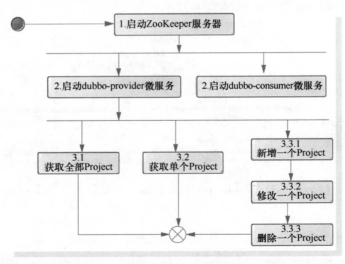

● 图 9-19 sample-quarkus-dubbo 程序验证流程图

（1）启动程序

启动程序有两种方式：第一种是在开发工具（如 Eclipse）中调用 ProjectMain 类的 run 命令；第二种方式就是在程序目录下直接运行 cmd 命令 "mvnw compile quarkus：dev"。

程序的启动步骤如下：

第 1 步：启动 ZooKeeper 服务器。

第 2 步：启动 dubbo-provider 微服务。

第 3 步：启动 dubbo-consumer 微服务。

（2）通过 API 接口显示所有项目的 JSON 列表内容

CMD 窗口中的命令如下：

```
curl http://localhost:8080/projects/
```

输出是所有 Project 的 JSON 列表。也可以通过浏览器来访问 http://localhost:8080/projects/，其反馈为所有 Project 列表。

（3）通过 API 接口显示单个项目的 JSON 列表内容

CMD 窗口中的命令如下：

```
curl http://localhost:8080/projects/1
```

其反馈项目 id 为 1 的 JSON 列表，这是 JSON 格式的。也可以通过浏览器来访问 http://localhost:8080/projects/project/1/。

（4）通过 API 接口增加一条 Project 数据

按照 JSON 格式增加一条 Project 数据，CMD 窗口中的命令如下：

```
curl -X POST -H "Content-type: application/json" -d { \"id\":3, \"name \": \"项目 C \", \"description \": \"关于项目 C 的描述 \"} http://localhost:8080/projects
```

（5）通过 API 接口修改一条 Project 数据

按照 JSON 格式修改一条 Project 数据，CMD 窗口中的命令如下：

```
curl -X PUT -H "Content-type: application/json" -d { \"id\":3, \"name \": \"项目 C \", \"description \": \"项目 C 描述修改内容 \"} http://localhost:8080/projects
```

根据反馈结果，可以看到已经对项目 C 的描述进行了修改。

（6）通过 API 接口删除一条 Project 数据

按照 JSON 格式修改一条 Project 数据，CMD 窗口中的命令如下：

```
curl -X DELETE  -H "Content-type: application/json" -d { \"id\":3, \"name \": \"项目 C \", \"description \": \"关于项目 C 的描述 \"} http://localhost:8080/projects
```

根据反馈结果，可以看到已经删除了项目 C 的内容。

9.6 本章小结

本章主要讲述 Quarkus 的微服务架构方案，从 5 个部分来进行讲解。

■ 首先概述微服务架构和微服务框架。

■ 然后介绍基于 Spring Boot 的 Quarkus 微服务架构解决方案，包含讲解和验证。

■ 其次介绍基于 Spring Cloud 的 Quarkus 微服务架构解决方案，包含案例的源码、讲解和验证。

■ 再次介绍基于 Consul 的 Quarkus 微服务架构解决方案，包含案例的源码、讲解和验证。

■ 最后介绍基于 Dubbo 的 Quarkus 微服务架构解决方案，包含案例的源码、讲解和验证。

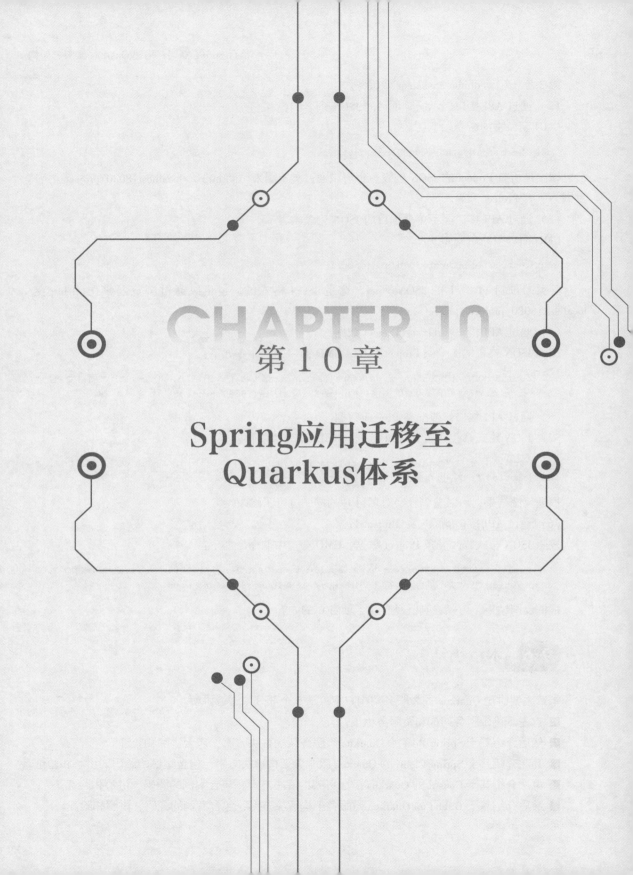

CHAPTER 10

第10章

Spring应用迁移至
Quarkus体系

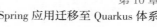

本章主要讲述 Spring 应用迁移至 Quarkus 体系的分析、策略和实施流程。

10.1 Spring Boot 微服务迁移至 Quarkus 微服务的分析

把 Spring 应用迁移到 Quarkus 框架上，一方面需要利用 Quarkus 框架对 Spring 框架的整合功能，如 Spring 框架的 DI 功能、Spring Web 功能、Spring Data 功能、Spring Security 的功能、Spring Boot 框架的配置文件属性功能等，另一方面还要使用 Quarkus 框架对第三方框架的扩展功能。

迁移方式有两种，第一种是全面覆盖方式，第二种是部分覆盖方式。

全面覆盖方式，就是重新创建一个新的 Quarkus 项目，根据 Spring 项目中引用的包进行对应性整合。这种方式属于定制化模式。当 Spring 项目用到了第三方的集成框架时，可以从 Quarkus 生态中选择对应的框架来替换。如果 Quarkus 没有这样的框架，就需要用 Quarkus 框架对 Quarkus 扩展来集成第三方框架。

对于部分覆盖方式，如果 Spring 项目中只有 Web、Data 等功能，则可以通过整合方式来实现，基本不用修改 Spring 项目的源码，仅仅修改配置文件和 pom.xml 文件即可。如果当 Spring 项目用到了第三方的集成框架，那么处理方式同定制化模式。这种方式的实现可采用红帽平台 Red Hat Migration Toolkit for Applications（MTA）。

10.2 Spring 迁移至 Quarkus 的策略

从 Spring 系统迁移至 Quarkus 系统有很多种策略，有一步到位的方法，也有循序渐进的方法。当然，无论什么方法，都要面临很多挑战，一般推荐循序渐进的方法。

具体的策略有 5 种，分别是"整体改造，一步到位"策略、"试点入手，逐步推进"策略、"新业务新服务"策略、"胶水层"策略、"绞杀（Strangler）"策略。

这些策略都有通用的解决方法，而各种不同的系统进行改造，需要将上述策略进行组合和编排，形成不同的策略。

▶▶ 10.2.1 "整体改造，一步到位"策略

"整体改造，一步到位"策略就是摒弃以前的整个 Spring 系统，全面引入 Quarkus 框架。这种策略采用 Quarkus 框架来重新开发微服务系统。其步骤如下：

1）分析原有系统及技术转换的更改方式。

2）建立新的 Quarkus 微服务模型。

3）按照 Quarkus 微服务模型进行开发、测试和实施。

该策略的优点是迅速和彻底。缺点是风险比较大。

▶▶ 10.2.2 "试点入手，逐步推进"策略

该策略并不需要一开始就大规模重写 Spring 应用的代码，而是先从外围的一些 Spring 应用试点

开始，等 Quarkus 改进积累了丰富经验后，再对核心应用进行大规模的改造。

这是一种点到面的改造策略。其步骤如下：

1）分析原有系统并选择试点模块。

2）针对试点模块完成 Quarkus 改造。

3）对试点 Quarkus 模块的改造进行测试，验证其成功性。

4）总结改造过程，积累 Quarkus 改造经验。

5）对 Spring 系统进行全面的 Quarkus 改造。

该策略的优点是风险比较小，缺点是步步进展，比较烦琐，花费的时间比较长。

采取逐步迁移 Spring 应用的策略，通过逐步生成 Quarkus 新应用，与 Spring 应用集成，随着时间推移，Spring 应用在整个架构中的比例逐渐下降直到消失或者成为 Quarkus 微服务架构一部分。

▶▶ 10.2.3　"新业务新服务"策略

本策略要注意 3 点。首先，对于以前的 Spring 系统，只进行保持和运维，停止新功能的开发。其次，对于任何新的功能和需求，都采用 Quarkus 框架来进行开发。这样，整个系统实际上由两个部分组成，一个是传统 Spring 应用系统，另一个是新的 Quarkus 应用系统。最后，开发一套请求路由器组件，负责处理访问请求。这有点类似微服务的 API 网关。请求路由器组件将新功能请求发送给新开发的 Quarkus 服务，而将传统请求发送给 Spring 服务。

后期的处理方式步骤如下：

1）逐渐扩大 Quarkus 应用微服务。

2）把 Spring 较小的功能模块迁移到 Quarkus 微服务应用中并访问新应用数据。

3）Spring 服务迁移完成后进行数据库的迁移。

4）完成 Spring 应用的迁移，Spring 应用数据库可以丢弃。

▶▶ 10.2.4　"胶水层"策略

"胶水层"策略就是将 Spring 和 Quarkus 应用通过一个胶水层集成起来。胶水层代码负责数据整合。Quarkus 微服务通过胶水代码从 Spring 应用中读写数据。Quarkus 经常会访问 Spring 应用的数据。Quarkus 微服务有 3 种方式访问 Spring 应用数据：Spring 应用提供的胶水层 API；直接访问 Spring 应用数据库系统；自建一份数据库系统，并同步 Spring 应用中的数据。

后期的处理方式步骤如下：

1）转移 Spring 应用到胶水层组件，胶水层规模逐渐扩大。

2）把胶水层模块迁移到 Quarkus 微服务应用中。

3）服务迁移完成后进行数据库的迁移。

4）完成这个 Spring 应用的迁移，Spring 应用数据库可以丢弃。

▶▶ 10.2.5　"绞杀（Strangler）"策略

"绞杀（Strangler）"策略就是从 Spring 微服务应用中抽取出某些微服务，使其成为 Quarkus 微

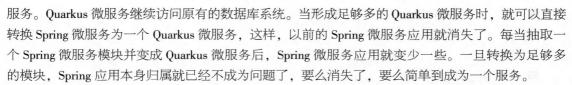

服务。Quarkus 微服务继续访问原有的数据库系统。当形成足够多的 Quarkus 微服务时，就可以直接转换 Spring 微服务为一个 Quarkus 微服务，这样，以前的 Spring 微服务应用就消失了。每当抽取一个 Spring 微服务模块并变成 Quarkus 微服务后，Spring 微服务应用就变少一些。一旦转换为足够多的模块，Spring 应用本身归属就已经不成为问题了，要么消失了，要么简单到成为一个服务。

对于无法修改的遗留系统，推荐采用绞杀策略：在遗留系统外面增加的新功能采用 Quarkus 微服务模式，而不是直接修改原有 Spring 系统，逐步实现对 Spring 系统的替换。围绕着传统应用开发了 Quarkus 微服务应用，传统 Spring 应用就会渐渐退出舞台。

Quarkus 微服务改造 Spring 遗留系统策略的步骤如下：

1）在现有 Spring 管理系统的外围构建功能服务接口，将系统核心的功能分离出来。

2）将这些功能服务接口作为代理，解耦原 Spring 系统与其调用者之间的依赖。

3）不断构建 Quarkus 功能服务接口，并映射到原有 Spring 微服务应用，由 Spring 微服务实现的功能由 Quarkus 微服务来替换。

4）摒弃原有的 Spring 微服务应用系统，使用全新构建的 Quarkus 微服务接口替代。

10.3 Spring 微服务架构迁移至 Quarkus 云原生微服务架构的实施流程

Spring 微服务架构平台主要由 Spring 的微服务基础设施平台和 Spring Boot 微服务组成。Spring 微服务架构迁移 Quarkus 云原生微服务架构的实施流程包含 7 个步骤，实施流程如图 10-1 所示。

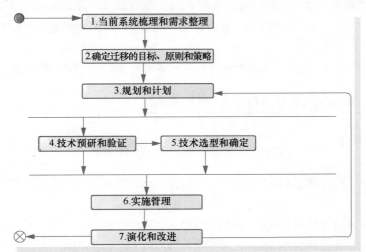

● 图 10-1 Spring 微服务架构迁移 Quarkus 云原生微服务架构的实施流程图

实施流程主要有 7 个步骤，实际上代表了 7 项工作，每项工作都有具体的目标和工作内容。

10.3.1 当前系统梳理和需求整理

❶ 本阶段的目标

本阶段的目标列表如下：

■ 收集和汇总现有 Spring 系统的功能、实现、优点和问题。

■ 分析现有系统 Spring 技术现状。

■ 梳理、评估、分析现有系统与业务和当前技术发展的偏差及不足。

■ 分析出迁移需要解决的痛点问题。

❷ 本阶段的工作内容

本阶段的工作内容包括 3 项，分别如下：

（1）当前 Spring 技术实现的梳理

该项内容需要确定当前要拆分应用的架构状态、代码情况、依赖状况，并推演可能的各种异常。

（2）需求整理

需求整理的工作如下：

■ 业务需求。主要通过对业务上的痛点问题进行分析来获取业务需求。当应用场景发生了变化，或者是业务具有某些特殊要求时，比如某个功能或构件需要高可用性、高性能、可伸缩性、响应式等，就需要把这些功能或构件独立出来进行定制化处理、部署和扩展。

■ 快速响应用户需求的要求。由于 Spring 微服务系统错综复杂，随意改动会影响系统的其他功能，增加一个新功能也会带来大量的回归测试，这样会极大地延迟响应用户的需求，降低软件的交付速度。故需要对原有体系进行梳理，梳理清晰系统之间的关系并进行松耦合。

■ 技术发展的需求。尤其是云原生的发展，以及服务编排的应用实现，需要采用分层技术、缓存技术、API 网关、服务降级、服务容错、服务监控等来更好地服务系统。

（3）差距分析

差距分析分别从业务、技术等方面对传统系统与规划的新系统之间的差距进行分析。

▶▶ 10.3.2 确定迁移的目标、原则和策略

❶ 本阶段的目标

本阶段的目标如下：

■ 定义 Spring 系统迁移到 Quarkus 云原生微服务系统的范围，明确其所包含的组件以及组件的优先级。

■ 确定 Spring 系统迁移到 Quarkus 云原生微服务系统的目标。

■ 确定 Spring 系统迁移到 Quarkus 云原生微服务系统的原则和策略。

■ 确定 Spring 系统迁移到 Quarkus 云原生微服务系统的价值主张。

❷ 本阶段的工作内容

工作内容覆盖到系统的范围、目标、原则和策略。

（1）定义 Spring 系统迁移到 Quarkus 云原生微服务系统的范围

确定 Spring 系统迁移到 Quarkus 云原生微服务系统的领域边界，在此范围内按照体系化思维在总体上确定目标。对于具体目标的确定，要从业务、技术和管理等几个方面来进行。组织需

要基于当前资源质量及其可用性所做的评估来界定架构工作的范围，以及需要应对的种种约束。

（2）确定 Spring 系统迁移到 Quarkus 云原生微服务系统的目标

目标有很多，如快速启动的速度、程序内存的减少、云原生等先进技术的适应等。目标不可面面俱到，一般关注主要核心目标，其他目标兼顾即可。

（3）确定 Spring 系统迁移到 Quarkus 云原生微服务系统的原则和策略

该工作内容分别从体系化角度、业务角度和技术方面确定 Spring 系统迁移到 Quarkus 微服务系统的原则，如迭代演进原则、面向业务原则、演进式迁移原则、耦合原则等。

Spring 系统迁移到 Quarkus 微服务系统有多种策略，不仅有"整体改造，一步到位"策略，也有"试点入手，逐步推进"策略，还有新业务新服务策略、胶水层策略、绞杀策略等。每一种策略都有其优势，也有缺陷，不可一一盖全。故这些策略的选择，要根据系统具体的应用场景、应用阶段、技术水平、团队能力、组织策略等因素来考虑，主要还是从体系化、业务层面、技术水平现状和管理水平等因素来考虑。

（4）确定 Spring 系统迁移到 Quarkus 云原生微服务系统的价值主张

验证业务原则、业务目标、产品的战略业务驱动力，以及新微服务架构的主要性能指标。确保新微服务架构开发的进展被管理层支持，定义新微服务架构工作所要解决的关键业务需求，以及必须应对的各项约束。

▶▶ 10.3.3 规划和计划

❶ 本阶段的目标

本阶段的目标如下：

■ 定义 Spring 微服务系统迁移到 Quarkus 云原生微服务系统的总体规划。

■ 创建一个 Spring 系统迁移到 Quarkus 系统的综合性计划，用来表明规划进度、资源、技术、沟通、风险、约束、假设和依赖关系。

❷ 本阶段的工作内容

这一阶段的核心是确保制订的计划内容与前期确定的范围、目标、原则和策略的一致性。为了达到这个目标，所有与实施项目管理的相关信息都要在这一阶段被整合起来，并且组织特定的开发流程也应该与这一阶段并列进行，从而建立迁移和实施组织之间的联系。本阶段的工作内容是实现 Spring 系统迁移到 Quarkus 微服务系统，并在最大程度上避免或减少迁移方案所带来的风险。在此阶段中的方法可以概括如下：

■ 建立一个全面整体计划，从而促进在迁移规划中指定的过渡架构的实现。

■ 采用一种阶段化的部署规划。该规划反映了包含在迁移路线图中各项业务的优先级。

■ 遵循 Spring 系统迁移到 Quarkus 云原生微服务系统的原则和各项标准。

■ 制订 Spring 系统迁移到 Quarkus 云原生微服务系统策略的落地实施计划。

■ 定义一个支撑框架，来确保所部署的解决方案的有效性。

▶▶ 10.3.4　技术预研和验证

❶ 本阶段的目标

本阶段的目标如下：

■ 从 Web、Data、Message、Security 等几个具体方面进行技术预研。

■ 验证 Quarkus 下 Web、Data、Message、Security 等几个方面的应用状况。

■ 验证 Quarkus 下整合 Web、Data、Message、Security 全链路的应用状况。

■ 验证整合 CI/CD、DevOps 等微服务体系的应用状况。

❷ 本阶段的工作内容

本阶段的工作是进行技术预研和验证，以及进行综合应用。

■ 从 Web、Data、Message、Security 等几个具体方面进行技术预研。将基于 Spring 的 Web、Data、Message、Security 等应用领域转换为 Quarkus 的技术预研。

■ 验证 Quarkus 下 Web、Data、Message、Security 等几个方面的应用状况。验证从 Spring 转换到 Quarkus 的各个领域技术的确定性。

■ 验证 Quarkus 下整合 Web、Data、Message、Security 全链路的应用状况。验证从 Spring 转换到 Quarkus 的整个技术架构的确定性。

■ 验证整合 CI/CD、DevOps 等微服务体系的应用状况。验证从 Spring 转换到 Quarkus 的整个 CI/CD、DevOps 的确定性。

▶▶ 10.3.5　技术选型和确定

❶ 本阶段的目标

本阶段的目标如下：

■ 确定 Spring 系统迁移到 Quarkus 微服务系统的技术方向和技术路线。

■ 确定 Spring 系统迁移到 Quarkus 微服务系统的技术原则。

■ 确实 Quarkus 微服务的架构、技术框架选型。

❷ 本阶段的工作内容

本阶段的工作是解决 Spring 系统技术债务问题、技术架构问题、技术框架选型问题。系统技术结构会逐渐复杂，稳定性和健壮性也会逐步提高；架构确定和技术框架的选择都需要结合业务痛点、技术现状以及资源储备情况，否则就会不切实际，好高骛远。

（1）解决技术债务问题

对于原有 Spring 系统存在的技术债务，勾画出其重点和层次关系。编制出偿还技术债务的策略、方法、步骤。

（2）确定微服务的技术方向和技术架构

Quarkus 云原生微服务体系的技术架构的决策可以分为如下几个方面。

■ 服务注册中心和服务发现机制。微服务架构由一组独立的微服务组成，这些微服务之间存在一种发现机制。选择服务发现组件必须考虑的问题包括高可用问题、数据一致性、实时性、自动化问题、高性能问题、服务发现的侵入、监控性等。这里可以采用非原生微服务架构服务注册中心（如 Spring Cloud、Dubbo 等）和原生微服务架构服务注册中心（如 Kubernetes 平台）。

■ 统一的接入服务接口——API 网关。API 网关是进入系统的唯一节点。设计和选择 API 网关必须考虑的问题包括高可用问题、安全性问题、高性能问题、扩展性问题、服务目录管理高效问题、API 全生命周期的管理等。这里可以采用非原生微服务架构 API 网关（如 Spring Cloud Gateway 等）和原生微服务架构 API 网关（如 Ingress 网关平台）。

■ 服务的容错和负载均衡保证服务的高可用。服务的容错覆盖到超时与重试（Timeout and Retry）、限流（Rate Limiting/Load Shedder）、熔断器（Circuit Breaking）、回退（backoff）、舱壁隔离（Bulkhead Isolation）等方式。对于微服务体系的技术架构来说，服务容错可以提高可用性、增强稳定性、增强可靠性、增加可控性、预防灾难性垮塌等。这里可以采用 Quarkus 微服务体系的超时与重试、限流、熔断器、回退和舱壁隔离等，也可以采用 Quarkus 微服务体系的响应式架构。

■ 引入响应式系统。响应式系统就是在系统级别描述用于交付响应式流、响应式消息和响应式应用程序的架构样式。响应式系统支持将包含多个微服务的应用程序作为一个单元协同工作，以更好地对其周围环境和其他应用程序做出反应，从而在处理不断变化的工作负载需求时表现出更大的弹性，并在组件发生故障时体现出更强的灾备能力。Quarkus 响应式系统覆盖了底层架构、数据库应用、Web 应用和响应式消息传递等多个方面。

■ 日志和监控管理。在微服务架构中，日志和监控管理覆盖了指标监控、日志监控、调用链监控等解决方案。所有的系统调用边界、请求接入及接出边界，都存在统一的监控埋点，这些埋点和监控系统对接，可以方便地查看系统运行的各项指标，同时也可以根据日志跟踪一个服务从前到后的整个调用链路。这里可以采用 Quarkus 微服务体系的 MicroProfile 规范和 OpenTracing 规范的框架。

■ 安全控制和权限验证。微服务安全控制包含认证（Authentication）和授权（Authorization）两部分。认证解决的是调用方身份识别的问题。授权解决的是调用是否被允许的问题。两者一先一后，缺一不可。安全设计需要考虑的内容包括用户状态保持、实现单点登录、用户权限控制、第三应用接入、内容微服务之间的认证等。这里可以采用 Quarkus 微服务体系的 Quarkus Security Manager 平台。

■ 统一配置管理。统一配置服务器可为各应用的环境提供一个中心化的外部配置。统一配置中心需要考虑的因素包括高灵活性、高性能、高稳定性、高及时性、高可靠性、版本问题、审计问题等。这里可以采用 Quarkus 微服务体系的配置系统，如 Consul 平台等。

■ 后端服务。微服务运行时后端架构主要是指后端服务。按服务持久性要求的差异，可以分为 7 类。包含关系存储及其相关管理工具、关系存储及其相关管理工具、NoSQL 数据库、NewSQL 数据存储区、文件数据存储区、消息中间件、数据流平台。

（3）微服务框架选择

微服务技术框架提供的功能包括服务注册、服务发现、负载均衡、健康检查、序列化和反序列化、管理接口、限流和容错、REST/RPC API、安全访问控制逻辑、监控日志、度量和调用链、统一配置、文档自动生成、统一错误处理等。

提供的技术选型各有特色。开发型微服务框架包括 Spring Cloud 微服务框架、Dubbo 框架等。运维型微服务框架比较典型有 Kubernetes、Opensift 平台等。Serverless 型基础框架平台有 Knative 平台等。具体的开发框架有 Quarkus 及其扩展生态等。

（4）微服务的集成平台工具选择

采用微服务应用的单位或企业必须配备支持研发全过程、持续集成、持续交付及其运维监控告警的自动化工具链。这些阶段和过程如下：

- 源码开发自动化和版本控制——以自动化方式管理源代码生成、版本控制等。
- 构建自动化工具——以自动化方式将源代码编译为可以测试的可执行微服务程序。
- 测试自动化工具——以自动化方式实现测试用例等。
- 持续集成和交付（CI/CD 工具）——实现持续集成和持续交付的产品或平台。
- 部署自动化工具——以自动化方式将可执行的代码转换为配置完全的可部署镜像，同时支持滚动部署、蓝/绿部署，以及金丝雀部署。
- 容器和镜像注册平台——存储和共享可部署镜像。
- 平台自动化——在运行时提供可自动扩展的托管式容器环境。
- 运维自动化——以自动化的方式实现开发运维的高度衔接并过渡。
- 日志管理工具——涵盖了日志采集、上报、搜索、展现等基本需求。
- 监控、警告和分析——对服务器、服务（中间件、数据库）、容器、虚拟环境、云平台做一些常用指标的监控。

（5）基础设施设计

基础设施主要涉及虚拟化云平台、容器化云平台等，以及服务治理中心集群、核心服务集群。这部分对于产品或平台级微服务化是不可或缺的。这里主要以云原生的基础设施为主。

▶▶ 10.3.6　实施管理

❶ 本阶段的目标

本阶段的目标如下：

- 实施计划并反馈意见，确保实施项目与已确定的 Quarkus 微服务架构一致。
- 在解决方案正在实施和部署时执行适当的治理功能。
- 成功部署各解决方案，确保被部署的解决方案与目标架构一致。
- 调动各种支持性行动，确保被部署的解决方案长期有效。

❷ 本阶段的工作内容

这一阶段的核心是确保已经被定义的 Quarkus 微服务架构在实施和部署过程中与计划的一致。

具体工作内容可以概括如下：

- 实施计划以促进在迁移规划中指定的过渡架构的实现。
- 采用一种阶段化的部署规划。该规划反映迁移路线图中各项业务的优先级。
- 遵循组织的各项标准（包括公司、IT 以及架构治理方面）。
- 通过开发管理确认部署的范围和优先级。
- 明确用于部署的资源和技能，指导解决方案部署的开发。
- 执行 Quarkus 微服务架构的合规审查。
- 实施业务和 IT 运营，执行实施后审查，并结束实施。

▶▶ 10.3.7　演化和改进

❶ 本阶段的目标

本阶段的目标如下：

- 确保迁移后的 Quarkus 微服务架构符合当前实际。
- 评估 Quarkus 架构性能，并对变更提出建议，评估在之前阶段制定的框架和原则的变化。
- 为 Quarkus 微服务架构基线建立架构变更管理流程。
- 运用治理框架，将架构和运营的业务价值最大化。

❷ 本阶段的工作内容

Quarkus 微服务演化和改进的目标是保证达成其目标业务价值，并且这一过程还着眼于将非原生体系建设为一个灵活的原生体系微服务架构，使其具有足够的灵活性来应对技术和业务环境的变化并快速地进行适应性演进。由此可见，这一阶段的中心思想就是监督并明确产品所处环境的变更，并据此做出适当的云原生微服务演化和改进变更决策。在变更的监督和明确过程中，需要注意如下几个方面。

（1）监督微服务的持续更新是这一阶段的一个重要方面

当前微服务架构支持的业务虽然能够满足当前的需要，但是对于未来的情况却不一定适用，因而针对它们的变更是必要的。云原生微服务架构师需要了解这些变更需求，并把它们当作微服务持续更新的一个重要组成部分来进行考虑。

（2）容量评测和针对规划的建议是这一阶段的另外一个重要方面

虽然云原生微服务架构提供了一个稳定的技术架构，且此业务架构在架构生命周期中所提供的功能也是大家所共识的，但是对其使用的增加或减少还是需要被持续监督下去，从而保证最大业务价值的获取。

（3）治理机构需要建立各种指标

在架构变更管理阶段，团队还需要建立各种指标，用于判断变更请求的操作类型。在这些标准的制定过程中，需要注意避免"完美蠕行"病症。虽然建立统一的实施指南是非常困难的，但随着云原生微服务开发方法的不断实践，团队的成熟度水平会日渐提高，这些标准也会根据特定的需求而逐渐清晰起来。

当前阶段所要执行的各个步骤如下：

1）建立价值实现过程。

2）部署云原生微服务应用的监测工具。

3）管理云原生微服务应用中所出现的风险。

4）为云原生微服务应用架构变更管理提供分析。

5）开发云原生微服务应用变更需求来迎合性能目标。

6）管理云原生微服务应用的治理过程。

7）激活实施变更的过程。

10.4 本章小结

本章主要是讲述 Spring 应用迁移到 Quarkus 微服务架构，从 3 个部分来进行讲解。

■ 首先介绍 Spring Boot 微服务迁移至 Quarkus 微服务的分析。

■ 然后介绍 Spring 迁移至 Quarkus 的策略。

■ 最后讲解 Spring 微服务架构迁移至 Quarkus 云原生微服务架构的实施流程。

参 考 文 献

［1］周志明. 云原生时代, Java 的危与机［EB/OL］.（2020-12-06）［2021-09-15］.https://www.infoq.cn/article/rqfww2r2zpyqiolc1wbe？utm_source=wxshare.

［2］ DEANDREA E. Evolution of the Quarkus Developer Experience［EB/OL］.（2021-07-02）［2021-09-15］. https://dzone.com/articles/evolution-of-the-quarkus-developer-experience.

［3］JUNIOR U. Microservices：Quarkus vs Spring Boot［EB/OL］.（2021-10-13）［2021-10-25］.https://dzone.com/articles/microservices-quarkus-vs-spring-boot？fromrel=true.

［4］Ualter/quarkus［EB/OL］.［2021-10-25］. https://github.com/ualter/quarkus/tree/master/combat-quarkus-vs-spring.

［5］Apache ActiveMQ Artemis 2.23.0 User Manual.Using the Server［EB/OL］.［2021-01-25］. https://activemq.apache.org/components/artemis/documentation/latest/using-server.html.

［6］任钢.微服务体系建设和实践［M］.北京：电子工业出版社,2019.

［7］DEANDREA E,OH D,MOULLIARD C.Quarkus For Spring Developers［M］.Raleigh：Red Hat Developer,2021.

［8］任钢.微服务设计：企业架构转型之道［M］.北京：机械工业出版社,2019.

［9］Server Installation and Configuration Guide［EB/OL］.［2021-10-25］. https://www.keycloak.org/docs/latest/server_installation/.

［10］Quarkus OAuth2 and security with Keycloak.［2020-12-16］. https://piotrminkowski.com/2020/09/16/quarkus-oauth2-and-security-with-keycloak/.

［11］CHENG K G.Migrating a Spring Boot microservices application to Quarkus.（2020-04-22）［2021-09-16］. https://developers.redhat.com/blog/2020/04/10/migrating-a-spring-boot-microservices-application-to-quarkus#resources.